RUDOLF ARTHUR POSE

Rechnergestützte Bildverarbeitung — Erkenntnisse und Erfahrungen aus der Hochenergiephysik

BEITRÄGE ZUR FORSCHUNGSTECHNOLOGIE

Schriftenreihe für Experimentalmethodik, Systemanalyse und Instrumentierung in der naturwissenschaftlichen, medizinischen und technischen Forschung

Herausgegeben vom Vizepräsidenten für Forschung und Planung der Akademie der Wissenschaften der DDR im Zusammenwirken mit der Ständigen Expertenkommission Forschungstechnologie

BAND 8

Akademie der Wissenschaften der DDR, Ständige Expertenkommission Forschungstechnologie beim Vizepräsidenten für Forschung und Planung,
DDR-1199 Berlin-Adlershof, Rudower Chaussee 5, Haus 12.1
(Zentrale Arbeitsgruppe Forschungstechnologie)

Rudolf Arthur Pose

Rechnergestützte Bildverarbeitung – Erkenntnisse und Erfahrungen aus der Hochenergiephysik

Mit 94 Abbildungen

AKADEMIE-VERLAG · BERLIN 1981

Anschrift des Autors:
Professor Dr. sc. nat. Rudolf Arthur Pose
Akademie der Wissenschaften der DDR
Institut für Hochenergiephysik
DDR-1615 Zeuthen, Platanenallee 6

Manuskriptabschluß: 20. Dezember 1980

Erschienen im Akademie-Verlag, DDR-1080 Berlin, Leipziger Str. 3—4

Lizenznummer: 202 · 100/437/81
Gesamtherstellung: VEB Druckerei „Thomas Müntzer", 5820 Bad Langensalza
Einbandgestaltung: Rolf Kunze
Bestellnummer: 762 973 8 (2167/8) · LSV 1085
Printed in GDR
DDR 30,— M

ISSN 0323-5130

Inhalt

Contents

Table des matières

Содержание

Die Vorstellung, das relativ selbständige und abgeschlossene methodische Gebiet der Auswertung von Spurkammerbildern in der Hochenergiephysik einmal geschlossen darzustellen, bestand schon geraume Zeit im Institut für Hochenergiephysik der Akademie der Wissenschaften der DDR.

Die Anregung von Herrn Prof. Dr. H. Faulstich, dem Vorsitzenden der „Ständigen Expertenkommission Forschungstechnologie beim Vizepräsidenten für Forschung und Planung der AdW der DDR", Probleme der Forschungstechnologie aus der Sicht der Hochenergiephysik darzustellen, gab den Anstoß für diese Arbeit.

Für die Annahme des Projektes durch das Herausgeber- und Redaktionskollegium der Schriftenreihe „Beiträge zur Forschungstechnologie" und die klärenden Diskussionen insbesondere über den Rahmen des Beitrages und die Schwerpunkte seiner Aussagen sei vor allem dem Vorsitzenden dieses Gremiums, Herrn Dr. G. Lotz, herzlich gedankt.

Der besondere Dank des Verfassers gilt Herrn Prof. Dr. D. Schulze (Dresden) für kritische Bemerkungen und für eine Vielzahl wertvoller Hinweise.

Für die Durchsicht des Manuskriptes und für eine Reihe konstruktiver Anregungen dankt der Autor seinen Kollegen Prof. Dr. K. Lanius und Dr. H. Schiller und den Herren Dr. R. M. Lebedev, Prof. Dr. Ju. A. Ščerbakov, Prof. Dr. M. I. Solov'ev, Dr. K. D. Tolstov, Dr. I. M. Vasilevskij vom Vereinigten Institut für Kernforschung in Dubna für die zur Verfügung gestellten Spurkammerbilder.

1. Einleitung

> „Wir benutzen die Empfindungen, welche Licht in unserem Sehnervenapparat erzeugt, um aus ihnen Vorstellungen über die Existenz, die Form und die Lage äußerer Objekte zu bilden. Dergleichen Vorstellungen nennen wir Gesichtswahrnehmungen." [1]

Mit diesen Worten leitete HELMHOLTZ den dritten Abschnitt seines Handbuches der Physiologischen Optik – Die Lehre von den Gesichtswahrnehmungen – ein. In den seither vergangenen über hundert Jahren hat es auf diesem Gebiet eine beachtliche Entwicklung gegeben. *Mikroskope* und *Teleskope* wurden vervollkommnet, so daß der Mensch den ihm durch optische Information zugängigen Bereich seiner Umwelt von der Mikrostruktur der Materie bis hin zu fernen Galaxien ausdehnen konnte. *Bildverstärker* gestatten es, schwache optische Signale, die mit dem bloßen Auge nicht wahrzunehmen sind, zu verstärken und wahrnehmbar zu machen. *Bildwandler* transformieren Signale aus Wellenlängenbereichen, auf die der menschliche Sehapparat nicht anspricht, in den für das Auge erfaßbaren Wellenbereich. Durch die *Photographie* gelang es, optische Information zuverlässig zu speichern und zu übertragen. Die *Kinofilmtechnik* ermöglichte die Speicherung und Wiedergabe dynamischer Vorgänge und durch die *Zeitlupen-* und *Zeitraffertechnik,* die Beobachtung von zeitlichen Abläufen oberhalb und unterhalb des menschlichen Registriervermögens.

Schließlich erschlossen *Bildröhren* und andere *optoelektronische Wandler,* durch die direkte Umwandlung optischer Signale in elektrische, eine flexible Verarbeitung und Übertragung dieser Information mit elektronischen Hilfsmitteln (z. B. Fernsehen). So waren die technischen Voraussetzungen dafür gegeben, daß in unserer Zeit der wissenschaftlich-technischen Revolution die Automatisierung auch diese Domäne der geistigen Tätigkeit des Menschen (des Sehapparates und zentralen Nervensystems) erfassen konnte. Es begann die Automatisierung der „Gesichtswahrnehmungen", kurz die *automatische Bildverarbeitung.*

1.1. Automatische Bildverarbeitung, rechnergestützte Bildverarbeitung, Forschungstechnologie

Die automatische Bildverarbeitung ist ein Teilgebiet der *Objekterkennung* (russ. raspoznavanie obrazov, engl. pattern recognition). Diese befaßt sich mit der Erkennung und Wiedergabe der objektiv existierenden Umwelt durch Automaten so, wie sie sich uns in einer Fülle verschiedenartiger Signale (optische, elektromagnetische, akustische u. a. m.) darbietet. In zunehmendem Maße ist die Objekterkennung Gegenstand theoretischer und experimenteller Untersuchungen, in Disziplinen wie statistische Entscheidungstheorie, Automatentheorie, Schalttheorie, Netzwerktheorie, Regelungstheorie, Sprachanalyse, Informationstheorie, mathematische Programmierung und Nervennetzstudien [2 – 14].

Der Begriff *automatische Bildverarbeitung* ist in der Fachliteratur wohldefiniert. Ihm werden sowohl Verfahren zur Objektisolierung, Merkmalbestimmung und -klassifizierung und Bildverbesserung als auch statistische Methoden der Informationsverarbeitung, lernende Systeme u. a. m. zugeordnet [15 – 23]. Für einige dieser Methoden wurden neue mathematische Verfahren entwickelt, andere stützen sich auf den schon vorhandenen Apparat der Informationstheorie und mathematischen Statistik. Von allgemeinen Eigenschaften *optischer Information* ausgehend, sind sie auf allgemeingültige Lösungen der Bildverarbeitung ausgerichtet und häufig nicht unmittelbar auf ein reales Problem anwendbar. Infolge der großen *Mannigfaltigkeit* der in der Natur vorkommenden optischen Information muß vor der *Informationsverarbeitung* eine Reihe praktischer Aufgaben der *Datenerfassung* und *-aufbereitung* gelöst werden, die als *Vorverarbeitung, Filterung, Vorfilterung, Merkmal-* oder *Meßwertisolierung* oder *Dimensionsreduzierung* bezeichnet werden. Diese hängen naturgemäß stark von den spezifischen Eigenschaften konkreter Objekte oder Bilder ab und führen daher zu unterschiedlichen technischen Lösungen. Aufgaben dieser Art für die automatische Bildverarbeitung werden in verschiedenen Bereichen von Wissenschaft und Technik gestellt:

a) Auffinden von Lunkerstellen in Schweißnähten, an Hand von Röntgenbildern,
b) Auswertung von Schmidt-Platten, die an Teleskopen exponiert werden; Messung der Koordinaten und der Schwärzungsverteilungen,
c) Vermessung der Konturlinien auf Landkarten; Speicherung der Daten in diskreter Form und ihre weitere Verwendung,
d) Auswertung von Luftbildern und Satellitenaufnahmen für geologische, landwirtschaftliche, ozeanographische usw. Erkundungen,
e) photometrische Messung der Entstehung und Entwicklung von Sonneneruptionen,
f) Digitalisierung von Niederschlagsdiagrammen, Speicherung der Daten in diskreter Form und Verdichtung dieser Information,
g) Chromosomenanalyse, Zählung weißer Blutzellen, Analyse von Abstrichen und Gewebeproben, Auswertung von Röntgenbildern,

h) Quantitative Auswertung von licht- und elektronenmikroskopischen Bildern.

Allein diese kurze Aufzählung zeigt, daß die automatische Bildverarbeitung als experimentelle Methode eine Vielzahl wissenschaftlicher Disziplinen berührt und ihre Anwendung in der Forschung der *Forschungstechnologie* zuzuordnen ist.

Ursprüngliches Ziel der automatischen Bildverarbeitung war die Automatisierung von Routineprozessen, die bis dahin vom Menschen unmittelbar ausgeführt wurden (Rationalisierung). In zunehmendem Maße erwachsen Aufgaben, die komplizierte Meß- und Rechenverfahren erfordern und ohne elektronische Rechentechnik nicht gelöst werden können.

Eine typische Aufgabe der ersten Art ist das automatische Lesen von Texten und der zweiten Art, die Auswertung von Schmidt-Platten in der Astronomie. Läßt sich in Aufgaben der ersten Art häufig die *Datenerfassung* (Eingabe in eine EDVA) unschwer von der weiteren *Datenverarbeitung* (Rechnungen auf einer EDVA) trennen, so zeigt sich, daß in Aufgaben der zweiten Art beide Arbeitsgänge eng miteinander verflochten sind und aufeinander abgestimmt werden müssen. Diese Forderung läßt sich dadurch erfüllen, daß schon bei der Datenerfassung und -aufbereitung elektronische Rechenanlagen genutzt werden. Geräte zur automatischen Bildverarbeitung stellen daher recht komplizierte, mit Rechnern unterschiedlicher Art und Größe gekoppelte Apparaturen dar. Um diesen Aspekt hervorzuheben, erscheint es angebracht, den Terminus *rechnergestützte Bildverarbeitung* einzuführen, der auf die Technologie hinweist, mit der die Verfahren zur automatischen Bildverarbeitung realisiert werden.

Ein Bild ist entweder eine *reale Vorlage* (Film, Photoplatte, Papierbild, Beleg, Schriftstück usw.) oder eine *optische Abbildung* (auf einem Lichtempfänger), deren Aussehen sich von Punkt zu Punkt ändert. Auf schwarzweißen Bildern wird diese Änderung durch einen einzigen Parameter, die *Schwärzung*[1], beschrieben, und das Bild wird als reelle Funktion (Schwärzung) zweier reeller Variablen (Punktkoordinaten) definiert:

$$S = f(x, y).$$

Ein *Bildpunkt* ist durch ein Koordinatenpaar (x_i, y_i) gegeben. *Objekte* sind Anhäufungen von Bildpunkten, die über ihre Funktionswerte $S(x_i, y_i)$ in einer bestimmten Art korrelieren und sich dadurch von anderen Punkten

1 In der automatischen Bildverarbeitung wird häufig die photographische Schwärzung S oder die Transparenz T gemessen. Beträgt die Intensität eines Lichtbündels vor dem Durchgang durch eine transparente Vorlage I_0, nach dem Durchgang I, so ist

$$T = \frac{I}{I_0} \quad \text{und} \quad S = \log \frac{I_0}{I} = \log \frac{1}{T}.$$

oder Punktanhäufungen signifikant unterscheiden. Der allgemeine Fall der Bildverarbeitung ist die Erkennung zweidimensionaler Punktverteilungen mit komplizierten Korrelationen zwischen den Punkten und ihren Funktionswerten in der Bildebene. Über die Stereophotographie ist die Erkennung räumlicher Punktverteilungen möglich.

Durch eine *Abtastung* (Digitalisierung) wird das Bild in Bildpunkte (x_i, y_i) mit zugeordneten Schwärzungswerten $S_i (x_i, y_i)$ zerlegt. Die moderne Technik unterscheidet *Durchlicht-* und *Auflichtabtaster* für unterschiedliche Vorlagen. Mit *Bildaufnahmeröhren* werden Bilder direkt vom Mikroskop, Teleskop u. a. digitalisiert und elektronisch gespeichert. Die vollständige Bildinformation kann digitalisiert in einen Rechner überführt und verarbeitet werden. Die großen Erwartungen, die in den 50er und 60er Jahren an diese Art der automatischen Bildverarbeitung – *Abtastung an einem universellen Abtaster und Verlagerung aller Probleme auf die Datenverarbeitung mit einem Großrechner* – geknüpft wurden, haben sich nur teilweise bestätigt. Die Bildverarbeitung ist ein so diffiziler Prozeß, daß der Ausschluß des Menschen im allgemeinen Falle einen wesentlichen Verlust an Information nach sich zieht.

Neuere Methoden der automatischen Bildverarbeitung tragen dem konkreten Objekt, der Art und Menge der dargestellten und geforderten Information und dem Eingriff des Menschen in die Bildverarbeitung in stärkerem Maße Rechnung.

1.2. Einsatzgebiete

Ein typisches, wenn auch eingeschränktes Beispiel rechnergestützter Bildverarbeitung ist die *Auswertung von Spurkammerbildern* mit linienförmigen Teilchenspuren in der *Hochenergiephysik.* Nach der oben gegebenen Definition sind Teilchenspuren Objekte, deren Punkte folgenden Bedingungen genügen: die Koordinatenpaare (x_i, y_i) liegen innerhalb eines gegebenen Korridores δ um eine glatte Kurve $y = \varphi(x)$ verteilt, und ihre Schwärzungswerte $S_i (x_i, y_i)$ übersteigen einen Schwellenwert $S_o : S_i (x_i, y_i) > S_o$.

Die internationalen Erfahrungen und die Mannigfaltigkeit der zur Lösung dieser Aufgabe entwickelten Systeme[2] können Anregungen zur weiteren Anwendung der automatischen Bildverarbeitung geben.

In Kapitel 7 dieses Bandes werden einige Beispiele der Anwendung von Geräten und Verfahren zur automatischen Bildverarbeitung aus der Hochenergiephysik für andere Aufgaben näher beschrieben:

2 In erster Linie reflektieren diese Lösungen natürlich die technischen Möglichkeiten der einzelnen, im Niveau sehr unterschiedlichen Laboratorien.

Astronomie. Bilder des Sternenhimmels werden mit einem PEPR-System[3] abgetastet. Für die derart erhaltene Information wurden Auswerteverfahren entwickelt, mit deren Hilfe elliptische Objekte entdeckt und nach Größe, Position, Dichteprofil, Form und Orientierung von nichtelliptischen Objekten unterschieden werden können [24].

Meteorologie. An einem PEPR-System werden Niederschlagskurven von automatischen Regenschreibern ausgewertet. Als Ergebnis wird der akkumulierte Niederschlag an 400 Punkten in Schritten von 0,01 mm Höhe und 0,01 h berechnet. Die mittlere Produktivität dieses Verfahrens beträgt 300 Karten/h [25].

Kartographie. Mit einem PEPR-System werden Konturlinien auf topographischen Karten ausgemessen. Die Originale werden perfekt reproduziert und die Meßdauer wird gegenüber einer manuellen Bearbeitung um den Faktor 20 verkürzt [26].

Medizin. Bilder von Zervixabstrichen werden an einem PEPR-System untersucht. Erste Versuche mit den entwickelten Auswertealgorithmen ergaben Fehlerraten von $\leqslant 8\,\%$ und Analysezeiten von 20 ... 40 s für ein Bild mit 5000 Zellen [27 – 29].

Ein, auf einem weiteren Gerät der Hochenergiephysik aufbauendes interaktives System zur Analyse von Metaphasen menschlicher Chromosomen gestattet es, Chromosomen zu separieren und zu erkennen und deren Parameter zu bestimmen [30].

Solarphysik. Mit Hilfe eines weiterentwickelten Bildabtasters aus der Hochenergiephysik werden Spektroheliogramme der H_L-Linie ausgewertet. In engem Mensch–Rechner Kontakt werden interessante Bildbereiche ausgewählt und Expositionsfehler korrigiert. In der nachfolgenden Auswertung werden an Hand der Bildschwärzung Intensitäten berechnet und Bereiche unterschiedlicher Intensitätsniveaus, d. h. unterschiedlicher abgestrahlter Energie bestimmt. Die Analyse aufeinanderfolgender Bilder gibt die Entwicklung dieser Parameter mit der Zeit an [31].

Weitere Beispiele. An einem Bildabtaster AĖLT-1[4] werden Kurven von Flugschreibern ausgewertet. Auf Grund der guten Ergebnisse wird ein modernisiertes Gerät AĖLT-1M speziell für diese Aufgabe entwickelt [32].

Isochromatenbilder von diametral gedrückten Kreisscheiben wurden an einem ZMP[5] ausgewertet. Die Ermittlung der spannungsoptischen Konstan-

3 PEPR (Precision Encoding and Pattern Recognition) – ein Bildabtaster mit Kathodenstrahlröhre, siehe Kapitel 6.4.

4 AĖLT (Avtomat na Ėlektronnolučevoj Trubke) – ein Bildabtaster mit Kathodenstrahlröhre, siehe Kapitel 6.4.

5 ZMP – Zeuthener Meßprojektor, siehe Kapitel 6.5.3.

ten aus derartigen Messungen ergab neben einer hohen Genauigkeit eine wesentliche Verkürzung der Meßdauer (ca. 20 s/Bild) gegenüber herkömmlichen manuellen Methoden [33].

Die Erfahrungen bei der Entwicklung des Auswertesystems SWEEPNIK[6] haben zur kommerziellen Produktion eines Präzisionsgerätes zur Herstellung von Kopien auf Filmunterlagen geführt [34, 35].

1.3. Rechnergestützte Bildverarbeitung und Experimentautomatisierung

Ein weiterer Umstand, der die Technik der rechnergestützten Bildverarbeitung interessant macht, ist die intensive Nutzung der elektronischen Rechentechnik. Die vorliegenden Erfahrungen in der Verteilung verdrahteter und programmierter „Intelligenz", in der Rechnerkopplung, in der Verteilung der Funktionen zwischen Mensch und Rechner und in der Auswirkung der automatischen Datenverarbeitung auf die Datengewinnung, sind auf jede Art von Experimentautomatisierung übertragbar. Sie stellen damit einen reichhaltigen vielseitig nutzbaren Wissensfundus dar. Es kann ohne Einschränkung festgestellt werden, daß die rechnergestützte Bildverarbeitung über längere Perioden das Gebiet der experimentellen Hochenergiephysik war, in dem die Experimentautomatisierung am weitesten fortgeschritten war.

Der Einsatz der Rechentechnik in der experimentellen Forschung erfolgte häufig sehr subjektiv. Die herkömmliche Auffassung vom autonomen Meßgerät, das nachträglich mit einem Rechner gekoppelt wird, ist weit verbreitet. Eine effektive und optimale Lösung von Meßproblemen in der experimentellen Forschung erfordert aber, das gesamte System einschließlich Meßwerterfassung und Datenverarbeitung geschlossen zu konzipieren. Das führt zu einer rationellen Anwendung der Rechentechnik in hierarchischer oder netzförmiger Anordnung, in der sowohl Großrechner als auch Prozeßrechner und Mikroprozessoren aufgabenspezifisch und funktionsgerecht vertreten sind.

Das Anliegen dieser Schrift ist es, auf Methoden und Technik zur rechnergestützten Bildverarbeitung in der Hochenergiephysik und deren Anwendungsmöglichkeiten in anderen Bereichen der Bildverarbeitung und Experimentautomatisierung aufmerksam zu machen.

Einem einleitenden Kapitel, das der Entwicklung von allgemeiner Experimentiertechnik und Bildverarbeitung in der Hochenergiephysik gewidmet ist, folgt ein historischer Abriß der Methoden mit optischer Aufzeichnung.

6 SWEEPNIK – ein Bildabtaster mit auslenkbarem Laserstrahl, siehe Kapitel 6.5.3.

Eine detaillierte Abhandlung der Auswertungsprozedur von Spurkammerbildern bildet die Grundlage für die sich anschließende Darstellung von Verfahren und Gerätesystemen zur rechnergestützten Bildverarbeitung. Es wird der Versuch unternommen, unterschiedliche Systeme unter einheitlichen Gesichtspunkten zu betrachten. Dieses Herangehen berücksichtigt besonders die Wechselbeziehung zwischen Mensch, Rechner und Datenerfassung und erleichtert die Übernahme der Erfahrungen auf andere Gebiete der Bildverarbeitung und Experimentautomatisierung.

Gemessen an der Vielzahl existierender Systeme kann eine solche Darstellung nicht vollständig sein. Zahlreiche originelle Ideen, die aus objektiven (zumeist technischen) Gründen nicht realisiert wurden, finden keine Erwähnung. Auf eine ausführliche Beschreibung der Programmsysteme wird aus Gründen der Übersichtlichkeit verzichtet. Auswahl und Art der Darstellung widerspiegeln die eigene experimentelle Erfahrung des Autors und spezifische technische Voraussetzungen. Die Arbeit wendet sich vorzugsweise an den Experimentator. Sie soll ihm helfen, Aufgaben der Bildverarbeitung und der Experimentautomatisierung mit verfügbaren Mitteln zu lösen.

Die Methoden der rechnergestützten Bildverarbeitung sind im wesentlichen in Beiträgen zu spezialisierten Konferenzen [36 – 45] und Fachzeitschriften beschrieben; in Monographien über experimentelle Methoden der Hochenergiephysik [46 – 51] werden sie auszugsweise abgehandelt. Die am Schluß des Bandes angeführten Literaturhinweise gestatten es, unbeeinflußt von der Ansicht des Autors, tiefer in die Bildverarbeitung und Experimentautomatisierung einzudringen.

Fragen der automatischen Bildverarbeitung wurden in den 60er und 70er Jahren in Laboratorien der experimentellen Hochenergiephysik bearbeitet Erhebliche Ausstrahlung auf andere Laboratorien hatten die Arbeiten der Institute, denen größere Mittel zur Verfügung standen. Dazu gehören das Vereinigte Institut für Kernforschung (VIK) in Dubna, das Conseil Européen pour la Recherche Nucléaire (CERN) in Genf, das Lawrence Berkeley Laboratory (LBL) in Berkeley, das Brookhaven National Laboratory (BNL) in Brookhaven, das Massachusetts Institute of Technology (MIT) in Cambridge, das Argonne National Laboratory (ANL) in Argonne und später das Institut Fiziki Vysokych Ėnergij (IFVĖ) in Serpuchov[7] und das Fermi National Accelerator Laboratory (FNAL) in Batavia.

7 (russ.) Institut für Hochenergiephysik

2. Entwicklung der rechnergestützten Experimentiertechnik und der Bildverarbeitung in der Hochenergiephysik

Unter den optischen Spurkammern dominierte in den letzten 20 Jahren die Blasenkammer, wegen ihrer besonderen Eignung zum vollständigen Nachweis von Vielteilchenreaktionen. Mit der raschen Entwicklung der Spurkammern und vor allem der Blasenkammer selbst entwickelte sich international auch die Technik der Verarbeitung ihrer Bilder. Dieser Prozeß war eng mit der gesamten experimentellen Methodik in der Hochenergiephysik und der elektronischen Rechentechnik verknüpft.

Die Hochenergiephysik ist dasjenige Gebiet der modernen Physik. das sich mit den Eigenschaften der Elementarteilchen und den zwischen ihnen wirkenden Kräften befaßt. Die experimentelle Methode hat sich seit den ersten Streuexperimenten von RUTHERFORD [52] nicht wesentlich geändert: Elementarteilchen werden aufeinandergeschossen, und die Kinematik der gestreuten und neu erzeugten Teilchen nach dem Stoß gibt Aufschlüsse über ihre Eigenschaften und die Dynamik ihrer Wechselwirkung. Eine beachtliche Entwicklung hat jedoch die Technik des Experimentes erfahren. Die Teilchen werden in Beschleunigern großer Dimensionen beschleunigt, um Wechselwirkungen bei zunehmend höherer Energie zu erzeugen. Diesen Energien sind auch Teilchendetektoren und Nachweisgeräte angepaßt, zu deren Entwicklung und Herstellung die letzten Erkenntnisse unterschiedlicher technischer Bereiche genutzt werden, bzw. die ihrerseits zur Entwicklung neuer Techniken führten. Der wachsende finanzielle und technische Aufwand für die Untersuchung der elementaren Wechselwirkung der Materie verlangt ein ständiges Suchen nach Wegen der Rationalisierung und intensiven Nutzung der aufgewendeten Mittel. Daher erhielt die experimentelle Hochenergiephysik besonderen Auftrieb durch die Einführung der *elektronischen Datenverarbeitung,* deren Entwicklung sie durch ihre extremen Anforderungen dann rückwirkend selbst stark beeinflußte.

Die Anwendung der elektronischen Datenverarbeitung im Experiment beschränkte sich zunächst auf die *Auswertung der Meßergebnisse mit Großrechnern.* Die dadurch erschlossene neue Möglichkeit, kompliziertere Auswerteverfahren zu entwickeln und sehr viel mehr Parameter gleichzeitig zu verarbeiten, wirkte auch bald auf das Streuexperiment selbst und die Versuchsanlage zurück. Es konnten daher Anlagen entwickelt werden, die imstande sind, gleichzeitig mehrere Parameter zu messen und in einem Experimentzyklus Teilchenstöße mit unterschiedlichen Merkmalen zu registrieren.

Durch solche Anlagen kann die wertvolle Beschleunigerzeit um Größenordnungen intensiver genutzt werden. Auch die *Spurkammermethoden*, deren großer Vorteil gegenüber anderen Nachweismethoden die *vollständige* Registrierung von Teilchenstößen ist, gewannen jetzt rasch an Bedeutung. Die räumliche Rekonstruktion der Ereignisse aus den im Experiment gewonnenen Stereobildern, die vorher nur in Einzelfällen möglich war, wurde an elektronischen Rechenanlagen zur Routinearbeit. Gravierenden Einfluß auf die Experimentiertechnik selbst hatte die Einführung der Prozeßrechner, die unmittelbar (on-line) mit der Apparatur gekoppelt sind. Erst dadurch wurden moderne Beschleunigerexperimente möglich, in denen eine Vielzahl von Ereignisparametern gleichzeitig registriert wird, große Streuwinkel- und Teilchenimpulsbereiche erfaßt werden und eine ständige Überwachung und Eichung der Meßapparatur erfolgt. Diese neuen experimentellen Möglichkeiten lösten Impulse für die Weiterentwicklung der Detektoren aus, insbesondere der *filmlosen Spurkammern* und der Drahtfunken- und Proportionalkammern mit vielen Drähten (10^3 und mehr)[8]. Während es zunächst nur um die Erfassung der Meßdaten und deren Auswertung ging, warf vor allem die Technik der verschiedenen Draht- und Spurkammern bald Probleme der *automatischen Objekterkennung* auf.

Die große Menge der in einem Experiment am Beschleuniger anfallenden Daten muß von Irrelevanz und Störungen, Untergrund und Redundanz befreit, die relevanten Meßwerte müssen zu einem Ereignis (Objekt, Bild) verknüpft und die das Ereignis charakterisierenden Daten zu einer möglichst geringen Informationsmenge verdichtet werden. Der Umstand, daß für ein repräsentatives Experiment heute $10^4 \ldots 10^5$ Teilchenreaktionen registriert und analysiert werden müssen, verdeutlicht, wie wichtig es für die experimentelle Hochenergiephysik war, diese Probleme zu lösen.

Entscheidende Impulse kamen in dieser Hinsicht von der Methode der optischen Spurkammern. Nach vollzogenem Experiment (Teilchenstoß) liegt hier das Zwischenergebnis in Form von photographischen Bildern vor, und der erste Schritt der Experimentauswertung ist eine Bildverarbeitung.

Das Prinzip aller Spurkammern beruht darauf, daß geladene Teilchen auf ihrem Weg Atome oder Moleküle der sie umgebenden Materie ionisieren, d. h. freie Elektronen und Ionen bilden. Diese, zunächst ein latentes, mikroskopisches Bild der Teilchenbahn darstellenden Ketten von Elektronen und Ionen, bilden in einem homogenen Medium lokale Störungen, die durch verschiedene physikalische Effekte verstärkt und sichtbar oder meßbar gemacht werden können.

8 engl. MWPC – Multiwire Proportional Chamber

Die erste optische Spurkammer war die 1897 von WILSON [53, 54] erfundene *Nebelkammer*. Als empfindliches Medium wird Wasserdampf benutzt, der zum Zeitpunkt des Teilchendurchganges kurzzeitig in einen übersättigten Zustand versetzt wird. Die Ionen längs der Teilchenbahnen bilden unter diesen Bedingungen Kondensationskeime für Wassertröpfchen, die rasch anwachsen. Durch geeignete Beleuchtung werden diese Tröpfchenketten sichtbar gemacht und photographiert (Abbildung 1).

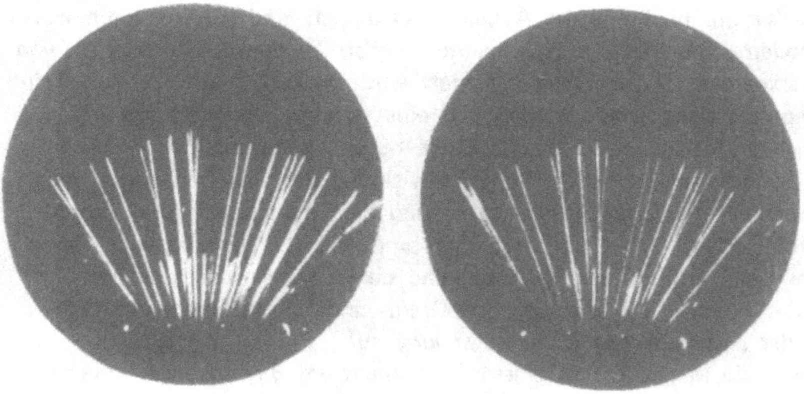

Abb. 1. Zwei Stereoprojektionen eines Nebelkammerbildes mit α-Strahlen von einer natürlichen radioaktiven Quelle (Photo: [55])

Die Ausmessung der Teilchenbahnen erfolgte hier noch mit einfachen Hilfsmitteln, wie in dem klassischen „Atlas typischer Nebelkammerbilder" [55] von GENTNER, MAIER-LEIBNITZ und BOTHE sehr anschaulich beschrieben wird:

„**Ausmessung der Bahnen**

a) **Reichweiten von α-Strahlen, Protonen und anderen Kernen.** Genaue Messungen von α-Strahlreichweiten in der Wilsonkammer hat zuerst I. CURIE gemacht, später besonders MEITNER und FREITAG. Man benutzt meist α-Strahlen, welche ungefähr in der Ebene der Kammer liegen. Die Auswertung besteht also nur in der Ausmessung des photographischen Bildes, entweder unter dem Meßmikroskop oder durch Projektion, ferner in der Bestimmung des Abbildungsmaßstabes und des Bremsvermögens des Kammergases im Augenblick des Entstehens der Bahnen.

b) Bei der **Bestimmung der Krümmung von Elektronenbahnen** kann man eine räumliche Auswertung der Aufnahmen ebenfalls dadurch umgehen, daß man den beleuchteten Teil der Kammer flach macht und nur solche Bahnen ausmißt, deren Länge beweist, daß sie nur einen kleinen Winkel mit der Horizontale bilden. Die Krümmungen werden am einfachsten durch Anlegen von Kreisen an die projizierten Bahnen gemessen. Mit dieser einfachen Auswertungsmethode sind große Untersuchungen über die Verteilung von β-Energien erst möglich geworden.

SKOBELCYN, der die ersten systematischen Untersuchungen auf diesem Gebiet gemacht hat, wertete die stereoskopisch photographierten Bahnen nach den drei räumlichen Koordinaten mit Hilfe eines Zeißschen Stereokomparators aus. Die heute gebräuchlichste Methode zur räumlichen Ausmessung von Bahnen besteht darin, daß man die Bilder aus den Kameras zurückprojiziert und die stereoskopischen Bilder auf einem räumlich beweglichen Schirm zur Deckung bringt.

Oft genügt es auch, die Bahnen stereoskopisch zu betrachten. Die Genauigkeit der Krümmungsmessung von β-Bahnen nach einem dieser Verfahren ist im allgemeinen nicht größer als 5 bis 10 %.

c) Zur **Messung veränderlicher Krümmungen** haben KAPICA, JOLIOT und ZLOTOWSKI und SIMONS und ZUBER Methoden angegeben. KAPICA mißt die Winkel aufeinanderfolgender Tangenten an die Bahn eines gekrümmten α-Strahls, JOLIOT und ZLOTOWSKI bei Protonen die Winkel zwischen Sehnen mit Hilfe eines Dreipunktmikrometers. SIMONS und ZUBER messen unregelmäßige Elektronenbahnen mit einem besonders konstruierten Meßmikroskop.

d) Die **Messung sehr schwacher Krümmungen** ist bei Ultrastrahlen nötig. Die gewöhnliche Methode besteht in der Messung der Koordinaten unter dem Meßmikroskop. Für extrem kleine Krümmungen hat BLACKETT (1937) eine „optische Nullmethode" eingeführt. Sie besteht darin, daß die auf einen Schirm projizierten Bahnen sehr schräg in Richtung des Strahls betrachtet werden. Dann kann man ihre Krümmung sehr gut beurteilen. Durch Drehung eines eingeschalteten achromatischen Prismas wird nun die Krümmung verändert, bis sie verschwindet. Die nötige Drehung des Prismas ist ein Maß für die Krümmung. Auf diese Weise können Krümmungen von 0 bis 3 m^{-1} mit einer Genauigkeit von 0,02 m^{-1} gemessen werden.

e) Die **genaue Messung der Winkel** zwischen geraden Bahnen hat BLACKETT auf das Höchste entwickelt. Er hat die genaue Theorie der Ausmessung der mit zwei zueinander senkrechten Kameras gewonnenen Bilder gegeben. Die Projektionen der Winkel und Längen werden unter dem Mikroskop gemessen. Die räumlichen Winkel können daraus mit einer Genauigkeit bis zu 10′ berechnet werden. Die Aufnahmen BLACKETTS sind so scharf, daß eine α-Strahlbahn eine Breite von nur 0,03 mm auf dem Film hat.

Selbst in ungünstigsten Fällen bleibt der Fehler unter 1°. Bei geringeren Anforderungen an die Genauigkeit (etwa 2°) kann die trigonometrische Berechnung mit Hilfe einer Meßkugel vereinfacht werden (BLACKETT 1923). Genauigkeiten von einigen Graden werden auch mit der üblichen Methode der Rückprojektion erreicht (vgl. b).“

Nebelkammern unterschiedlicher Art und Größe wurden später auch für Experimente an Beschleunigern benutzt (Abbildung 2). Dem allgemeinen Fortschritt der Technik folgend, wurden für die Auswertung der so gewonnenen Bilder auch bereits teilautomatisierte Meßgeräte (Stereokomparatoren [56, 57] u. a.) eingesetzt. In diesem Stadium konnte von einer automatisierten Bildverarbeitung noch nicht die Rede sein. Die Rechnungen wurden im wesentlichen mit Rechenschieber und elektromechanischen Tischrechnern ausgeführt.

Zu den optischen Spurkammern zählen auch bedingt die *Kernspuremulsionen* [58]. Es sind bis zu 1 mm dicke Photoemulsionen, die stark mit Silberhalogenid angereichert sind. Die bei einem Teilchendurchgang ionisierten Silberhalogenide werden durch die Entwicklung reduziert, und die Teilchenspuren erscheinen als Ketten mikroskopisch kleiner Silberkörner (Abbildung 3). Die Auswertung von Kernspuremulsionen ist daher sehr schwierig und kann nur unter einem Mikroskop erfolgen. Gewöhnlich werden die *Coulomb-Vielfachstreuung,* die *Spurdichte* (Anzahl der Silberkörner pro Längeneinheit längs der Spur), die *Reichweite* vollständig abgebremster und die *Emissionswinkel* der an einer Reaktion beteiligten Teilchen gemessen. Kernspuremulsionen werden als Pakete bestrahlt, dann getrennt entwikkelt und auf Glasplatten aufgezogen. Eine weitere Aufgabe der Auswertung ist daher das Verfolgen von Teilchenspuren durch mehrere Emulsionsplatten hindurch.

Für die Messungen an Teilchenspuren wurden spezielle Mikroskope entwikkelt (z. B. das KSM vom VEB Kombinat Carl Zeiss Jena [59]), in denen bei hoher Präzision auch verschiedene Meßabläufe teilautomatisiert sind. Geräte für ein automatisches Absuchen der Kernspurplatten nach Spuren und Ereignissen sind über das Versuchsstadium nicht hinausgekommen. Die vollständige Verarbeitung der dreidimensionalen Information der Kernspurplatten läßt sich nur schwer automatisieren. Arbeiten in dieser Rich-

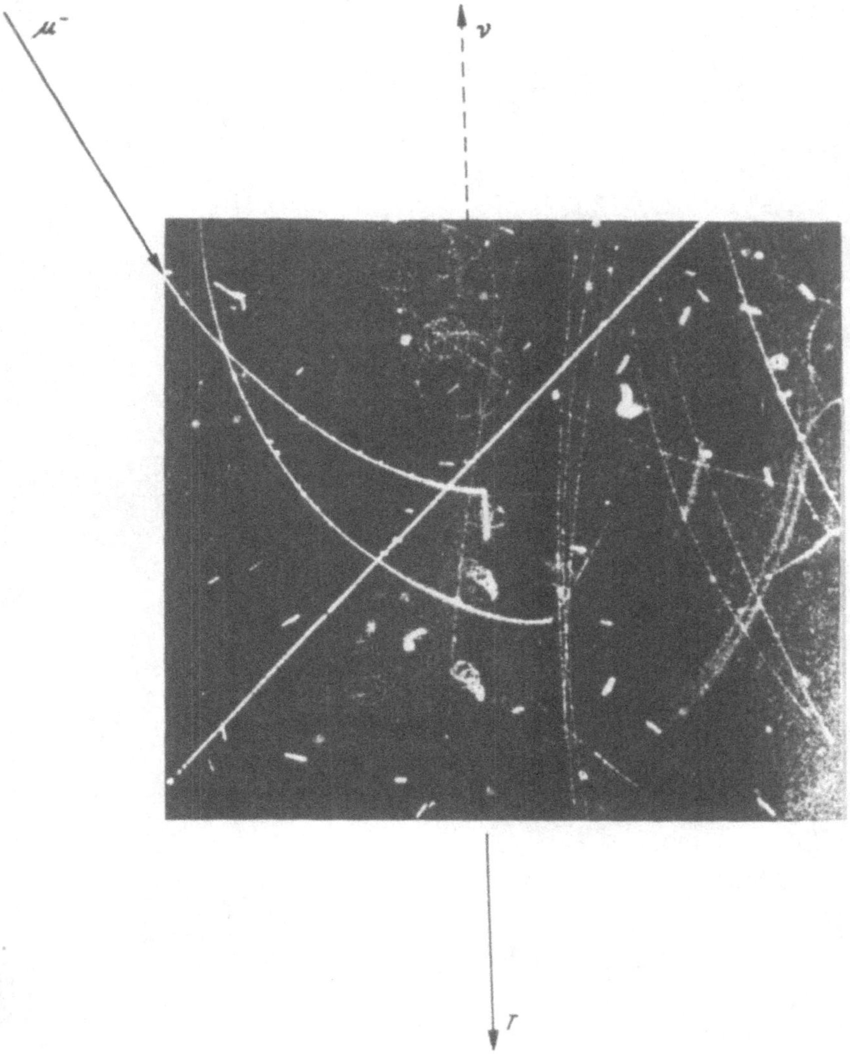

Abb. 2. Nebelkammerbild einer Wechselwirkung am Synchrozyklotron des Laboratoriums für Kernprobleme im VIK (Photo: VIK)

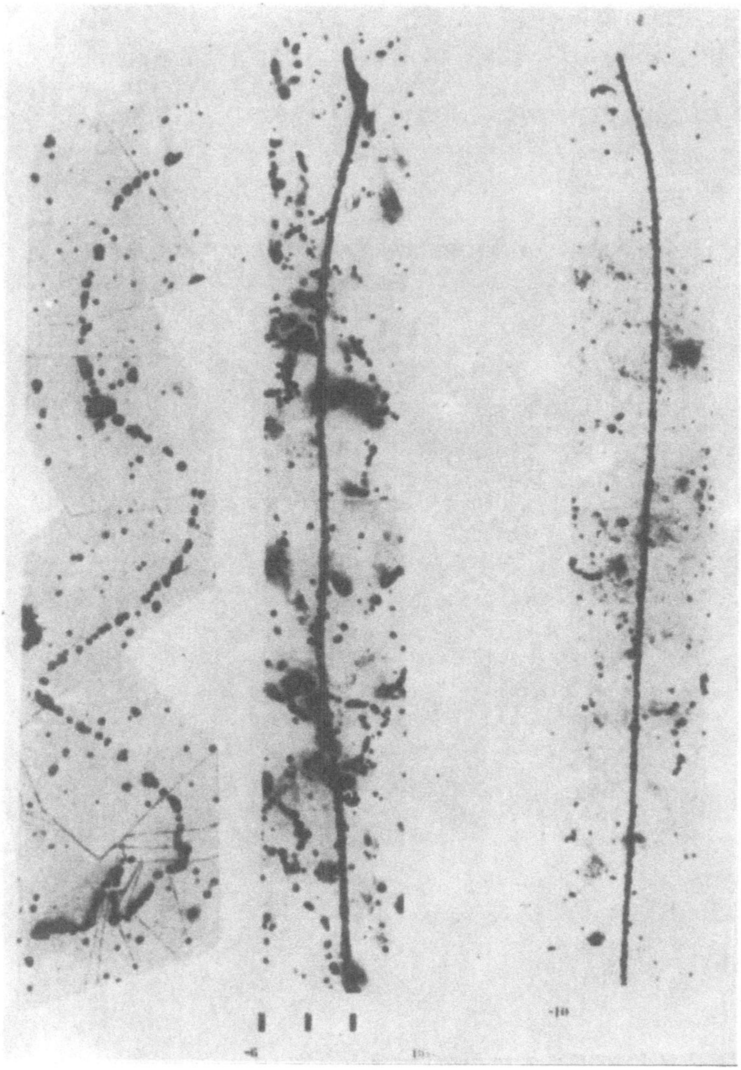

Abb. 3. Teilchenspuren in Kernspuremulsionen (Photo: [58])

tung, zum Teil mit einem erheblichen Aufwand, haben zu einer Reihe spezialisierter Halbautomaten geführt [60, 61].[9]

Mit Kernspuremulsionen wurden grundlegende Untersuchungen der Höhenstrahlung durchgeführt. Dazu wurden Emulsionspakete auf Bergen (Pamir, Zugspitze) exponiert oder mit Ballons und später mit Erdsatelliten in große Höhen gebracht. Auch für Experimente an Beschleunigern sind sie heute noch interessant (Abbildung 4), da sich Emulsionspakete leichter als andere experimentelle Anlagen an Teilchenstrahlen (auch in den Vakuumkammern der Beschleuniger) installieren lassen. Die sehr umständliche und aufwendige Auswertung hat jedoch die Anwendung der Methode der Kernspuremulsion stark eingeschränkt.

In den fünfziger Jahren begann die Entwicklung der *Gasspurkammern* [62, 46]. In diesen Geräten wird die sogenannte *Gasverstärkung,* d. h. die gesteuerte Erzeugung von Elektronenlawinen aus den durch Ionisation frei gewordenen Elektronen genutzt. Die dabei auftretenden Leuchterscheinungen im Bereich der Elektronenlawine werden in *optischen Gasspurkammern (Funkenkammern, Streamerkammern)* zum Photographieren der Teilchenspuren verwendet, die aus Ketten selbstleuchtender Gasentladungen (engl. streamer) (Abbildungen 5 und 6) oder kleiner Funkendurchschläge (Abbildung 7) längs der Teilchenbahnen bestehen.

Neben den optischen Gasspurkammern gibt es auch solche, die die Information der Teilchenspuren direkt als elektrische Signale über geeignete Vorverstärker in einen Rechner oder Speicher abgeben. Die Elektroden derartiger Kammern *(Drahtfunken-, Proportional-* und *Driftkammern)* bestehen aus zahlreichen Potentialdrähten und den Signaldrähten, worüber die Signale abgenommen werden. Sie sind für die Experimentautomatisierung (online-Experimente) vorzüglich geeignet und finden daher gegenwärtig eine immer breitere Anwendung auch in anderen Bereichen (z. B. Strahlungstomographie [63]). Der Vorteil der *optischen* Gasspurkammern gegenüber den *filmlosen* liegt in ihrer *hohen räumlichen Auflösung* auch bei großen Volumina, die im wesentlichen nur durch das optische Abbildungssystem begrenzt wird [64]. Das Auflösungsvermögen der filmlosen Kammern hängt wesentlich von der Anzahl der Drähte pro Flächeneinheit ab, was techno-

9 Es ist vielleicht nicht uninteressant zu bemerken, daß ein gemeinsam vom VIK und dem VEB Kombinat Carl Zeiss Jena in den Jahren 1960 – 1963 entwickeltes Funktionsmuster eines automatisierten Mikroskopes zur Spurverfolgung in Kernspurplatten, nachdem es im IfH der AdW der DDR als Geometrie-Meßmikroskop in Betrieb genommen wurde, heute als halbautomatisches Meßmikroskop zur Flächenphotometrie an Schmidt-Platten im Zentralinstitut für Astrophysik der AdW der DDR genutzt wird.

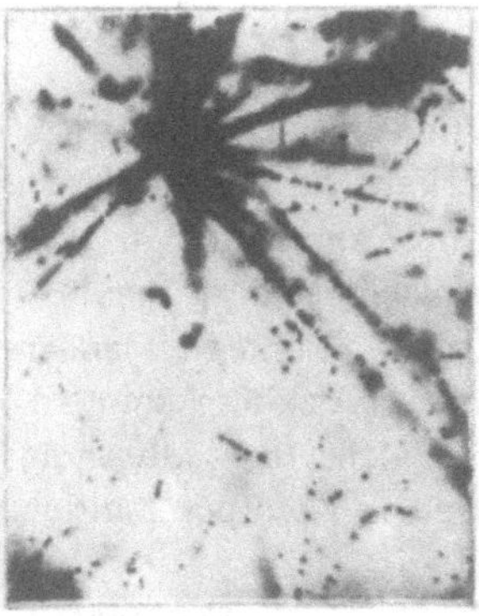

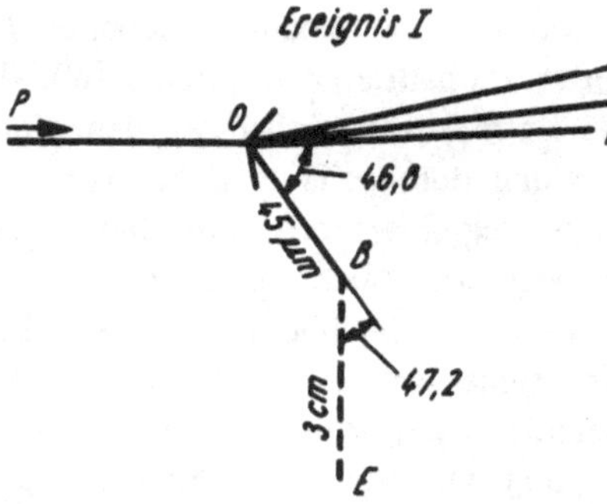

Mikrophotographie und Schema des Ereignisses I

Charakteristik des Ereignisses I

Spur	OB	BE	OH1	OH2	OH3
Emissions-winkel Θ (Grad)	46,8	47,2	3,8	2,3	1,5
Azimutaler Winkel Ψ (Grad)	162	174	79	90	121
Impuls (MeV/C)		390 ± 80	5900 ± 1100	9400 ± 1700	4300 ± 1400
Relative Ionisation	1,97 ± 0,35	0,94 ± 0,05	0,98 ± 0,06	0,96 ± 0,05	1,01 ± 0,06
Spurlänge L (cm)	$45 \cdot 10^{-4}$	3	8	10	9

Abb. 4. Ereignis einer hochenergetischen Wechselwirkung am Protonensynchrotron des IFVĖ in einer Kernspuremulsion (Photo: VIK)

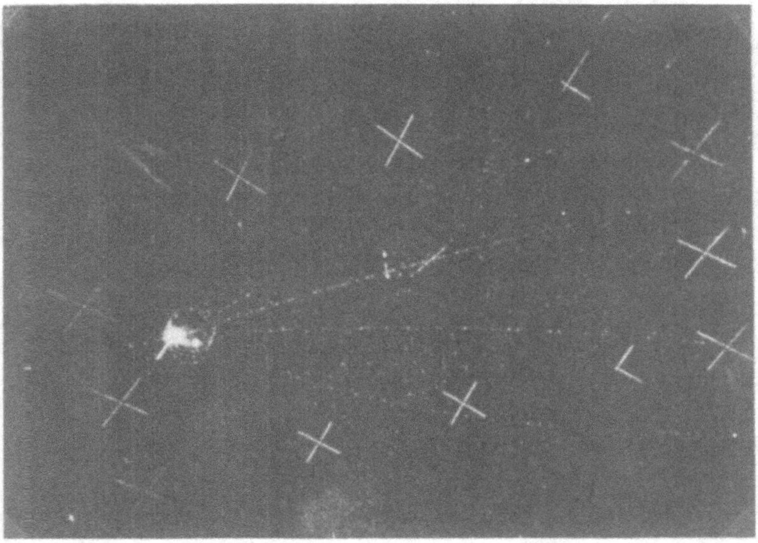

Abb. 5. Eine von acht Stereoprojektionen eines Bildes der 4,5m Streamerkammer des Spektrometers RISK des VIK (Photo: VIK)

Abb. 6. Projektion eines Ereignisses in der 4,5m Streamerkammer des Spektrometers RISK des VIK (Photo: VIK)

a *b* *c*

logische und finanzielle Probleme aufwirft. Daher behalten die optischen Gasspurkammern auch gegenwärtig ihre Bedeutung für die Hochenergiephysik. Die Verarbeitung der Bilder von optischen Gasspurkammern erfolgt mit ähnlichen Methoden, wie die der Blasenkammerbilder, die im weiteren ausführlich diskutiert werden.

Bilder optischer Gasspurkammern enthalten neben der nützlichen Information über die Teilchenspuren kaum Untergrund (Abbildungen 5, 6 und 7). Daher können sie – im Gegensatz zu Blasenkammerbildern – häufig vollautomatisch ausgewertet werden.

Im Energiebereich beschleunigter Teilchen von etwa 1 ... 30 GeV erwiesen sich *Blasenkammern* als außerordentlich effektive Nachweisgeräte für Wechselwirkungen mit vier und mehr Sekundärteilchen, so daß diese Methode in den vergangenen 20 Jahren zunehmend Beachtung fand. Gegenwärtig wird ihre allgemeine Bedeutung durch den Übergang in den Energiebereich von einigen 100 GeV zu Gunsten der Gasspurkammern eingeschränkt.

Vom Standpunkt der automatischen Objekterkennung aus betrachtet, stellt die Auswertung der Stereobilder von Spurkammern ein spezielles Teilgebiet der *automatischen Bildverarbeitung* dar. Die Objekte selbst – die Teilchenspuren – sind einfache Strukturen, zu deren Erkennung relativ einfache Algorithmen dienen. Schwieriger ist die *Rekonstruktion* der *dreidimensionalen Information* aus den *Stereobildern;* sie macht die Auswertung von Spurkammerbildern insgesamt zu einem aufwendigen Verfahren.

Die Verarbeitung von Spurkammerbildern hat einen Stand erreicht, der der heutigen Entwicklung der Technik optimal angepaßt ist. Es werden zwar noch technische Verfeinerungen eingeführt oder Aufgaben zwischen Software und Hardware umverteilt, aber die grundsätzlichen Methoden und Algorithmen erfahren kaum noch Veränderungen. Die Ursache dafür ist vor allem in der engen Verflechtung dieser Technik mit der allgemeinen Entwicklung der experimentellen Methodik in der Hochenergiephysik zu sehen, die – gestützt auf großzügige finanzielle Zuwendungen – ein beachtliches geistiges und technisches Potential zur Verfügung hatte und dadurch ihr Entwicklungstempo enorm steigern konnte.

Ein weiterer Grund ist, daß hier nicht *allgemeine Lösungen* gesucht oder *theoretische Grundlagen* erarbeitet wurden, sondern ein konkretes Problem mit vorhandenen Mitteln gelöst werden mußte.

Es ist interessant zu verfolgen, wie sich die Schwerpunkte dieser Arbeiten im Laufe der Jahre verlagert haben. Das läßt sich u. a. aus den Themen der einschlägigen internationalen Veranstaltungen ableiten [36 – 45].

◀ **Abb. 7.** Bilder des Funkenkammerspektrometers MIS des VIK (Photo: VIK)

Zunächst wurden die Arbeiten zur Auswertung von Spurkammeraufnahmen auf den regelmäßig stattfindenden allgemeinen Konferenzen über Geräte der Hochenergiephysik (High-energy Physics Instrumentation) diskutiert. Später – Anfang der sechziger Jahre – begann eine Serie spezieller Konferenzen und Seminare über die Datenverarbeitung an optischen Spurkammern in der drei wesentliche Stadien festzuhalten sind:

1. Probleme der Programmierung für die Datenfilterung und Bilderkennung (1963 bis 1968);
2. Systemaspekte und Datenverarbeitung (1968 bis 1974);
3. Rolle des Rechners in der Bildverarbeitung (1974 bis 1978).

Damit war die Reihe spezialisierter Konferenzen abgeschlossen, und in den letzten Jahren wird über die automatische Bildverarbeitung in der Hochenergiephysik auf Veranstaltungen zu allgemeinen Problemen der Bildverarbeitung [12, 65 – 67] oder der Verarbeitung physikalischer Information [44, 45] berichtet. Der Schwerpunkt liegt dabei auf der Anwendung erprobter Methoden der Bildverarbeitung in anderen Bereichen.

Diese Entwicklung reflektiert nicht nur Fortschritte in der Lösung des ursprünglichen Problems, sondern auch das Eindringen der Rechentechnik in das wissenschaftliche Experiment und in den wissenschaftlichen Gerätebau, das sich in demselben Zeitraum vollzog.

Das *erste Stadium* entspricht der Zeit, da große Erwartungen in die Universalrechner gesetzt wurden, deren Programmierung erst erlernt und beherrscht werden mußte. In jener Zeit wurden die grundlegenden Algorithmen erarbeitet, die dann in unterschiedlichen Varianten immer wiederkehrten. Nachdem die Programmierung erlernt und die Möglichkeiten und Grenzen von Großrechnern überschaubar wurden, traten im *zweiten Stadium* Systemaspekte in den Vordergrund. Zudem erschienen die sehr flexiblen aufrüstbaren Prozeßrechner, die schnell Eingang in die Bildverarbeitung fanden. Damit konnte die, inzwischen als zu starr erkannte, einseitige Kopplung Abtaster–Universalrechner aufgelöst und durch Systeme funktioneller Baugruppen ersetzt werden. In den Vordergrund traten das gesamte Verarbeitungssystem, der Datenfluß und adäquate Datenstrukturen. Das *dritte Stadium* kennzeichnet die apparative und programmtechnische Beherrschung der modernen Rechentechnik und den Entwicklungsstand der technischen Hilfsmittel für die Bildverarbeitung – hochauflösende Elektronenstrahlröhren mit geringen oder aussteuerbaren Verzerrungen für die Bildabtastung und graphische Displaytechnik für den Mensch–Rechner Dialog. Die Technik selbst (Hardware und Software) rückt in den Hintergrund, und die Wechselbeziehung zwischen der kreativen Intelligenz des Menschen und der routinesicheren programmierten „Intelligenz" des Rechners im Bildverarbeitungsprozeß wird zur entscheidenden Frage. Eine spezifische Aufgabe der experimentellen Hochenergiephysik und der Bildverarbeitung reiht sich damit folgerichtig in Probleme des modernen, durch die Rechentechnik grundlegend beeinflußten, wissenschaftlichen Gerätebaus ein.

3. Experimente mit optischer Aufzeichnung in der Hochenergiephysik

In einem Streuexperiment werden entweder beschleunigte Teilchen auf ein ruhendes Target geschossen oder zwei gegenläufige Strahlen beschleunigter Teilchen aufeinander gerichtet. Mit einer vom Wechselwirkungsquerschnitt abhängigen Wahrscheinlichkeit werden dabei Wechselwirkungen zwischen Elementarteilchen stattfinden, so daß die Teilchen gestreut bzw. neue Teilchen erzeugt werden. Aufgabe der Nachweisapparatur ist es, die an einer Wechselwirkung beteiligten Teilchen so zu registrieren, daß die für die gegebene Untersuchung notwendigen Parameter ermittelt werden können. Ein Einzelakt der Wechselwirkung von Elementarteilchen wird als *Ereignis* bezeichnet.

3.1. Das Ereignis und sein Informationsgehalt

In Abbildung 8 ist ein Ereignis (eine unelastische Wechselwirkung von Elementarteilchen) schematisch dargestellt. Das beschleunigte Primärteilchen I trifft auf ein ruhendes Teilchen II. Als Resultat der Wechselwirkung entstehen die Sekundärteilchen 1 – 5: 1 verläßt die Anlage wieder, 2 stößt auf einen Atomkern und wird gestreut, 3 zerfällt in zwei geladene Teilchen 7 und 8, 4 wird in der Anlage abgebremst und von einem Kern eingefangen, 5 ist ein elektrisch neutrales Teilchen und zerfällt innerhalb der

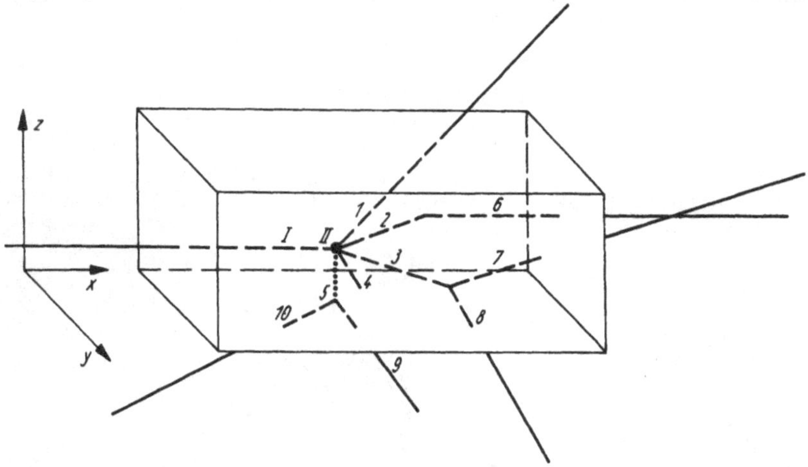

Abb. 8. Schematische Darstellung eines Ereignisses der Wechselwirkung von Elementarteilchen

Anlage in zwei geladene Teilchen 9 und 10. Werden in dem eingezeichneten Koordinatensystem für jede Teilchenspur zwei Winkel – λ_i, der Winkel zur Z-Achse und φ_i, der Winkel der Spurprojektion auf die XY-Ebene zur X-Achse – und die Koordinaten (X, Y) des Ursprungsortes A der Spuren (auch Vertex genannt) gemessen, so ist das Ereignis geometrisch eindeutig fixiert.

Um es kinematisch zu definieren, bedarf es noch der Bestimmung der Teilchenimpulse. Diesem Zwecke dient die Ablenkung geladener Teilchen in einem Magnetfeld. Der Teilchenimpuls P ist bei konstantem Magnetfeld dem Krümmungsradius ρ der Spur proportional. Als dritter Spurparameter wird daher der reziproke Krümmungsradius benutzt, dessen Fehler ebenso wie die von λ und φ normal verteilt ist. Dieser Umstand ist für die weiteren Ausgleichsrechnungen wichtig. Ein Ereignis ist also durch 3n Parameter (n – Anzahl der Spuren) – zwei Winkel und einen Krümmungsradius oder drei Projektionen des Teilchenimpulses P_x, P_y, P_z pro Spur – und deren Meßfehler kinematisch eindeutig definiert. Zur vollständigen physikalischen Interpretation des Ereignisses bedarf es noch der Identifizierung eines jeden Teilchens, d. h. der Bestimmung seiner Masse, die sich nicht immer unmittelbar aus der Messung ergibt. Diese Parameter stellen den maximalen Informationsgehalt eines Ereignisses dar. Die verschiedenen experimentellen Methoden unterscheiden sich grundsätzlich nur durch die Art der Messung von Spurparametern und Teilchenmassen.

3.2. Optische Spurkammern in der Hochenergiephysik

Optische Spurkammern werden vor allem dazu benutzt, Ereignisse vollständig, möglichst auch mit den Zerfallsprodukten der Sekundärteilchen, zu registrieren. Für die Hochenergiephysik sind heute Blasenkammern und Streamerkammern wesentlich [47]. Der empfindliche Bereich solcher Kammern wird während des kurzzeitigen Erscheinens der Teilchenspuren stereoskopisch photographiert und die für eine dreidimensionale Rekonstruktion der Spuren notwendige Information auf Filmen gespeichert.

3.2.1. Blasenkammern

Das Funktionsprinzip der Blasenkammer wurde 1952 von GLASER erfunden [68 – 70]. Eine sich direkt unter dem Siedepunkt befindliche Flüssigkeit wird kurzzeitig, durch Expansion, in einen überhitzten Zustand gebracht. Die beim Durchgang geladener Teilchen während dieser Zeit entstehenden Ionen stellen Keime dar, aus denen sich rasch anwachsende Blasen bilden.

Nach kurzer Zeit (ca. 10 ms), bevor die Flüssigkeit im gesamten Volumen aufkocht, wird der Druck in der Kammer wieder erhöht, und die Blasen verschwinden. Die mittlere Arbeitsfrequenz von Blasenkammern beträgt etwa 1 Hz. Mit periodisch schwingenden Expansionssystemen sind auch höhere Frequenzen (20 ... 30 Hz) erreicht worden. Blasenkammern können nicht gezielt (getriggert) expandiert werden, sondern die Bilder werden, synchronisiert mit dem Beschleunigerimpuls, „blind" gewonnen. Die Teilchenspuren erscheinen in Blasenkammern als Ketten kleiner Blasen in einer Flüssigkeit. Bei hinreichend starker externer Beleuchtung des Kammervolumens lassen sich diese Blasenketten direkt photographieren. Als empfindliche Flüssigkeit wird häufig flüssiger Wasserstoff verwendet, der zugleich Target und Detektor ist. Dadurch können in einer Blasenkammer alle geladenen Teilchen eines Ereignisses sichtbar gemacht werden. Zum Nachweis neutraler Teilchen dienen Blasenkammern mit schweren Flüssigkeiten (Propan, Xenon u. a.) oder mit flachen in die Flüssigkeit eingelassenen Metallplatten, in denen durch die Konvertierung von γ-Quanten Elektron-Positron-Paare entstehen. Blasenkammern sind in starken Magnetfeldern angeordnet, worin die Bahnen geladener Teilchen gekrümmt werden.

Die räumlichen Abmessungen der Blasenkammern sind im wesentlichen durch den Energiebereich der Reaktionen und die Art der Wechselwirkungen bestimmt. In Tabelle 1 sind die Abmessungen einiger moderner Blasenkammern und die daraus folgenden Objektivzahlen und Bildformate angeführt, die den Aufwand der Auswertung und die Meßleistung wesentlich beeinflussen.

3.2.2. Streamerkammern

Die Streamerkamern sind Gasentladungskammern. Wie die Blasenkammer ist auch die Streamerkammer ein sogenannter 4π-Detektor. Jede Teilchenspur kann unabhängig von ihrer Richtung registriert werden. Streamerkammern sind mit einem Gasgemisch (am häufigsten He + Ne) gefüllt, in dem beim kurzzeitigen Anlegen einer Hochspannung (≥ 20 kV $\cdot$ cm^{-1}) längs der Bahnen ionisierender Teilchen kleine selbstleuchtende Elektronenlawinen (streamer) entstehen. Diese werden direkt, oder wegen ihrer geringen Leuchtdichte durch elektronenoptische Bildverstärker verstärkt, photographiert. Infolge ihrer weniger dichten Gasfüllung ist die Streamerkammer nicht als Target geeignet, so daß dieses in oder vor ihr installiert werden muß.

Gegenüber der Blasenkammer hat die Streamerkammer den Vorteil, daß sie gesteuert (getriggert) werden kann. Durch eine geeignete Anordnung schneller Detektoren und elektronischer Schaltungen werden die Teilchen-

Tabelle 1
Einige technische Daten moderner Blasenkammern und der RISK-Streamerkammer

		LJUD-MILA	MIRA-BELLE	SKAT	2 m HBC	BEBC	GARGA-MELLE	RISK
Beschleuniger		76 GeV IFVĖ	76 GeV IFVĖ	76 GeV IFVĖ	28 GeV CERN	SPS CERN	SPS CERN	76 GeV IFVĖ
Medium		H_2 flüssig	H_2 flüssig	schwere Flüssigkeit	H_2 flüssig	H_2 flüssig	schwere Flüssigkeit	He + Ne Gasgemisch
effektives	L	2,0	4,5	4,5	2,0	3,0	4,6	4,6
Kammervolumen	B	0,51		1,3	0,5			0,9
(m)	H	0,6		1,1	0,7			0,8
	Ø		1,6			3,5	1,9	
Filmbreite (mm)		50	70	70	50	70	70	35
Anzahl der Projektionen/Film		1	3 (2x) 2 (1x)	1	1	1	4	2
totale Anzahl der Projektionen		4	8	4	4	4	8	8
Bildlänge einer Projektion (mm)		150	104,5	228 (2x) 114 (2x)	170	95	95	28
Blasendurchmesser auf dem Film	min.	–	15	–	20	6	15	50
(μm)	max.	–	30	–	30	30	30	100

BEBC – Big European Bubble Chamber
HBC – Hydrogen Bubble Chamber
RISK – Relativistische Ionisations-Streamerkammer
SPS – Super Proton Synchrotron – 400 GeV Protonenbeschleuniger im CERN
SKAT – Serpuchovskaja Kamera s Tjaželym Napolneniem – Blasenkammer mit schwerer Flüssigkeit des IFVĖ

reaktionen grob analysiert. Die Streamerkammer wird nur dann gezündet, wenn ein registriertes Ereignis bestimmten vorher festgelegten Kriterien genügt. Dank der kurzen Gedächtniszeit der Streamerkammer von 0,02 ... 100 μs erscheinen auf den Bildern nur in seltenen Fällen störende Untergrundspuren. Die Auswertung dieser Bilder verläuft ähnlich wie die der Blasenkammerbilder. Infolge der Vorauswahl der Ereignisse und des reduzierten Untergrunds sind Bildverarbeitung und Experimentauswertung jedoch insgesamt einfacher und effektiver als für Blasenkammern. Die gespeicherte Information der Triggerdetektoren enthält außerdem zusätzliche Hinweise für die Bildverarbeitung.

3.2.3. Experimente mit optischen Spurkammern

Den Bau großer Beschleuniger für die Hochenergiephysik können sich nur wenige Länder leisten. Internationale Zentren, wie das VIK und CERN, entstanden unter Beteiligung mehrerer Staaten. An allen derartigen Beschleunigern werden Experimente von Wissenschaftlern in nationalen Gruppen oder in internationaler Zusammenarbeit ausgeführt. Dafür erwiesen sich optische Spurkammern als günstig, an denen nach dem *kernphysikalischen Experiment* am Beschleuniger das *primäre Ergebnis* in Form von *Filmen* vorliegt, die an beliebiger Stelle ausgewertet werden können. Als aktuelles Forschungsmaterial sind sie jedem interessierten Forscherkollektiv zugängig.

Zunächst war es die aufwendige Gewinnung der Spur- und Ereignisparameter aus den Stereobildern, die einen Zusammenschluß mehrerer Forscherkollektive notwendig machte. Der gemeinsamen *Auswertung* folgte der Wunsch nach Mitbestimmung der *Forschungsaufgabe* und des *Experimentverlaufs,* nach Mitverantwortung für die *Einhaltung der Experimentbedingungen* usw., handelt es sich doch um ein subtiles physikalisches Experiment und nicht um einen beliebigen Routineprozeß. So hat sich folgende Arbeitsorganisation herausgebildet:

a) Gemeinsame Erarbeitung der physikalischen Aufgabenstellung für das Experiment,
b) gemeinsame Durchführung des Experiments am Beschleuniger, wobei das Beschleunigerlaboratorium den größten Anteil trägt,
c) separate Auswertung der Filme in den Laboratorien nach gemeinsam festgelegten Kriterien,
d) gemeinsame Publikationen.

Die Arbeitsteilung erfolgt nicht nach einzelnen Phasen (horizontal), sondern zieht sich (vertikal) durch das gesamte Experiment, indem jede Gruppe einen Teil des Gesamtmaterials verarbeitet und an jedem Stadium teilnimmt. Für jeweils ein Problem ist eine Gruppe zuständig, die dem Kollektiv ausführlich begründete Vorschläge zur Diskussion stellt.

Absprachen zu grundsätzlichen Fragen erfolgen in Arbeitsberatungen 2- bis 3mal jährlich. Wichtig für diese Art der Arbeitsorganisation sind formale Festlegungen zur Datenstruktur auf allen Zwischenstufen (und das hat Konsequenzen bis hin zum Programmsystem), zur Ereignisauswahl, zur Kontrolle der Meßgenauigkeit u. a.

Ähnliche Organisationsformen haben sich auch für elektronische Zählerexperimente ergeben. Zwischen den beiden ersten Phasen liegt allerdings der wichtige Beitrag eigener technischer Entwicklungen (Hardware und Software) für die experimentelle Anlage. In der Phase c) werden anstatt der Filme Magnetbänder ausgewertet.

In Tabelle 2 sind die einzelnen Stadien eines Spurkammerexperimentes mit Erfahrungswerten für ihren zeitlichen Ablauf dargestellt [71].

Tabelle 2
Dauer der einzelnen Stadien von Spurkammerexperimenten

	Dauer		
Etappe	Wochen	Monate	Jahre
Ausarbeitung eines Experimentvorschlages	x	x	
Bestätigung, Ablehnung oder Änderungswünsche durch Kommission für Beschleunigerprogramm	x	x	
Wartezeit und Vorbereitung des Experimentes	x	x	x
Arbeit am Beschleuniger	x	x	x
Auswertung der Bilder und Datenerfassung		x	x
Datenverarbeitung (wiss. Ergebnisse, Publikationen)		x	x
gesamte Experimentdauer		x	x

Es ist zu erkennen, daß trotz internationaler Zusammenarbeit zwischen dem Experiment und dem Ergebnis Monate und Jahre liegen. Um diese Zeiten wesentlich zu verkürzen, mußten Wege zur Automatisierung der Auswertung, d. h. Methoden zur automatischen Bildverarbeitung an Spurkammerbildern entwickelt werden. Wie am Beispiel der Streamerkammer gezeigt wurde, sind die Anforderungen anderer optischer Spurkammern an die Auswertung geringer als die der Blasenkammer. Die im folgenden vorgestellten Blasenkammermethoden sind daher auch für alle anderen optischen Spurkammern anwendbar.

4. Die Auswertung von Spurkammerbildern

Bevor die Probleme der Bildverarbeitung konkret behandelt werden, sei der *Ablauf der Auswertung* skizziert, der neben der Objekterkennung auf den Stereobildern sowohl *Präzisionsmessungen,* als auch eine *dreidimensionale Ereignisrekonstruktion* einschließt.

4.1. Das Spurkammerbild

In Abbildung 9 sind zwei Stereoprojektionen eines Bildes der 2 m-Wasserstoffblasenkammer „LJUDMILA" des VIK wiedergegeben, die zur räumlichen Rekonstruktion der abgebildeten Objekte dienen.

Es lassen sich mehrere Gruppen von Objekten unterscheiden.

Im mittleren Bereich liegen die Spuren der die Kammer durchlaufenden Teilchen. Zwei dieser Teilchen stoßen auf Wasserstoffkerne und verursachen Ereignisse, deren Spuren jeweils weitere über einen größeren Bildbereich verteilte Spurengruppen bilden. Die zu einem Ereignis gehörenden Spuren werden auch Arme genannt. Man spricht von 2-, 3-, 6armigen Ereignissen. Eine dritte Gruppe bilden die nicht zu den beiden ersten Gruppen gehörenden, zufällig entstandenen Untergrundspuren. Die spiralförmigen Objekte sind durch Ionisation frei gewordene Elektronen, die ebenfalls zum Untergrund zählen. Die über das gesamte Bild verteilten Kreuze sind Abbildungen der sogenannten Markierungskreuze, die fest in der Blasenkammer angebracht sind. Sie werden bei der Rekonstruktion dazu benutzt, den Bezug zwischen dem Koordinatensystem des Bildes und dem der Blasenkammer herzustellen. Nicht alle Teilchen des beschleunigten Strahles verursachen eine Wechselwirkung im Kammervolumen, so daß auch „leere" Bilder ohne Ereignisse entstehen. Um deren Zahl zu reduzieren, werden möglichst viele Teilchen in die Kammer geschossen. Dadurch kann jedoch ein Teil der Bilder mit Spuren „überfüllt" werden.

Ein zweckmäßiger Kompromiß sind daher je nach Experiment, in Abhängigkeit vom Wechselwirkungsquerschnitt, 5 . . . 20 Primärspuren pro Bild. In den Abbildungen 10 bis 13 sind weitere Blasenkammerbilder wiedergegeben.

Es kann also festgestellt werden, daß auf einem Spurkammerbild *Signale* registriert sind, die Spuren geladener Teilchen einer interessierenden Wechselwirkung enthalten. Diese Signale sind vom *Rauschen* überlagert, das sich aus *zufälligen Blasen- und Spurenbildern,* weiteren *Ereignissen* und *Untergrundschwankungen* zusammensetzt. Letztere werden durch das opti-

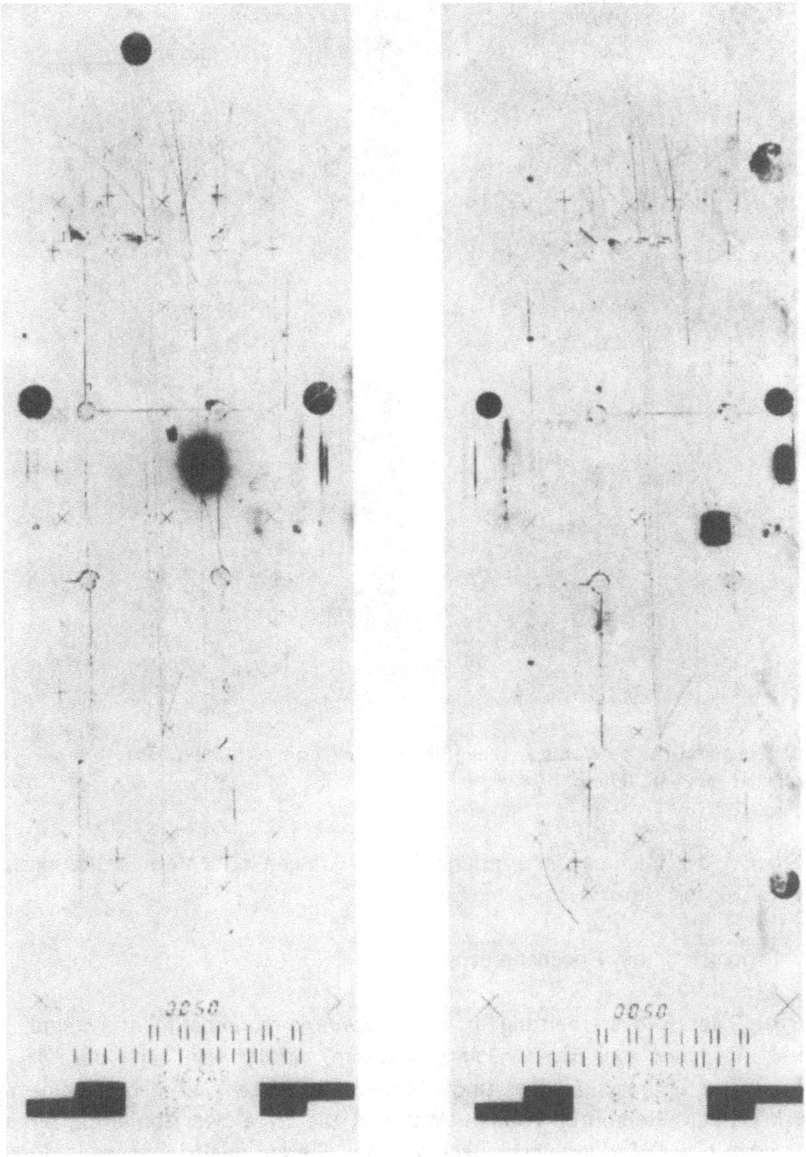

Abb. 9. Zwei Stereoprojektionen eines Bildes der 2m-Wasserstoffblasenkammer des VIK mit zwei Ereignissen der $\tilde{p}p$-Wechselwirkung bei 22,4 GeV/c (Photo: VIK)

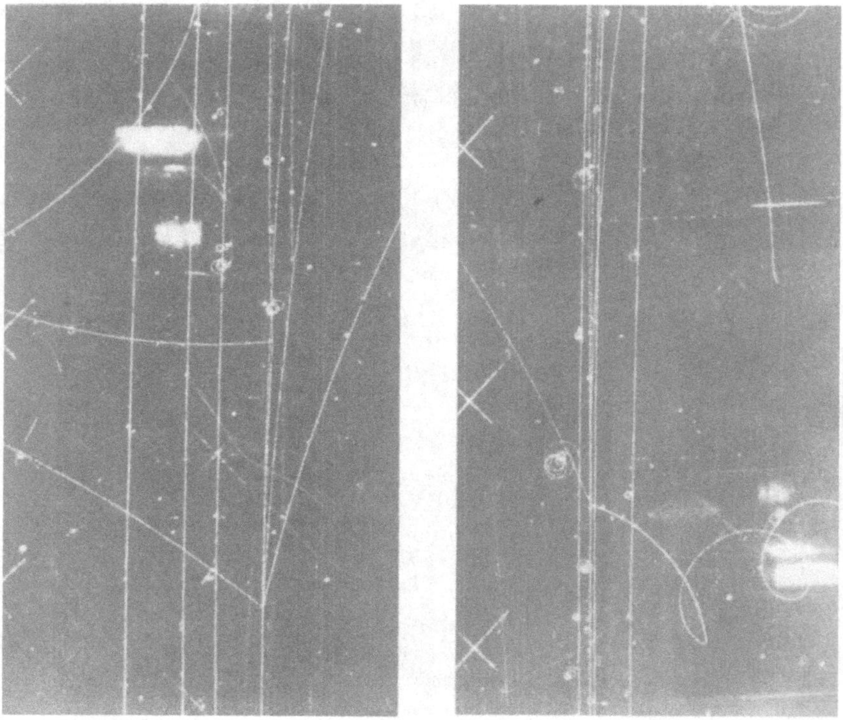

Abb. 10. Ereignisse der αp-Wechselwirkung bei 8,4 GeV/c in der 1m-Wasserstoffblasenkammer des VIK (Photo: VIK)

sche System der Kammer, thermische Schwankungen und Verschmutzungen in der Flüssigkeit verursacht.

4.2. Separation der Ereignisinformation

Der Prozeß der Bildverarbeitung in einem Spurkammerexperiment beginnt mit dem *Absuchen* der Filme nach Ereignissen, gefolgt von der *Koordinatenmessung* an Spuren, Vertices und Markierungskreuzen auf den zu einem Bild gehörenden Stereoprojektionen. Während die Lage der Abbildung eines Vertex oder eines Markierungskreuzes auf der Stereoprojektion jeweils durch ein Koordinatenpaar bestimmt ist, wird die Lage der Abbildung einer Spur durch 3 . . . 30 voneinander unabhängig gemessene Punkte (Koordinatenpaare) definiert. Die *weitere Verarbeitung* dieser Meßdaten, die *räumliche*

Abb. 11. Wechselwirkung eines Kohlenstoffkernes bei 4,2 GeV/c pro Nukleon mit Tantal in der 2m-Propanblasenkammer des VIK (Photo: VIK)

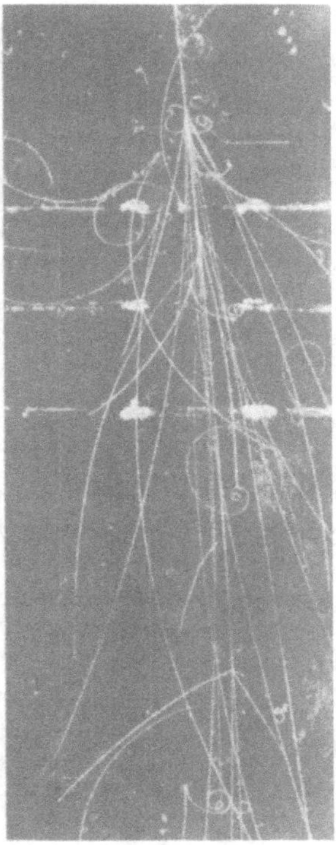

Abb. 12. Wechselwirkung zweier Kohlenstoffkerne bei 4,2 GeV/c pro Nukleon in der 2m-Propanblasenkammer des VIK (Photo: VIK)

Rekonstruktion der Spuren und Ereignisse, geschieht mit einem Großrechner. Die Raumkoordinaten einzelner Punkte (Vertices, Markierungskreuze) im Objektraum (empfindlicher Bereich der Blasenkammer) können analytisch aus den Koordinaten ihrer Projektionen auf den Stereobildern berechnet werden, wenn die Parameter des optischen Systems der Blasenkammer bekannt sind.

Um die den Verlauf einer Spur im Raum festlegenden Raumpunkte zu berechnen, bedarf es jedoch mehrerer Interpolationsschritte, da die auf den verschiedenen Stereoprojektionen gemessenen Koordinatenpaare unabhängig voneinander ausgewählt werden.

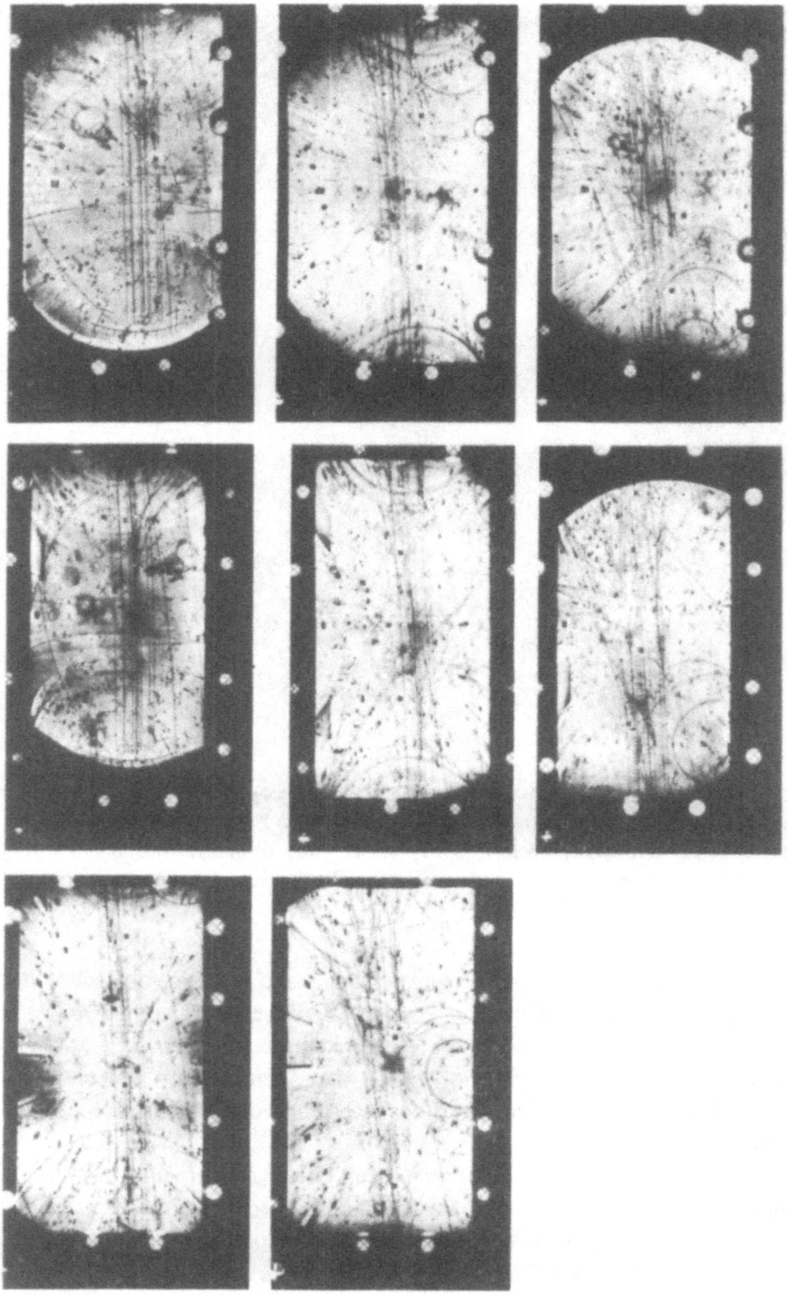

Durch die Raumpunkte der Spur wird in einem iterativen Näherungsverfahren eine Spirale (genauer: Die Lösung der Bewegungsgleichung eines geladenen Teilchens in einem konstanten Magnetfeld) gelegt, deren Parameter, bezogen auf den Ereignisursprung, den dreidimensionalen Impulsvektor des entsprechenden Teilchens (P_x, P_y, P_z) bzw. die drei Spurparameter λ, φ, $1/\rho$ definieren (Abbildung 14). Bei der Bestimmung dieser Spirale werden die Stärke des Magnetfeldes, die Teilchenmasse, Energieverluste, Vielfachstreuung, optische Verzerrungen und ähnliche Effekte berücksichtigt.

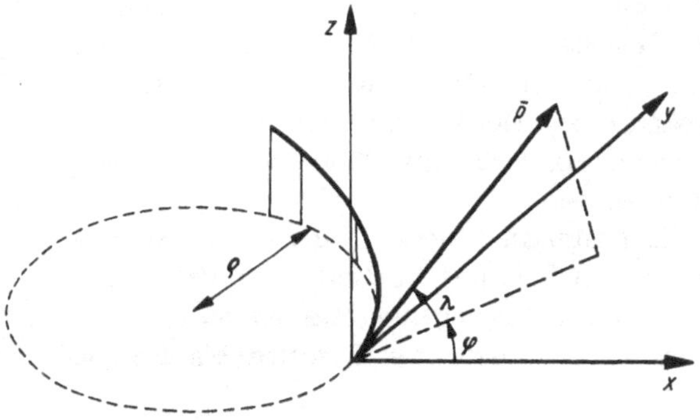

Abb. 14. Spur und Spurparameter im Raum

Neben der *Effektivität* der Messung der Koordinatenpaare – und damit werden wir uns im weiteren befassen – sind die *Zuverlässigkeit* der Ergebnisse und die *Genauigkeit* der Bestimmung der Spurparameter wichtig. Meßgenauigkeit und Auflösungsvermögen der Meßgeräte hängen vom jeweiligen Experiment ab und müssen so gewählt werden, daß bei geringen Verlusten an Ereignissen, systematische Fehler vermieden werden.

Die erwähnten Verfahren und die noch folgenden Algorithmen zur Spurerkennung, -verfolgung u. a. haben statistischen Charakter. Sie nutzen die große Redundanz der primären Information – drei oder mehr Stereoprojektionen und mehrere hundert Bildpunkte in jeder Bildebene pro Spur – im Vergleich zum Endergebnis – drei Parameter pro Spur im Raum. Zugleich erlaubt diese Redundanz, zu jedem Satz von Parametern in den Zwischenergebnissen, weitere Sätze mit unabhängig gewonnenen Werten zu bilden und sie miteinander zu vergleichen. Mit derartigen ständigen Kontrollen werden hohe Meßgenauigkeiten und geringe Irrtumswahrscheinlichkeiten erreicht.

Während in kleinen Spurkammern nach der räumlichen Rekonstruktion aller Vertices und Spuren die geometrische Rekonstruktion eines Ereignisses

◀ **Abb. 13.** Acht Stereoprojektionen der am Protonensynchrotron im IFVĖ installierten französischen Wasserstoffblasenkammer MIRABELLE (Photo: IFVĖ)

abgeschlossen ist, tritt für sehr lange Kammern ein weiteres Problem auf – das *Zusammensetzen* (engl. bridging) von Spurabschnitten. In solchen Kammern werden lange Spuren nicht vollständig von einem Objektiv erfaßt, und nach erfolgter Rekonstruktion einzelner Spurteile mit Hilfe der verschiedenen Stereoprojektionen werden für die von einem Vertex ausgehenden Spuren Fortsetzungen auf anderen Projektionen gesucht. Dazu werden die bereits berechneten Spurparameter der einzelnen Spurabschnitte benutzt. Sowohl dieser Prozeß des Zusammensetzens als auch die richtige Auswahl der zu einer Spur gehörenden Spurabschnitte auf den einzelnen Stereoprojektionen ist für Ereignisse mit hoher Armzahl (8 und mehr) außerordentlich aufwendig, da die Zahl der möglichen Zuordnungen sehr groß ist. Diese Aufgabe, bei deren Lösung der Mensch an die Grenze seiner an sich enormen visuellen Fähigkeiten zur Objekterkennung gelangt, kann nur durch eine *rechnergestützte Bildverarbeitung* unter Berücksichtigung der gemessenen Spurparameter gelöst werden.

Nach der geometrischen Rekonstruktion eines Ereignisses im Raum werden dessen Spurparameter durch ein iteratives Verfahren mit der Methode der kleinsten Quadrate, unter Berücksichtigung ihrer Fehlermatrix, korrigiert, indem für jeden Vertex vor und nach der Reaktion die Energie- und Impulserhaltung gefordert wird [72].

Auf diese Weise werden die verschiedenen physikalisch möglichen Hypothesen der Reaktion berechnet und diejenige, für welche die Rechnung die größte Wahrscheinlichkeit ergibt, wird angenommen. Natürlich können sich auch hier Mehrdeutigkeiten ergeben. Daher ist für alle Spurkammern stets eine Ionisationsmessung von Interesse, die zusätzlich zur Impulsbestimmung aus der Geometriemessung eine unabhängige Messung der Geschwindigkeit der Teilchen darstellt und damit eine Bestimmung der Teilchenmasse ermöglicht. Andererseits folgt aus den dargelegten Verfahren, daß die *Datenerfassung,* d. h. die richtige Auswahl der Spurprojektionen und die *Meßgenauigkeit* nicht nur ausschlaggebend für die endgültigen Meßfehler einzelner Ereignisparameter oder physikalischer Größen sind, sondern einen direkten Einfluß auf die *Interpretation* der Ereignisse und damit auf die Zuverlässigkeit der gewonnenen Aussagen haben.

Während der Entwicklung neuer Verfahren und Rechenprogramme und während der Durchführung eines Experimentes werden ständig Kontrollen mit dem Ziel durchgeführt, systematische Fehler zu erkennen und zu vermeiden. So können Ereigniskonfigurationen mit Spuren, die schwer zu erkennen oder zu rekonstruieren sind (z. B. kurze steile Spuren, Streuungen unter sehr kleinen Winkeln usw.) eine Dynamik der Wechselwirkung vortäuschen, die nicht der Realität entspricht und daher die Gültigkeit der

Aussagen herabsetzen. Die *Koordinatensysteme der Meßgeräte* können eine *endliche Krümmung* besitzen oder die *Filme* können *deformiert* sein, was zu einer Verfälschung der Impulse vor allem schneller Teilchen mit geringer Bahnkrümmung führen wird. Es ist auch stets zu berücksichtigen, daß streng genommen Rechenprogramme nur für die Kategorie von Daten anwendbar sind, mit denen sie getestet wurden. Ähnliches trifft auch für die Hardware der Meßgeräte zu. Kurz, die Sicherung der Zuverlässigkeit der Daten hängt wesentlich von dem experimentellen Geschick des Experimentators und von der Durchsichtigkeit der Methoden ab.

Ein scharfer Test ist z. B. die Berechnung der Masse des π^0 Mesons aus der sogenannten fehlenden Masse MM (engl. Missing Mass) einer Reaktion. Werden Energie und Impuls der Teilchen einer Reaktion mit E_i und $\vec{P}_i$ bezeichnet, so muß bei exakter Messung, infolge der Energie-Impulserhaltung, der Ausdruck

$$(MM)^2 = (\sum_{i=1}^{n} E_i)^2 - (\sum_{i=1}^{n} \vec{P}_i)^2$$

Null ergeben, wenn die Summe über alle (n) Teilchen der Reaktion gebildet wird.[10]

Für Ereignisse, in denen neben geladenen (gemessenen) Teilchen ein einzelnes neutrales (unsichtbares) π^0-Meson emittiert wird, muß dieser Wert eine um den Massenwert des π^0-Mesons $m = (139{,}578 \pm 0{,}013)$ MeV symmetrisch verteilte Glockenkurve bilden.

Läßt sich das nicht zeigen, dann müssen die Geräte und Methoden auf Fehler hin untersucht werden. Ein ähnlicher Test kann für die Masse der neutralen K-Mesonen, die in zwei geladene Teilchen zerfallen, angestellt werden.

Die Technik der optischen Spurkammern, ihre optischen Systeme und die Filmeigenschaften gestatten es, Blasen und Streamer zu erzeugen, deren Abbildungen auf dem Film Durchmesser von 10 ... 40 μm besitzen. Dementsprechend ist es sinnvoll, in der Koordinatenbestimmung eine Meßgenauigkeit von einigen Mikrometern anzustreben. In der Praxis hat es sich eingebürgert, Meßgeräte mit Meßeinrichtungen zu versehen, deren Auflösung 1 ... 2,5 μm beträgt.

10 In der Praxis ergibt sich für größere Ereigniszahlen infolge der Meßfehler eine um Null symmetrisch verteilte Glockenkurve. Weicht die Form dieser Verteilung von einer solchen Kurve ab oder ist ihr Schwerpunkt verschoben, so ist dies ein Hinweis auf systematische Fehler in der Auswertung.

4.3. Die Bearbeitungskette der Ereignisinformation

Die geschilderte Auswertung von Spurkammerbildern wird in bestimmte Abschnitte mit definierten Zwischenergebnissen unterteilt, die einerseits den Fortgang des Experimentes und die Güte der Meßergebnisse gut verfolgen lassen und andererseits die internationale Zusammenarbeit verschiedener Gruppen mit einem Datenaustausch auf unterschiedlicher Ebene erleichtern.

Diese Abschnitte stellen die sogenannte Bearbeitungskette (Abbildung 15) dar:

1. *Absuchen:* Die Filme werden an eigens dafür entwickelten Projektionsgeräten von Laboranten nach interessierenden Ereignissen durchmustert.[11] An dieser Aufgabe ist der Mensch zur visuellen Objekterkennung beteiligt. Routineprozesse, wie Filmtransport, sind mechanisiert.
2. *Koordinatenmessung* in der Bildebene: Der Meßprozeß ist in unterschiedlichem Grade bis hin zur Bildverarbeitung automatisiert.
3. *Geometrische Rekonstruktion:* Diese Rechnung erfolgt vollständig mit Großrechnern.
4. *Kinematische Rechnung:* Korrektur der Spurparameter und Berechnung der Ereignishypothesen. Auch diese Rechnung geschieht ohne menschlichen Eingriff.
5. *Hypothesenauswahl:* Wird an Hand der Rechenergebnisse vom Rechner vorbereitet und vom Physiker endgültig entschieden.
6. *Buchhaltung:* Anlegen einer Kartei (Magnetband), in der jedes Ereignis und der Zustand seiner Bearbeitung festgehalten wird. Diese Tätigkeit wird von Laboranten mit Hilfe von Großrechnern ausgeübt.
7. *Statistische Auswertung:* Erfolgt im Wechselspiel zwischen Physiker und Großrechner durch ein einfach zu handhabendes Nutzerprogrammsystem.

Im allgemeinen werden die Daten nach jedem dieser Abschnitte in fest vereinbarten Formaten auf Magnetband gespeichert.

Das Endergebnis der Filmauswertung und das Ausgangsmaterial für die physikalischen Untersuchungen (Punkt 7) ist das DST (Data Summary Tape), ein Magnetband mit einem Satz von Daten für jedes Ereignis, der es kinematisch vollständig beschreibt.

11 Das *Absuchen* oder *Durchmustern* wird im Deutschen auch als *Scannen* (nach dem englichen *scan* – skandieren, genau prüfen) bezeichnet. Daher kommen solche Bezeichnungen wie *Scantisch, Scanprojektor* (engl. *scantable)* für *Absuchprojektor.* Dieser Begriff ist nicht zu verwechseln mit *scanning – Abtasten* (russ. *skanirovanie).*

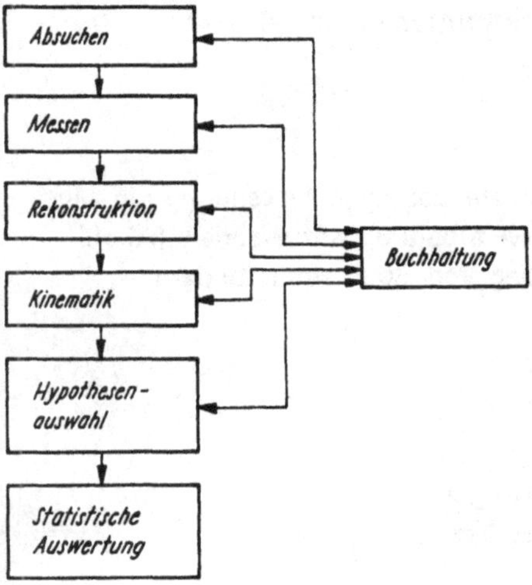

Abb. 15. Experimentbearbeitungskette

5. Objekterkennung an Spurkammerbildern

Nach SIMON u. a. [21] ist für alle Gebiete der Objekterkennung ein allgemeines *Ablaufschema* der Informationsverarbeitung anzuwenden (Abbildung 16), d. h. auch für die Auswertung von Spurkammerbildern.

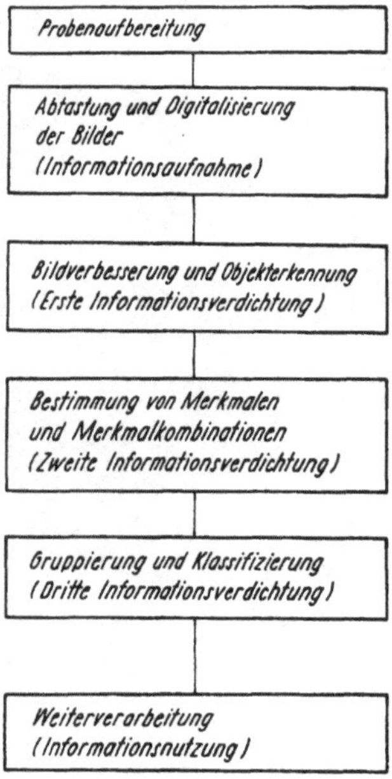

Abb. 16. Ablaufschema der Informationsverarbeitung

Um die einzelnen Stufen der Objekterkennung an Spurkammerbildern näher zu untersuchen, sollen sie zunächst den dargestellten Stadien der Auswertung zugeordnet werden.

Unter *Probenaufbereitung* ist das kernphysikalische Experiment mit Beschleuniger und Spurkammer zu verstehen, als dessen Ergebnis ein Satz von Stereofilmen entsteht. Mit *Informationsgewinnung* ist die Digitalisierung der Bilder oder die Punktmessung auf dem Bild gemeint, die mit dem Auffinden eines Ereignissignales (Absuchen) beginnt und mit der Überführung von Bildpunktkoordinaten des Signales, der Markierungskreuze und des Untergrundes in einen Rechner endet. Grauwerte werden im allgemeinen nicht gemessen. Wesentlich ist hier, daß die Messung oder Digitalisierung eine hohe Präzision erfordert.

Bildverbesserung und *Objektisolierung* erfolgen in zwei Abschnitten zunächst in der Stereobildebene, während oder nach der Digitalisierung und Punktmessung und zum zweiten Male bei der Rekonstruktion des Ereignisses im Raum. Die Berechnung der Spurparameter entspricht der *Bestimmung von Merkmalen,* die Auswahl der Ereignishypothese und das Anlegen des DST entsprechen der *Gruppierung* und *Klassifizierung. Informationsnutzung* ist die Arbeit des Physikers mit dem DST.

Charakteristisch für die Objekterkennung an Spurkammerbildern sind folgende Merkmale: *relativ einfache Objekte* (Teilchenspuren), die aus einem großen Untergrund völlig gleichartiger Blasen, Streamer usw. zu isolieren sind, *Präzisionsmessungen* an diesen Objekten und *dreidimensionale Rekonstruktion* von Objekten aus ihren Stereoprojektionen. Es hat daher nicht an Versuchen gefehlt, das Problem in einem Arbeitsgang zu lösen, indem gleichzeitig drei Stereoprojektionen digitalisiert und verarbeitet werden. Praktische Anwendungen dieser Methoden sind nicht bekannt geworden. Die dreidimensionale Rekonstruktion der Ereignisse wird von der Objektisolierung auf den Stereoprojektionen streng getrennt. Die unterschiedlichen Methoden und Geräte unterscheiden sich daher im wesentlichen nur bis zum Vollzug der Objektisolierung in der Bildebene. Bei der räumlichen Rekonstruktion und den weiteren Schritten werden einige wenige, international wohlerprobte Verfahren angewandt, die den Kern der Experimentbearbeitungsketten bilden. THRESH [73] ist das Programm für die *geometrische Rekonstruktion* der Spuren. Die *kinematischen Rechnungen* werden mit dem Programm GRIND [72] ausgeführt. Das Programm AUTOGRIND [72] stellt die physikalisch sinnvollen Ereignishypothesen zusammen und gibt für jede eine Lochkarte aus. Das Programm SLICE [72] setzt an Hand der ausgezählten Hypothesen und der GRIND-Ausgabe das DST zusammen. SUMX [74] ist das Rahmenprogramm, mit dessen Hilfe die physikalischen Untersuchungen an dem Datenmaterial (DST) ausgeführt werden. Alle Programme übersteigen den Speicherplatz einer BESM 6 (29 K Worte für den Nutzer) und müssen segmentiert werden. Der typische Speicherplatzbedarf dieser Programme beträgt 60 K Worte und mehr.

Eine nach modernen Gesichtspunkten unter Verwendung des Systems HYDRA [75] aufgebaute Programmkette wurde vor allem für die Bearbeitung von Bildern großer Blasenkammern entwickelt. In Abbildung 17 ist die Experimentbearbeitungskette für das Bildverarbeitungssystem HEVAS[12]

12 HEVAS – Hierarchisches Echtzeit-Verarbeitungssystem für die Auswertung von Spurkammerbildern, siehe Kapitel 6.5.3.

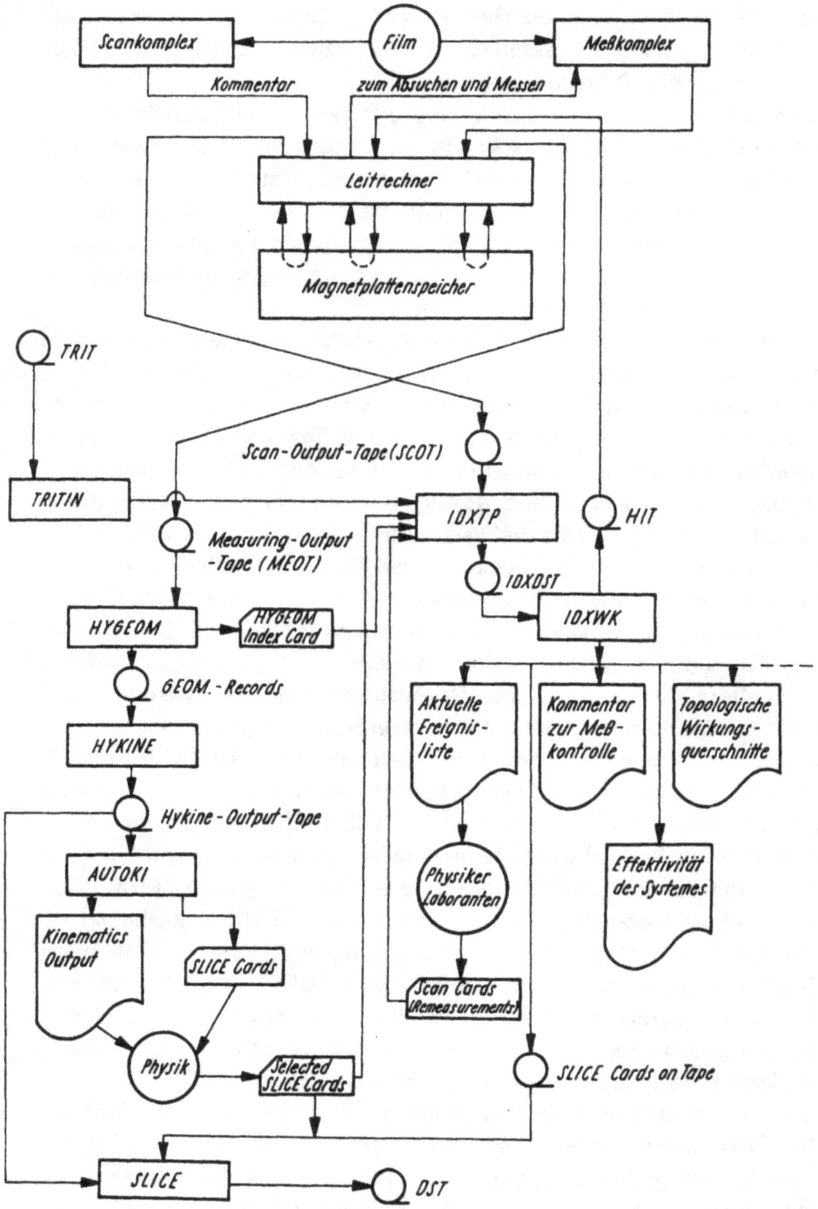

Abb. 17. Bearbeitungskette für HEVAS

des IfH der AdW der DDR mit allen seinen Schleifen und Querverbindungen dargestellt. Neben dem Film als Träger der primären Information sieht das System (für getriggerte Streamerkammern) die Eingabe zusätzlicher Triggerinformation über ein Magnetband TRIT (Trigger Input Tape) vor, die von dem Programm TRITIN (BESM 6) aufbereitet wird und auf das Mutterband IDXDST (Index Data Summary Tape) des Buchhaltungssystems IDXTP (Index Tape Programm) geschrieben wird. In IDXWK (Index Work Programm) sind die Programme zusammengefaßt, welche die Information des IDXDST nutzen, z. B. zur Zusammenstellung der Steuerinformation für den Meßprozeß HIT (HEVAS Input Tape). HYGEOM ist das Geometrieprogramm im HYDRA-System, HYKINE und AUTOKIN entsprechen den Programmen GRIND und AUTOGRIND.[13]

5.1. Mensch und Objektisolierung

Auf Grund der relativ einfachen Strukturen der Teilchenspuren (das trifft nicht generell für das Ereignissignal als Ganzes zu) ist der Mensch durchaus in der Lage, mittels seines Sinneskomplexes Auge – Gehirn das anstehende Problem der Objektisolierung in der Filmebene zu lösen. Hilfsmittel benötigt er lediglich für die Präzisionsmessung der Spurpunkte. Für eine automatische Präzisionsmessung bedarf es jedoch einer Angabe der Meßobjekte. Diese kann der Mensch oder eine automatische Objekterkennung erledigen.

Die Erfahrung zeigt, daß diese Aufgabe im allgemeinen nicht ohne die Teilnahme des Menschen zu lösen ist. Die Auswertung oder Bildverarbeitung bedarf seiner *„Führung"* (engl. guidance). In den einfachsten Systemen übernimmt er vollständig die *Objektisolierung.* Er sucht die Filme ab, wählt die zu messenden Ereignisse aus und gibt ihre Konfiguration (Anzahl, Zahl der Vertices, endende Spuren, Zerfälle, neutrale Teilchen usw.) an. Beim Messen bestimmt er die Meßpunkte und positioniert die Meßeinrichtung auf Blasen- oder Streamermitte. Damit beeinflußt er aber auch die Meßgenauigkeit entscheidend. Ein Teil der Hilfsoperationen wird vom Gerät automatisch ausgeführt. Bei den anspruchsvollen Geräten dieser Klasse werden Prozeßrechner zur Steuerung und Regelung benutzt, die den Menschen von fehlerintensiven Routinehandlungen befreien und ihm so erlauben, sich auf seine eigentliche Aufgabe – die Erkennung von Objekten – zu konzentrieren. Charakteristisch für alle diese Geräte ist, daß der Mensch selbst jede einzelne Operation zur Objektisolierung und Präzisionsmessung ausübt. Diese Art der Führung des Meßprozesses wird als *Operator-Führung* (engl. operator guidance) bezeichnet.

13 Nähere Angaben über diese Programme sind im Anhang aufgeführt.

Ein erster Schritt zur Automatisierung der Messung ist die *Bahn-Führung* oder *Bahn-Vorgabe* (engl. road guidance). Das Absuchen der Filme geschieht wie im ersten Fall. Zusätzlich zu den Angaben über die gefundenen Ereignisse werden (beim Absuchen oder gesondert) die Koordinaten von zwei Markierungskreuzen, von allen Vertices und von zwei Punkten pro Spur grob (±50 ... 100 μm auf dem Film) gemessen. Das Bild wird dann automatisch abgetastet und digitalisiert. Von den so erhaltenen digitalen Meßwerten werden nur solche in den Rechner überführt und weiter verarbeitet, die Punkte innerhalb begrenzter Bahnen um die vorgemessenen Punkte darstellen (Abbildung 18). In diesem Verfahren nimmt der Mensch an der Präzisionsmessung nicht teil, er weist nur auf jede einzelne Spur hin und gibt innerhalb eines Toleranzbereiches ihre Lage auf dem Bild an. Die Präzisionsmessung wird dadurch von subjektiven Fehlern, die jeder manuellen Messung anhaften, befreit. Eine Weiterentwicklung dieser Methode ist die *Punkt-Führung* oder *Vorgabe sauberer Punkte* (engl. clear point guidance). Dabei wird auf jeder Spurprojektion ein vom Untergrund isolierter Spurpunkt angegeben.

Einen weiteren Schritt zur Automatisierung stellen Verfahren mit *Vertex-Führung, minimaler Führung* oder *minimaler Vorgabe* (engl. minimum oder vertex guidance) dar. Beim Absuchen der Filme werden, außer den

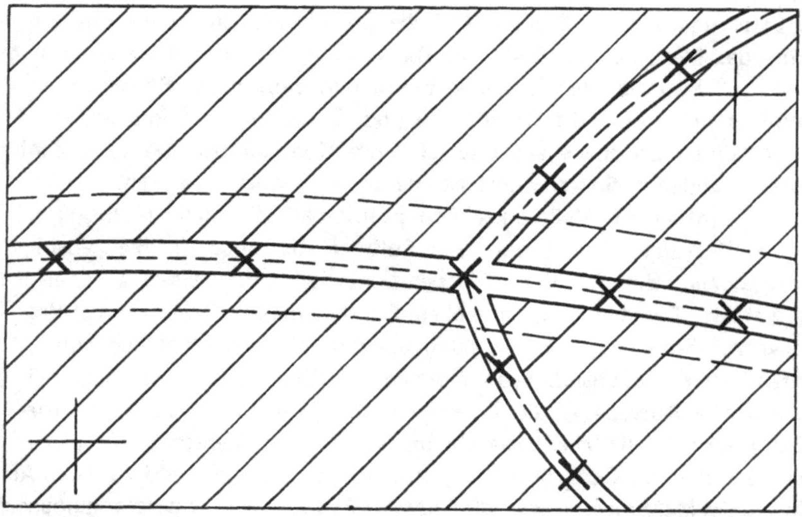

Abb. 18. Bahn-Führung

zwei Markierungskreuzen, die Koordinaten der Vertices nur grob gemessen. Danach wird das Bild abgetastet, und alle Koordinatenpaare gefundener Punkte werden in einen Speicher überführt. Der Prozeß der *Objektisolierung, Bildverbesserung* und *Untergrundeliminierung* beginnt am Ereignisursprung, indem nach Spuren gesucht wird, die strahlenförmig von diesem Punkt ausgehen. So wird allmählich das gesamte Ereignis gefunden. Hier gibt der Mensch nicht mehr die einzelne Spur vor, sondern er weist nur auf das gesamte Signal oder Ereignis – einschließlich seiner Konfiguration – hin.

In Tabelle 3 sind die zur Führung erforderlichen Messungen zusammengefaßt.

Tabelle 3
Anzahl der Punkte, die beim Absuchen auf jedem Stereobild gemessen werden müssen, um das Meßsystem zu *führen*

	Objekte		
Art der Führung	Markierungskreuz	Vertex	Spurpunkt
ohne Führung	–	–	–
Vertex-Führung	2	1	–
Punkt-Führung	2	1	1
Bahn-Führung	2	1	2
Operator-Führung (Handmessung)	4 ... 20	1	12 ... 20

Eine *vollautomatische* Auswertung ist in dieser Klassifizierung eine Verarbeitung *ohne Führung* oder *ohne Vorgabe* (engl. zero guidance). Inwieweit diese Bezeichnung gerechtfertigt ist, sei dahingestellt. Auch in Experimenten, die ohne Führung bearbeitet werden, treten „Rückläufer" auf, d. h. Ereignisse, welche die Bearbeitungskette nicht vollständig durchlaufen oder mehrdeutige Lösungen ergeben. In solchen Fällen muß der Mensch nachträglich eingreifen, um zu sichern, daß diese fragwürdigen Ereignisse keine systematischen Fehler verursachen.

Die schrittweise Reduzierung der Führung der Bildverarbeitung ging zeitlich einher mit der Entwicklung der elektronischen Rechentechnik. Sie zeigt, daß der Mensch nicht durch den Rechner zu ersetzen ist. Seine Tätigkeit erlangt jedoch mit jeder Weiterentwicklung eine neue, höhere

Qualität. Er wird zunehmend von Routineoperationen befreit und kann sich stärker auf die Nutzung seiner geistigen Fähigkeiten konzentrieren. In erster Linie betrifft das die Objekterkennung selbst, zum anderen solche wichtigen Funktionen, wie Überwachung des Meßablaufs, Entscheidungen in unvorhergesehenen Situationen, korrigierende Eingriffe.

Charakteristisch für diese internationale Entwicklung ist, daß durch die unterschiedlichen Arten der Führung die jeweils zur Verfügung stehende Rechentechnik voll genutzt werden kann und dem Menschen eine aktive, seinen Fähigkeiten mehr und mehr angepaßte Tätigkeit ermöglicht wird.

5.2. Untergrundeliminierung, Präzisionsmessung, Bildverbesserung

Die zu verarbeitenden Daten sind Koordinatenpaare der Mittelpunkte von Blasen- oder Streamerbildern und von Markierungskreuzabbildungen. Sie repräsentieren das Ereignissignal. Neben diesem enthält ein Spurkammerbild Untergrundspuren, -blasen oder -streamer, Kratzer, Lichtreflexe und Untergrundschwankungen.

Letztere werden u. a. durch Intensitätsschwankungen der Impulslampen verursacht, die zur Ausleuchtung der Kammer benutzt werden. Eine einzelne Blase einer Ereignisspur unterscheidet sich nicht von einer beliebigen anderen Blase. Die Untergrundschwankungen im Bild können der Schwärzungsdifferenz zwischen Blasenbild und Untergrund durchaus nahekommen oder sie übersteigen. Durch die Bildabtastung kann die Bildinformation zusätzlich unifiziert werden, da alle erkannten Punkte als elektrische Impulse dargestellt werden, die sich höchstens in ihrer Amplitude, Dauer und Form unterscheiden. Bevor die Datenverarbeitung beginnt, müssen daher die primären Ereignisdaten nicht nur durch eine Präzisionsmessung gewonnen, sondern auch aus Untergrund und Rauschen herausgefiltert werden.[14]

Bildabtastung, Präzisionsmessung, Datenfilterung und Datenverarbeitung lassen sich nicht immer streng voneinander trennen. Für Bildabtaster wurde eine Reihe komplexer Verfahren zur Untergrundeleminierung, Präzisionsmessung und Bildverbesserung entwickelt, von denen einige nachstehend skizziert werden.

In automatischen Meß- und Abtastgeräten werden Blasen, Streamer und andere Objekte durch photoelektrische Einrichtungen erkannt. Grundsätzlich gibt es dafür zwei Möglichkeiten:

a) Das Bild wird auf eine Spalt- oder Kreisblende, hinter der ein Lichtempfän-

14 HOWARD S. WHITE, der unermüdliche Vorkämpfer für eine Verarbeitung *ohne Führung,* nannte dieses Problem [65]: "Finding events in a sea of bubbles."

ger (SEV, Phototransistor, Photodiode) angebracht ist, projiziert und über diese geführt.

b) Ein streng begrenztes Lichtbündel (Lichtfleck) wird über das Bild geführt (Durchmesser = 15 ... 25 μm), hinter dem Bild gesammelt und auf einen Lichtempfänger geleitet.

In beiden Fällen werden elektrische Spursignale auf einem variablen Untergrund erzeugt. Um die Streamer- oder Blasenmitte zu messen (Präzisionsmessung), wird die Mitte solcher Signale bestimmt. Die Blasendurchmesser auf Filmen betragen etwa 20 ... 30 μm, die von Streamern 20 ... 150 μm, die Strichbreite der Markierungskreuze beträgt ca. 100 μm. Die Amplituden der Spursignale können in relativ weiten Bereichen (1 : 5 oder mehr) schwanken. Die mittlere Dauer eines Spursignals in einem optischen Abtastgerät beträgt etwa 3 ... 20 μs.

5.2.1. Verfahren zur Bestimmung der Spursignalmitte

Bei der Bestimmung der Blasenmitte von Hand wird ein freies Meßkreuz über die Blase geführt. Die Koordinatenmessung wird dann ausgelöst, wenn das Meßkreuz die Blase symmetrisch in zwei gleiche Teile teilt. Dieses Verfahren wird auch grundsätzlich bei der automatischen Blasenmittenfindung angewandt.

Ein Spursignal stellt im allgemeinen eine symmetrische Glockenkurve dar, deren Basisbreite etwa gleich der Summe von Blasendurchmesser und Ausdehnung des Abtastelements in Abtastrichtung ist. Seine Amplitude hängt von den Schwärzungsverhältnissen ab. Mittels unterschiedlicher elektronischer Schaltungen wird nun derjenige Punkt auf der Zeitachse (Abtastlinie) gesucht, an dem das Signal symmetrisch in zwei gleiche Teile geteilt wird. Die zu diesem Zeitpunkt gemessenen Koordinaten des Abtastelements entsprechen der Spurmitte.[15]

Alle bisher entwickelten Schaltungen zur Signalmittenfindung, die es gestatten, die Mitte eines Spursignals auf etwa $^1/_{10}$ der Spurbreite genau zu bestimmen, haben nach MARCIANO [76] einige gemeinsame Eigenschaften:

a) Die Information über die Signalmitte wird aus der Form des Signals, häufig aus seiner Breite, gewonnen.
b) Die Signalmitte bezieht sich auf die Abtastlinie. Die zweite Koordinate der Blasenmitte muß aus der Lage der Abtastlinie auf dem Bild gewonnen werden.

15 Aus diesem Prinzip ist erkennbar, wie stark die Untergrundschwankungen die Präzisionsmessung beeinflussen können, wenn sie z. B. die Form des Spursignals verzerren.

c) Erst nach dem Erscheinen der Rückflanke des Signals liegt die Information über die Signalmitte vor.
d) Um eine hohe Arbeitsgeschwindigkeit zu erreichen, muß die Schaltung nach erfolgter Bestimmung der Signalmitte schnell wieder frei sein.
e) Die Schaltungen arbeiten mit einer Diskriminatorschwelle, um das Rauschen zu unterdrücken. Diese Schwelle kann konstant oder einstellbar sein, günstig ist es, sie von einem Rechner kontrollieren zu lassen.
f) Um ein Spurmittensignal in digitaler Form zu bekommen, enthalten alle diese Schaltungen Zähler, die entsprechende Bezugssignale aufzählen.

Integratorschaltung

Ein Spursignal, das eine Diskriminatorschwelle passiert, wird integriert, um ein konstantes Zeitintervall ΔT verzögert, mit dem Faktor 2 multipliziert und mit dem in einem Kondensator des Integrators gespeicherten integrierten Signal verglichen (Abbildung 19). Der Schnittpunkt dieser beiden Signale ergibt den um ΔT verzögerten Schwerpunkt des Ausgangssignals. An dieser Stelle wird ein Rechtecksignal erzeugt, das sich bis zum nächsten, die Koordinate in Abtastrichtung angebenden Referenzsignal erstreckt. Während der Dauer dieses Rechtecksignals läuft ein Interpolationszähler, der beim Erscheinen des nächsten Referenzsignals gestoppt wird. Referenzsignal und Inhalt des Interpolationszählers ergeben die Spursignalmitte. Diese Schaltung ist schwierig zu justieren und nicht für überlappende Spuren geeignet. Ihr Vorteil liegt darin, daß durch die Integration der Einfluß des Rauschens auf die Signalform unterdrückt wird.

Schaltung mit einfachem Verzögerungsglied

In dieser Schaltung wird ein um ΔT verzögertes Spursignal mit dem unverzögerten verglichen (Abbildung 20). Der Schnittpunkt der beiden Signale entspricht der um ΔT/2 verzögerten Mitte des Spursignals, wenn es axial symmetrisch ist und kein flaches Dach hat.

Das Verzögerungsglied darf das Signal nicht deformieren, und Amplitudenverluste in dem Verzögerungsglied müssen kompensiert werden. Wie auch in der o. g. Schaltung wird beim Erreichen des Schnittpunktes ein Rechteckimpuls erzeugt, der bis zum nächsten Referenzimpuls dauert und den Interpolationszähler freigibt. Da diese Schaltung keinen Kondensator enthält, ist ihre Totzeit nur durch den digitalen Teil der Elektronik begrenzt.

Allen weiteren Schaltungen zur Mittenfindung von Spursignalen liegt die Idee zugrunde, die Signalmitte aus der Signalbreite nahe der maxima-

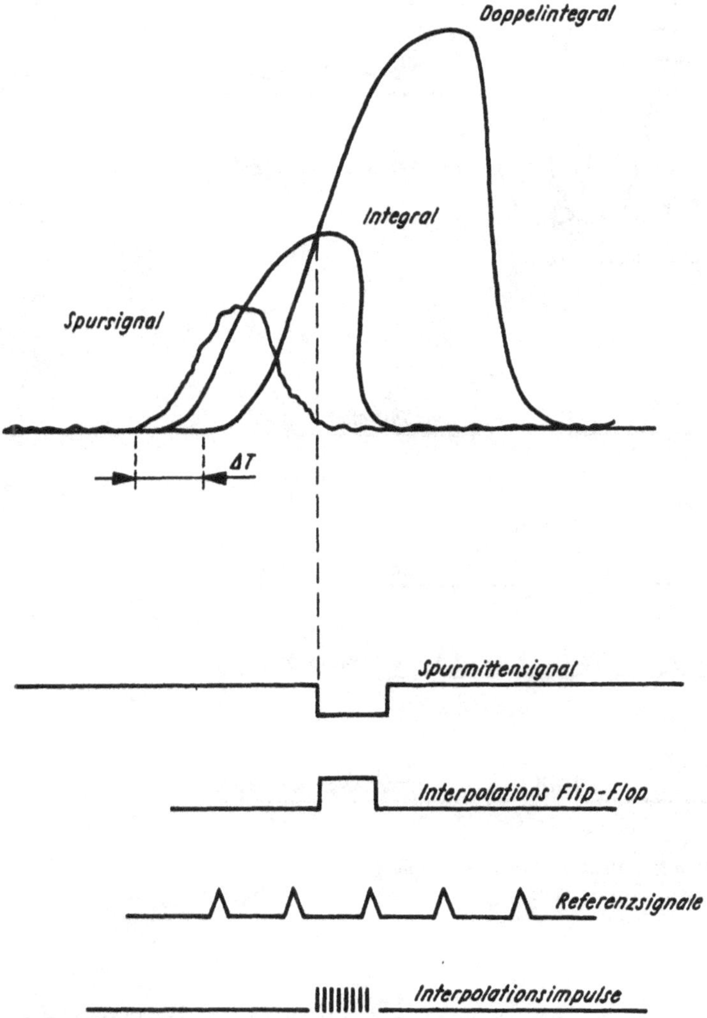

Abb. 19. Integratorschaltung

len Amplitude des Signals (ca. 80 % des Maximums der Amplitude) zu bestimmen, um eine möglichst hohe Auflösung benachbarter oder überlappender Spuren zu erhalten.

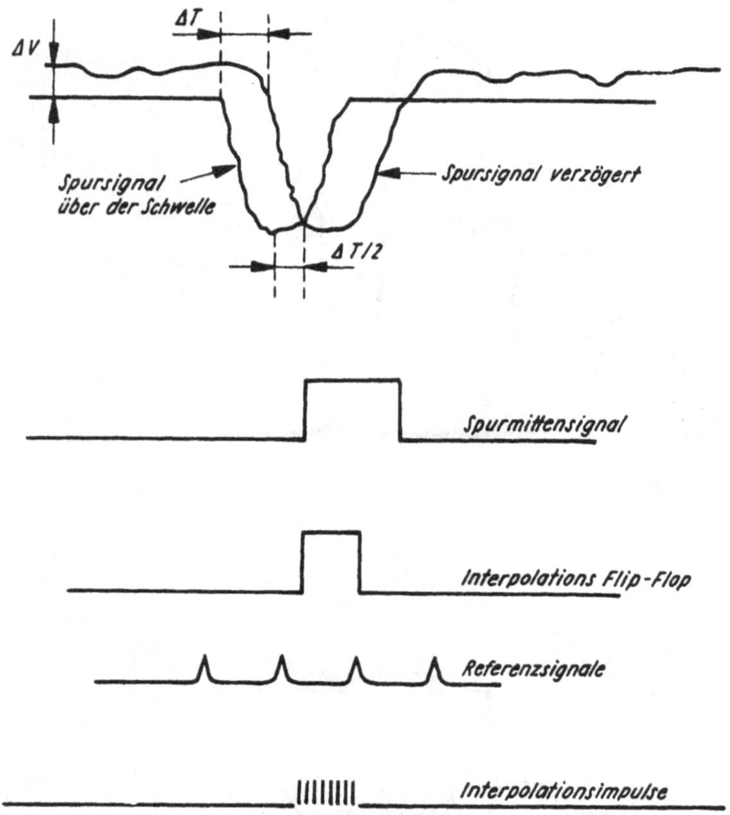

Abb. 20. Schaltung mit einfachem Verzögerungsglied

Amplitudendetektor

Ein Kondensator wird bis zum maximalen Amplitudenwert des Signals aufgeladen. Um das Rauschen abzuschneiden, wird das Spursignal um ΔT verzögert und um den Wert ΔV angehoben (Abbildung 21). Dieses Signal wird dann mit dem Amplitudenwert verglichen. Für die Zeit, während der das Spursignal den gespeicherten Amplitudenwert übersteigt – und das entspricht gerade der Signalbreite auf einem Niveau um ΔV unterhalb der Spitzenamplitude – wird ein Rechtecksignal erzeugt. Damit wird die Signalbreite an einem möglichst hohen Punkt gemessen.

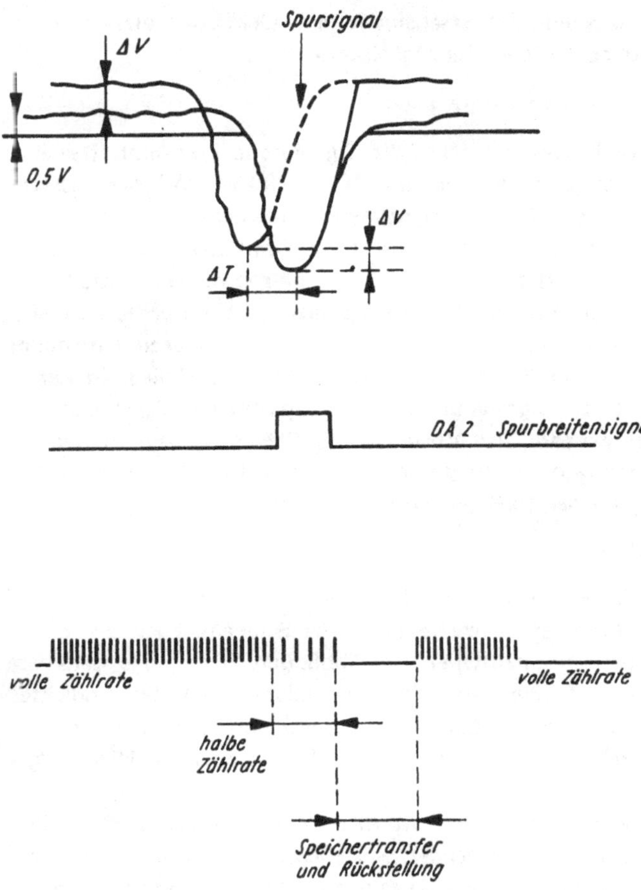

Abb. 21. Schaltung mit Amplitudendetektor

Mit der Rückflanke dieses Spurbreiten-Signals kann der Kondensator wieder entladen werden. Die Koordinate der Rückflanke kann ähnlich, wie vorher beschrieben, bestimmt werden. Um die Koordinate der Spurmitte zu erhalten, muß von diesem Wert die halbe Signalbreite subtrahiert werden. Dafür gibt es verschiedene Möglichkeiten. Elegant ist die in Abbildung 21 gezeigte Variante, einen Interpolationszähler laufen zu lassen, der während des Anliegens des rechteckigen Spurbreiten-Signals mit halber Frequenz läuft. Sein Inhalt im Moment des Erscheinens der Rückflanke dieses Signals entspricht genau der halben Spursignalbreite.

Schaltung mit doppeltem Verzögerungsglied

Auch mit dieser Methode wird zunächst die Signalbreite bestimmt. Das um ΔT verzögerte Spursignal wird mit dem um 10 ... 20 % (ΔV) herabgesetzten Originalsignal verglichen. Das Spursignal wird außerdem um 2 ΔT verzögert, um denselben Betrag (ΔV) herabgesetzt und mit dem um ΔT verzögerten Signal verglichen (Abbildung 22). Die konjunktive Verknüpfung der beiden entsprechenden Komparatorausgänge erzeugt ein Rechtecksignal, das der Spursignalbreite auf einem bestimmten Amplitudenniveau entspricht. Dieses Niveau hängt von der Form der Signalflanken ab und liegt in der Regel bei 70 ... 80 % der Signalamplitude. Das Spurbreiten-Signal kann nun wieder ausgezählt werden. Der Vorteil dieser Schaltung liegt in der Vermeidung von Kondensatoren, im gleichartigen Verhalten für breite und schmale Spuren und in einer relativen guten Auflösung.

Multikomparator-Schaltung

In allen angeführten Schaltungen ist es schwierig, die Parameter ΔT und ΔV und die Höhe der Diskriminatorschwelle für große Schwankungen der Signalamplituden und -breiten einzustellen. In Abbildung 23 ist eine denkbare Folge von Spursignalen auf einer Abtastlinie bei relativ hoher Spurendichte dargestellt. Um alle Signale gut aufzulösen und ihre Mitten in gleicher Güte zu registrieren, müßten die Signalbreiten auf verschiedenen Niveaus gemessen werden.

Dieser Forderung kommt die von FORTNEY [77] angewandte Methode nahe, in der vier unabhängig voneinander einstellbare Komparatorschwellen benutzt werden. Es ist denkbar, diese Anzahl zu erhöhen, wodurch sich allerdings der technische Aufwand erheblich steigert. Das Spursignal wird parallel an vier einstellbare Komparatoren gelegt (Abbildung 24). Übersteigt die Signalflanke eine der Schwellen der Komparatoren A, B, C oder D, so wird der entsprechende Trigger PH durch einen 10-MHz-Impuls gesetzt. Durch den nächsten dieser Impulse wird der entsprechende Trigger H gesetzt. Das Signal PH · $\bar{H}$ bildet dann ein 100 ns langes Leitsignal. Solche Signale von allen vier Komparatoren ergeben über eine ODER-Schaltung das HITLP-Signal, das genutzt wird, um den Inhalt des Zählers der Position der Abtastlinie in einen mit halber Frequenz zählenden Zähler zu übertragen. Jedes Spursignal kann bis zu vier solcher Transfers erzeugen, wobei jeder folgende Transfer in den mit halber Frequenz laufenden Zähler den vorausfolgenden exakt löschen muß. Eine ähnliche UND/ODER-

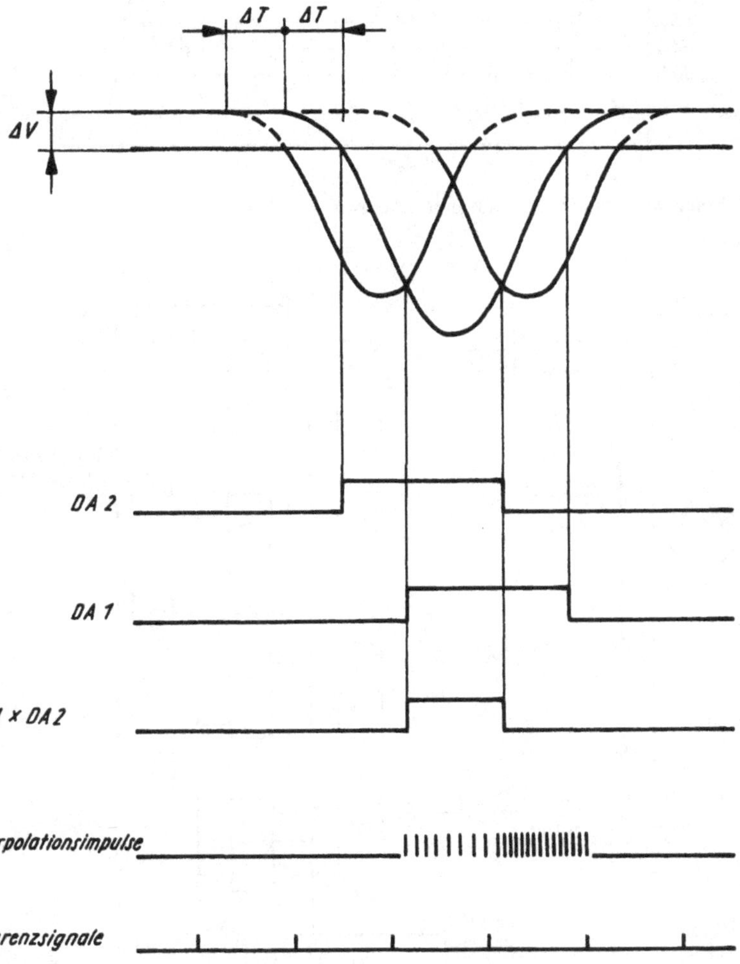

Abb. 22. Schaltung mit doppeltem Verzögerungsglied

Schaltung für das Signal $\overline{PH} \cdot H$ erzeugt ein Endsignal HITTP. Das erste der HITTP-Signale stoppt den mit halber Frequenz zählenden Zähler und überträgt seinen Inhalt als Halbbreite des Spursignals in eine weitere Schaltung.

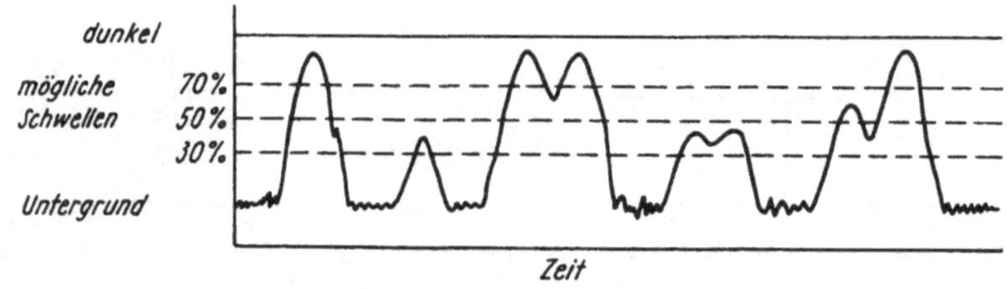

Abb. 23. Folge von Spursignalen auf einer Abtastlinie

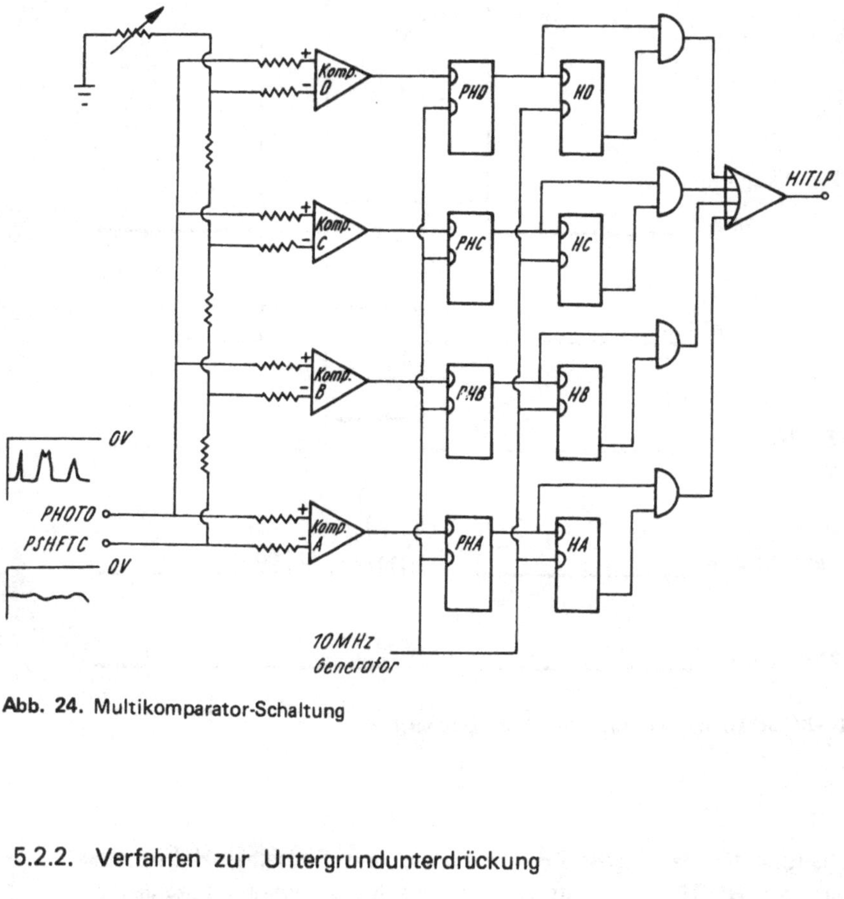

Abb. 24. Multikomparator-Schaltung

5.2.2. Verfahren zur Untergrundunterdrückung

Die bereits angeführten Schaltungen zur Spurmittenfindung oder Präzisionskoordinatenmessung werden in dieser oder jener Version in Meßsystemen angewandt, welche die Bilder nach einem dem Fernsehen ähnlichen Schema *zeilenweise* abtasten. Im allgemeinen wird in diesen Schaltungen durch geeignete Filter ($\sin^2$-Filter) und Frequenzgänge die Unterdrückung des Film-, SEV- und Verstärkerrauschens mit erledigt. Eine Diskriminatorschwelle zur Unterdrückung des Rauschens wird in diesen Systemen nur grob gesteuert, z. B. nach dem Verhältnis von Treffer zu Nichttreffer pro Abtastlinie oder nach der Zahl der gefundenen Primärspuren, die relativ konstant bleibt. Die in diesen Geräten erfaßte Datenmenge ist so groß, daß ein gewisser Verlust an Meßpunkten oder Überschuß an Untergrund durch die nachfolgende Datenverarbeitung ausgeglichen werden kann. In Geräten, die das Bild auf andere Weise abtasten, z. B. den *Spuren folgend,* ist die Datenmenge im allgemeinen geringer, so daß hier höhere Anforderungen an die Datenerfassung gestellt werden müssen. Das trifft vor allem dann zu, wenn es neben der Koordinatenmessung gilt, das Schwärzungsprofil der Spuren (Ionisationsmessung) zu bestimmen. In solchen Geräten hat es sich als notwendig erwiesen, eine ständige, auf den lokalen Untergrund bezogene Regelung der Verstärkung des Spursignals einzuführen. Die Spursignale werden durch das Abtastelement (SEV, Photodiode) und einen Verstärker formiert, bevor sie in die Schaltung zur Signalmittenfindung gelangen. Dementsprechend kann die Verstärkungsregelung am SEV, am Verstärker oder an beiden erfolgen. Zur Verstärkungsregelung wird ein Bezugssignal, das den Untergrund repräsentiert, benötigt, das entweder unabhängig, durch ein weiteres lichtempfindliches Element, oder aus dem Spursignal selbst gewonnen wird.

5.2.2.1. Automatische Verstärkungsregelung am SEV

Die automatische Verstärkungsregelung (AVR) am SEV baut darauf auf [78, 79], daß sich der Anodenstrom eines Sekundärelektronenvervielfachers leicht in einem weiten Bereich (ca. 2 Größenordnungen) variieren läßt, indem die Spannung zwischen der letzten Dynode und der Anode, bei konstanter Versorgungsspannung und konstanter Lichtstärke auf der Photokathode, variiert wird.

Beispiel 1

Der Anodenstrom des SEV wird auf einen Verstärker mit Gegenkopplung A 1 (Abbildung 25) gegeben, an dessen Ausgang eine diesem Strom proportionale Spannung entsteht. Diese Spannung wird am Verstärker A 2 mit einer Bezugsspannung verglichen und die Ausgangsspannung von A 2, die der Differenz proportional ist, wird an die letzte Dynode des SEV gelegt. Der sich so einstellende Anodenstrom Ia ist dann nur von der Bezugsspannung abhängig.

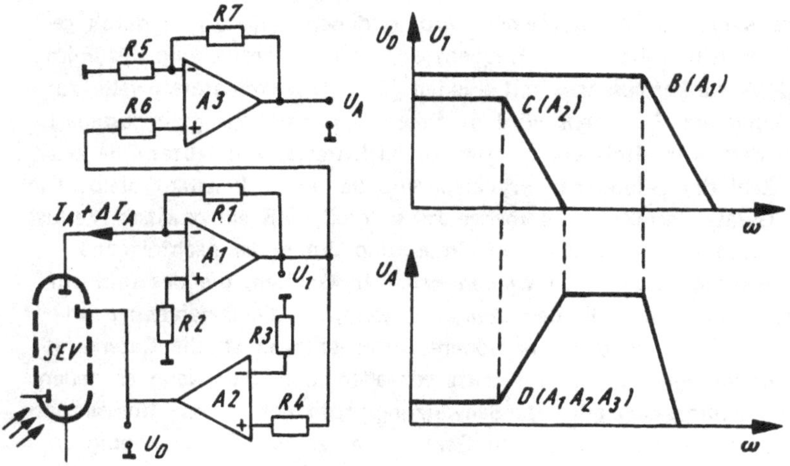

Abb. 25. Verstärkungsregelung an einem SEV

Durch geschickte Wahl der Bandbreiten für die Verstärker A 1 (Kurve B) und A 2 (Kurve C) erhält die gesamte Schaltung ein Band der Form D, mit dem die unerwünschten niederfrequenten Untergrundschwankungen im Signalstrom Ia unterdrückt werden können. Das so vom Untergrund befreite Signal kann dann zur Spurmittenfindung benutzt werden.

Beispiel 2

Bei der Bildabtastung mit Lichtfleck oder Spaltblende decken sich Abtastelement und Blasenbild häufig nicht vollständig [80]. Es erhebt sich die Frage, inwieweit solche Signale dann die Transparenzverteilung einer Spur wirklich wiedergeben bzw. wie in diesem Falle Untergrundschwankungen unterdrückt werden können.

Messungen von BÄHR [81] zeigen, daß auch bei stark variierender Blasen- und Untergrundtransparenz (T_B und T_F) der Quotient T_B/T_F wesentlich schwächer variiert. Es seien:

I – Intensität der Lichtquelle
S_o – Fläche des Abtastelements
S_2 – der von dem Blasenbild bedeckte Teil von S_o (Abbildung 26)
G – der Verstärkungsfaktor,

dann wird das Ausgangssignal eines SEV folgende Werte annehmen:

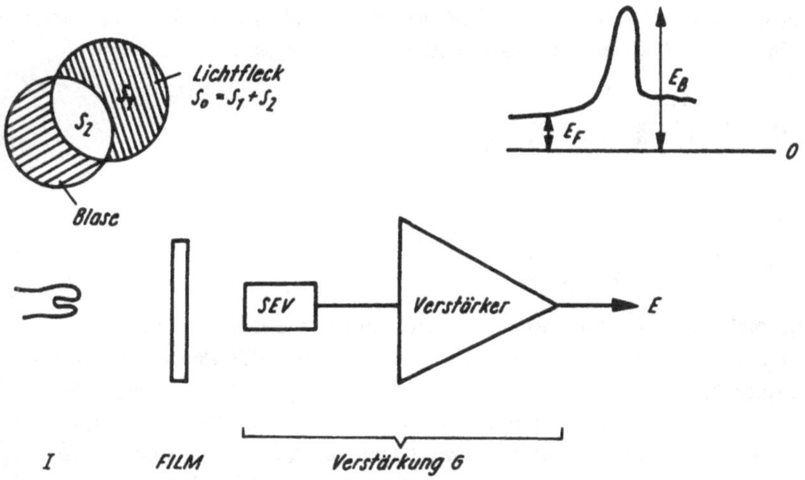

Abb. 26. Schematische Darstellung der Spursignalgewinnung

– im Untergrund nahe der Spur $E_F = I \cdot T_F \cdot S_o \cdot G$ (5.1)

– im Spursignal $E_B = I \cdot (T_B \cdot S_2 + T_F \cdot S_1) \cdot G$ (5.2)

Es wird gefordert, daß die Ausgangsspannung der Schaltung nur von der relativen Lage von Blase und Abtastelement abhängen möge. Unter der Voraussetzung, daß sich I beim Kreuzen der Spur nur schwach ändert, gilt:

$$\frac{E_B}{E_F} = 1 - \frac{S_2}{S_o}\left(1 - \frac{T_B}{T_F}\right). \qquad (5.3)$$

Dieser Quotient hängt noch von T_B/T_F ab. Für T_B/T_F = const. wird:

$$\frac{E_B}{E_F} \cong 1 - K\,\frac{S_2}{S_o}$$

und für $T_B \ll T_F$:

$$\frac{E_B}{E_F} = 1 - \frac{S_2}{S_o}.$$

Da im allgemeinen Falle T_B/T_F schwächer variiert als T_B und T_F allein, ist also auch die Bestimmung des Quotienten E_B/E_F eine verläßlichere Messung als E_B allein. Es gibt verschiedene Möglichkeiten, diese Messung zu realisieren. Günstig und mit Erfolg von GLASNECK und MENCKE [82] angewandt, ist die Methode G so zu variieren, daß E_F = const. ist:

$$G = \frac{E_F}{I \cdot T_F \cdot S_o} = \frac{K}{I \cdot T_F \cdot S_o}$$

und

$$E_B = K \; [1 - \frac{S_2}{S_o} (1 - \frac{T_B}{T_F})]. \tag{5.4}$$

G hängt nicht von T_B ab und ändert sich beim Kreuzen der Spuren nicht.

An einem Zeuthener Meßprojektor des IfH der AdW der DDR wird für die Transparenzmessung längs der Teilchenspur ein länglicher Spalt mit einem SEV verwendet, über den das Bild geführt wird. Das Untergrundsignal E_F wird separat in unmittelbarer Nähe des Meßspaltes durch eine ringförmige Blende mit einer Siliciumdiode gemessen. Um Bedingung (5.4) zu erfüllen, wird die Dynodenspannung an der letzten Dynode des SEV so geregelt, daß die Verstärkung des SEV G der Bedingung

$$G = \frac{K}{I \cdot T_F \cdot S_o} \quad \text{folgt.}$$

Dazu wird das von der Siliciumdiode erzeugte Filmtransparenzsignal logarithmiert und verstärkt an die letzte Dynode des SEV gelegt. Das Ausgangssignal des SEV entspricht dann (5.4).

5.2.2.2. Automatische Verstärkungsregelung am Spursignalverstärker

Diese Schaltung wurde von DENISON [83] für den SPIRALLESER[16] entwickelt, in dem eine rechteckige Spaltblende über die Spur geführt wird, die jeweils ein ganzes Spurelement erfaßt.

Ihr liegt die Idee zugrunde, daß das Verhältnis von reiner Signalamplitude zum Untergrund ein Maß für die Dichte der Spur ist. Um diesen Quotienten für jedes Spursignal zu bilden, wird in die Schaltung zur Spursignalgewinnung eine AVR eingeführt, die folgenden Anforderungen genügen soll:

1. Das Ausgangssignal darf nicht stärker als um ± 5 % bei einer Untergrundänderung von 4 : 1 schwanken.

16 SPIRALLESER (engl. SPIRAL READER) – ein spezifischer Bildabtaster für die Hochenergiephysik, siehe Kapitel 6.5.5.

2. Die Spursignale von etwa 8 μs Dauer dürfen nicht verzerrt werden.
3. Die Schaltung muß möglichst stabil arbeiten.

Das Blockschema einer Schaltung, die diese Bedingungen sehr gut erfüllt, ist in Abbildung 27 gezeigt. Ein sogenannter Peak Detektor (negativ peak detector) unterscheidet zwischen langsamen Untergrundschwankungen und kurzen Spursignalen und unterdrückt letztere. Am Ausgang des Differenzverstärkers erscheint daher die Differenz von Spursignal und Untergrund.

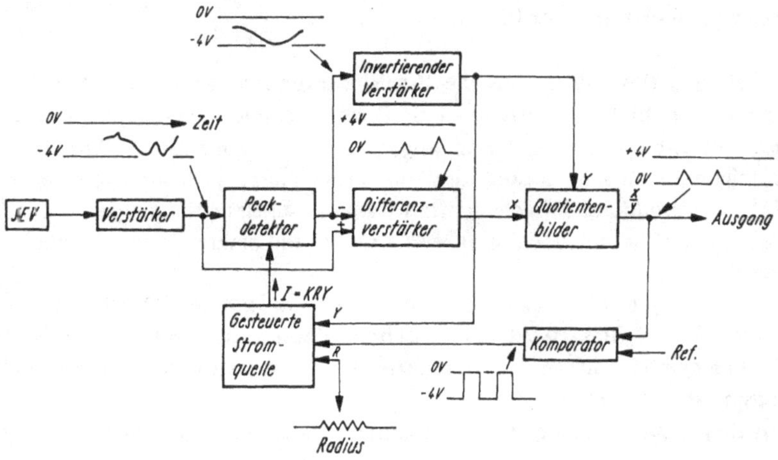

Abb. 27. Blockschaltbild der AVR am SPIRALLESER

Durch diese Operation wird die Untergrundlinie geglättet. In der Divisionsschaltung wird dann der Quotient der Differenz und des Untergrunds gebildet, d. h. die Signalamplituden werden auf den Untergrund normiert. Da sich die Flankensteilheit der Spursignale im SPIRALLESER mit dem Radius ändert, wird der Amplitudendetektor in Abhängigkeit vom Radius gesteuert.

Es sei f(t) ein Spursignal und g(t) der Untergrund. Das Ausgangssignal der Schaltung A(t) ergibt sich dann aus

$$A(t) = \frac{f(t) - g(t)}{g(t)} = \frac{f(t)}{g(t)} - 1,$$

es entspricht also bis auf eine Konstante dem Ausgangssignal der vorher beschriebenen Schaltung.

Es sei hier noch einmal darauf hingewiesen, daß die Qualität der Präzisionsmessung entscheidend von diesen das Spursignal verarbeitenden Schaltungen abhängt. Daher werden an diese Schaltungen hohe Ansprüche gestellt, und ihre Funktion wird durch Testprogramme und Eichmessungen ständig überwacht. Zum Beispiel kann die Drift des Arbeitspunktes eines SEV oder eines Verstärkers asymmetrische Spursignale verursachen, wofür die dargestellten Schaltungen zur Signalmittenfindung in der Regel nicht ausgelegt sind.

5.2.3. Meßgenauigkeit und Auflösung

Die Digitalisierung des Bildes und die Präzisionsmessung werden an den die Teilchenspuren bildenden Blasen- und Streamerabbildungen durchgeführt, deren Abmessungen und Verteilungen längs der Spur einen Einfluß auf die erreichbare Meßgenauigkeit und das erreichbare Auflösungsvermögen haben [71]. In Abbildung 28 ist ein Spurelement schematisch dargestellt, das von einem Lichtstrahl abgetastet wird, der unter einem Winkel α zur Spur verläuft.

Diese Abtastung erfolgt zeilenweise mit einer konstanten Schrittbreite. An jeder getroffenen Blase wird der Blasenmittelpunkt bestimmt, der mit gleicher Wahrscheinlichkeit über den senkrecht zur Abtastrichtung liegenden Blasendurchmesser D verteilt ist.

Die maximale Abweichung eines Meßpunktes von der Spur beträgt daher

$$r_{max} = \frac{D \cdot \cos\alpha}{2} . \qquad (5.5)$$

Zu diesem Fehler müssen die Meßgenauigkeit des Meßsystems σ_s und der durch die Vielfachstreuung verursachte Fehler σ_c hinzugezogen werden, so daß sich insgesamt ein mittlerer Fehler von

$$\bar{\sigma}_e^2 = \bar{\sigma}_s^2 \cdot \sin^2\alpha + \frac{D^2 \cdot \cos^2\alpha}{9} + \bar{\sigma}_c^2 \qquad (5.6)$$

ergibt. Typische Werte für die angegebenen Parameter sind

$$\sigma_s \sim 2\ \mu m$$
$$D \sim 25\ \mu m$$
$$\sigma_c < 1\ \mu m. \qquad (5.7)$$

Daraus folgt, daß der kleinste durch die Abtastung bedingte Meßfehler bei einer Abtastung senkrecht zur Spur ($\alpha = 90°$) erreicht wird.

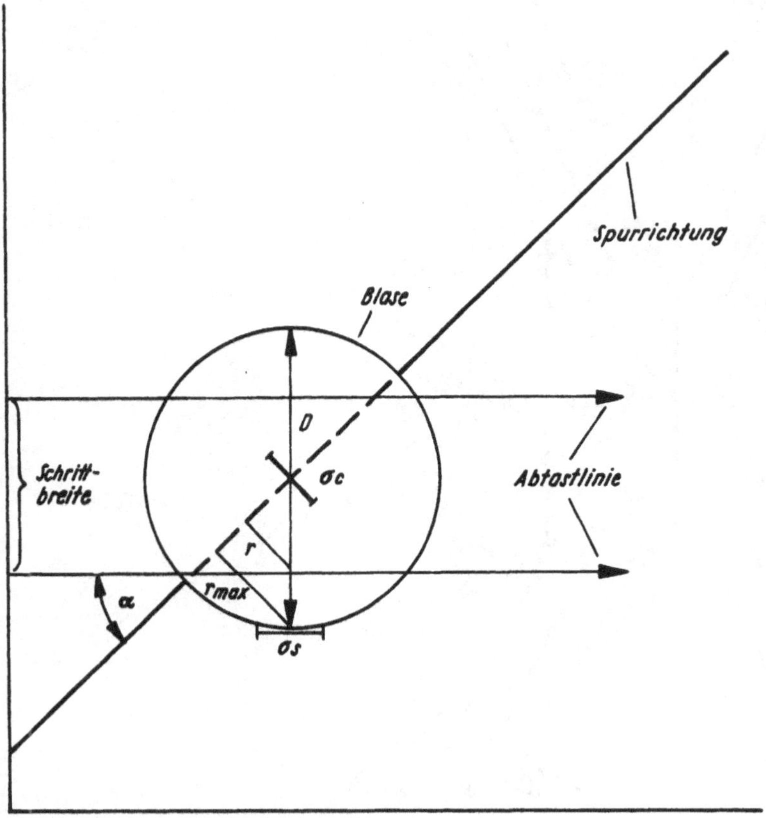

Abb. 28. Darstellung einer Blase mit Abtastung

Schneiden sich die Abbildungen zweier Spuren mit der Breite D unter einem kleinen Winkel β, so bewirken die Schaltungen der Spurmittenfindung mit ihrer endlichen Auflösung ein Ineinanderlaufen der Spuren auf einer Strecke A (Abbildung 29). Die Neigung des in diesem Bereich gefundenen Spurelementes wird sich von denen der beiden echten Spurelemente um den Winkel $\Delta\alpha$ unterscheiden, wobei

$$\Delta\alpha = \frac{\beta}{2} \text{ und } A = W/\text{tg } \frac{\beta}{2} \tag{5.8}$$

ist.

Aus dem gleichen Grunde wird ein Spurmittensignal um einen halben

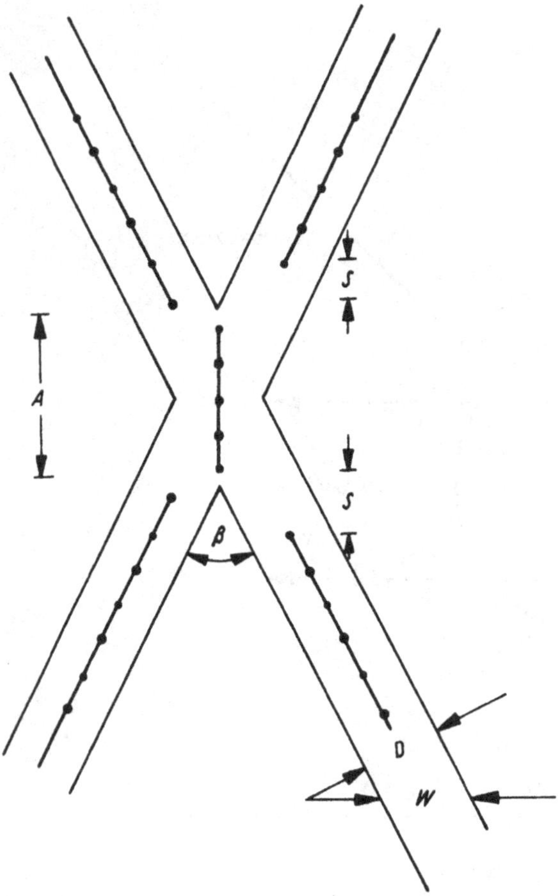

Abb. 29. Abtastung von kreuzenden Spuren

Blasendurchmesser verschoben, wenn direkt neben der getroffenen Blase eine zweite, zufällig dort entstandene Blase liegt. Durch die Totzeit der Schaltungen bedingt, tritt neben einer getroffenen Blase ein Schatten auf, d. h. ein Bereich, in dem das Gerät keine Blase registrieren kann. In Abbildung 29 ist das der Bereich S.

Die Abbildungen zufällig vorhandener Blasen oder ähnlich wirkender Objekte können einen Einfluß auf die Messung haben, indem entweder Meßwerte verfälscht oder Blasenbilder, die zu einer Spur gehören, verdeckt werden. Neben dem auf dem Bild ohnehin vorhandenen Untergrund entsteht durch die Abtastung selbst zusätzlicher Untergrund, der Meßgenauigkeit und Auflösung beeinflußt. In den Abbildungen 30 bis 39 sind einige Verteilungen, welche die Meßgenauigkeit verschiedener Meßgeräte[17] charakterisieren, dargestellt. Als Kriterien dienen die sogenannten „residuals", d. h., die Abweichungen der Meßpunkte von der rekonstruierten und in die Bildebene zurückprojizierten Teilchenspur. Die Maxima dieser Verteilungen für kleinere Blasenkammern liegen in dem Bereich von ca. 2 ... 5 μm, d. h. diesen Werten entspricht die real erreichbare mittlere Meßgenauigkeit. Ein

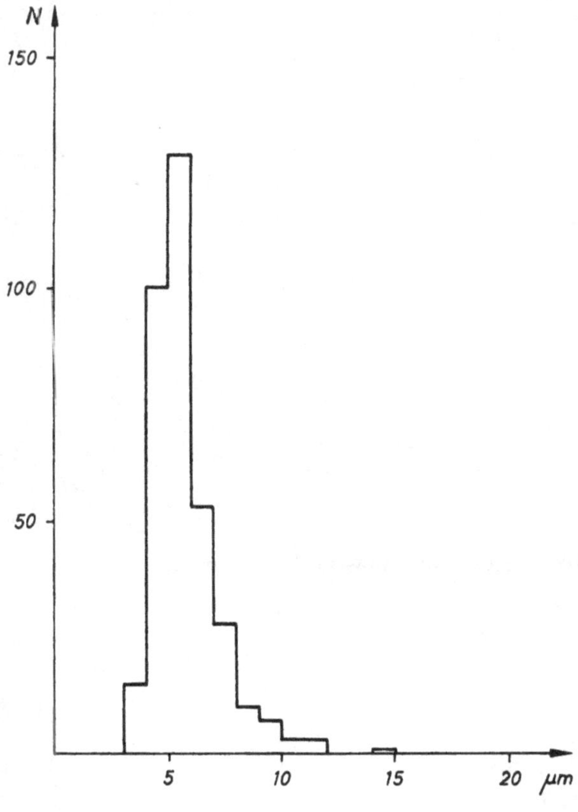

Abb. 30. Residual-Verteilung: HPD CERN, 2m-Wasserstoffblasenkammer, $\tilde{p}$p bei 5,7 GeV/c [84]

17 Die in den Abbildungen angeführten Meßsysteme HPD, IEP, SPIRALLESER, SWEEPNIK, PEPR, ZMP sind in Kapitel 6. ausführlich beschrieben.

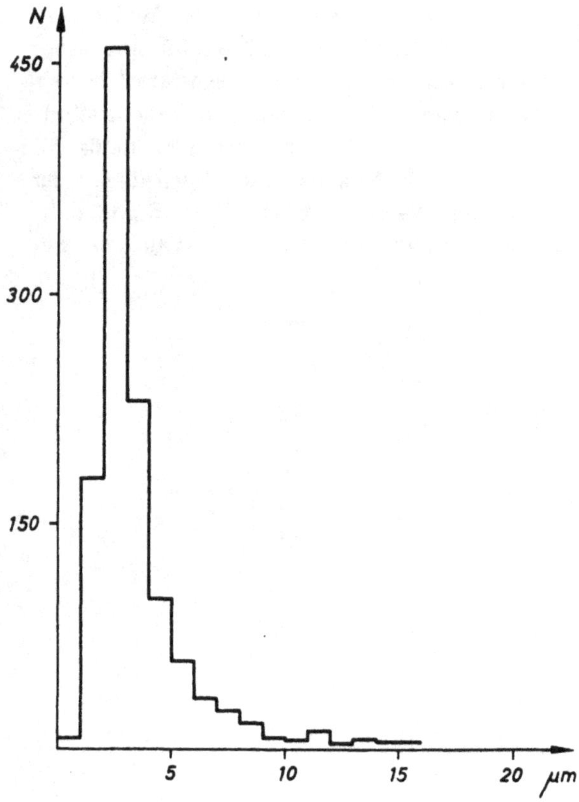

Abb. 31. Residual-Verteilung: HPD CERN, 81cm-Wasserstoffblasenkammer, $\tilde{p}p$ bei 5,7 GeV/c [85]

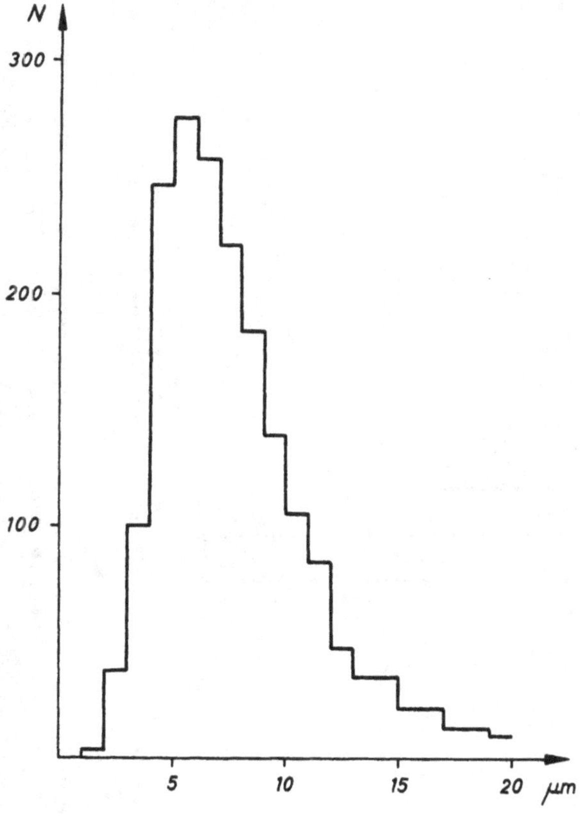

Abb. 32. Residual-Verteilung: IEP CERN, 81cm-Wasserstoffblasenkammer, $\tilde{p}p$ bei 720 MeV/c [85]

Vergleich dieser Verteilungen untereinander zeigt, daß die an unterschiedlichen Meßgeräten erhaltenen Werte wesentlich geringer variieren als die Werte für unterschiedliche Blasenkammern an ein und demselben Gerät. Daher werden die Meßgeräte so konzipiert, daß sie eine Punktmeßgenauigkeit von 1 ... 2,5 μm ergeben. Es wäre wenig sinnvoll, höhere Anforderungen an die Meßgeräte selbst zu stellen.

Die Auflösung verschiedener Meßverfahren entspricht etwa dem mittleren Blasen- oder Streamerdurchmesser von 30 ... 50 μm und kann, wie Tabelle 4 zeigt, in einigen Fällen infolge der glockenförmigen Schwärzungs-

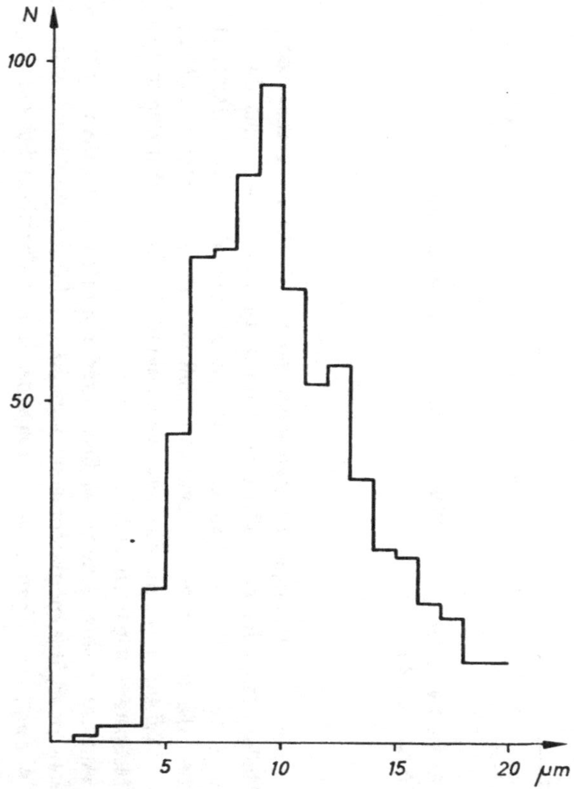

Abb. 34. Residual-Verteilung: SPIRALLESER VIK, 1m-Wasserstoffblasenkammer, dp bei 3,3 GeV/c [87]

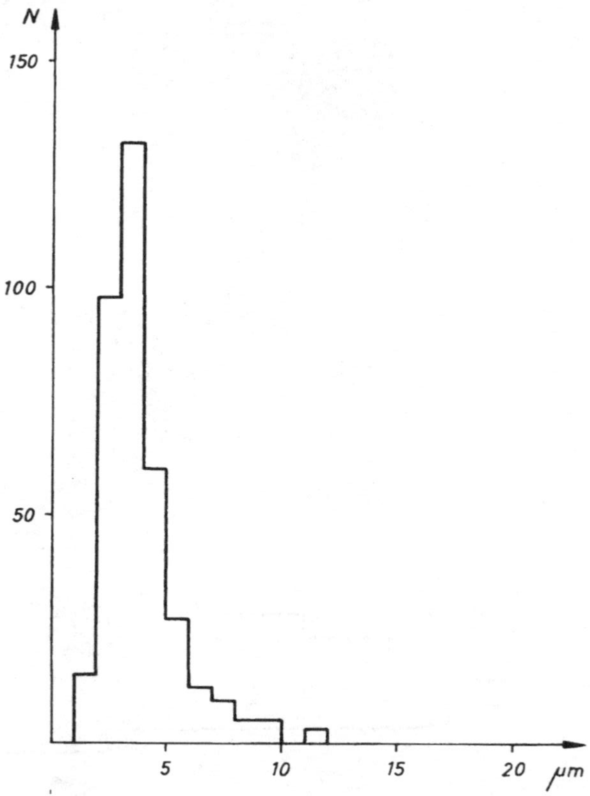

Abb. 33. Residual-Verteilung: SPIRALLESER CERN, 2m-Wasserstoffblasenkammer, π^-p bei 3,9 GeV/c [86]

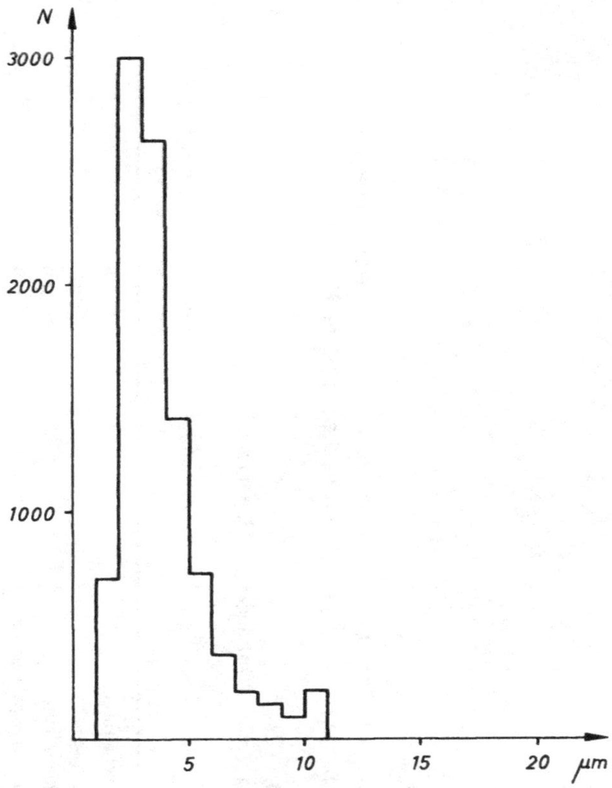

Abb. 36. Residual-Verteilung: PEPR Oxford, 2m-Wasserstoff-blasenkammer, π^-p bei 11,2 GeV/c [89]

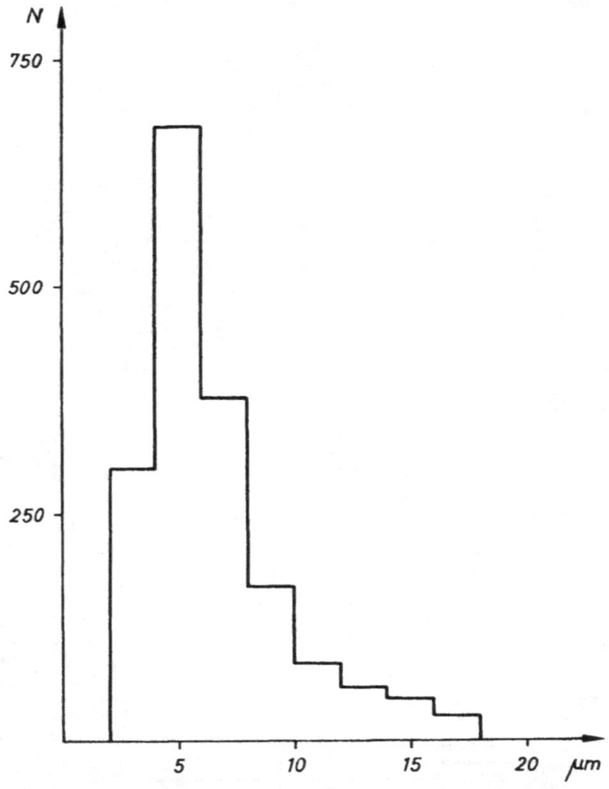

Abb. 35. Residual-Verteilung: SWEEPNIK CAVENDISH Lab., 1,5m-Wasserstoffblasenkammer, np bei 8 GeV/c [88]

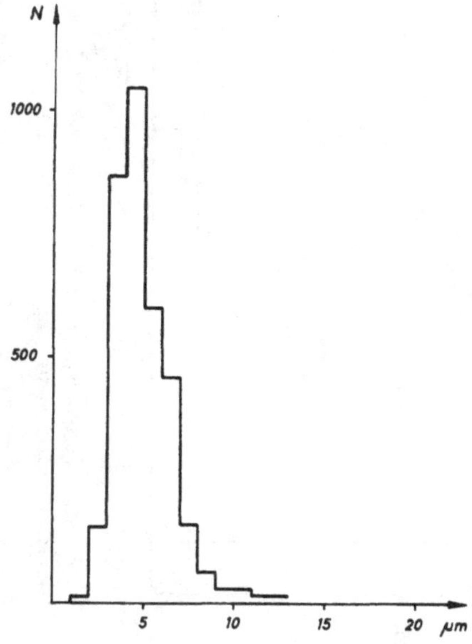

Abb. 37. Residual-Verteilung: ZMP IfH der AdW der DDR, 2m-Wasserstoffblasenkammer, K^-p bei 10 GeV/c

verteilung der Objekte bis auf ca. 25 µm heraufgesetzt werden. Engere Überlappungen von Objekten verursachen größere Meßfehler.

Tabelle 4
Auflösung einiger Schaltungen zur Spurmittenfindung

	Minimaler Abstand zwischen den Mitten zweier noch trennbarer Spuren
Integratorschaltung	30 µm
Verzögerungsglied	25 µm
Amplitudendetektor	40 µm
Doppeltes Verzögerungsglied	25 µm

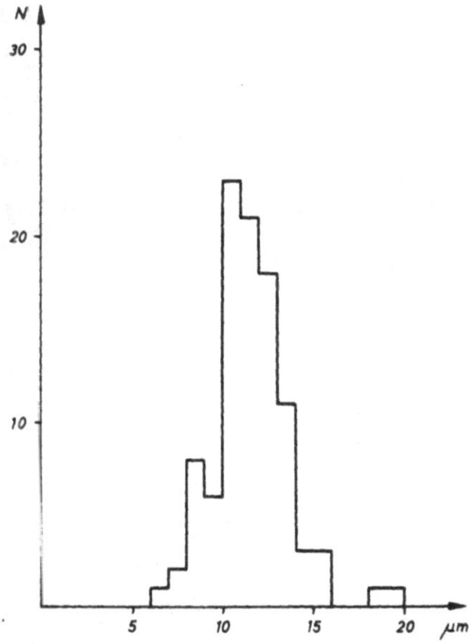

Abb. 38. Residual-Verteilung: ZMP IfH der AdW der DDR, MIRABELLE, K^-p bei 32 GeV/c

5.3. Bildverbesserung und Objektisolierung

Nur bei einer Operator-Führung sind nach der Bildabtastung oder -messung die gesuchten Objekte von allem Untergrund befreit. In allen anderen Verfahren wird das Ereignissignal durch die in Kapitel 5.2. beschriebenen Methoden nur von solchem Untergrund isoliert, dessen Charakteristika sich von denen der gesuchten Objekte merklich unterscheiden.[18]

Um das Ereignissignal weiter zu isolieren, müssen spezifische Merkmale des Objektes benutzt werden.[19]

Häufig werden solche Merkmale (z. B. Konturen, Kontraste) bewußt verstärkt, um derart das Bild zu verbessern und die Objekte besser vom

18 Insofern sind diese Verfahren auch für andere Aufgaben der Bildverarbeitung verwendbar.

19 Das müssen nicht in jedem Falle diejenigen Merkmale sein, die im weiteren zur Merkmalbestimmung, -klassifizierung usw. genutzt werden.

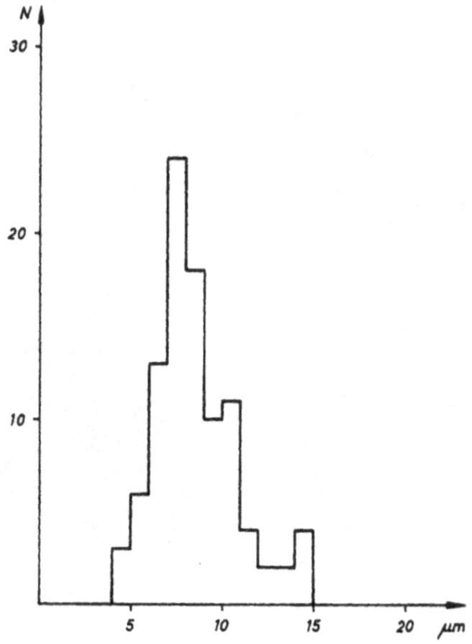

Abb. 39. Residual-Verteilung: ZMP IfH der AdW der DDR, BEBC, K^-p bei 110 GeV/c

Untergrund zu trennen. Vielfach erfolgt eine solche *Bildverbesserung* gleichzeitig mit der *Objektisolierung,* so daß diese beiden Schritte auch gemeinsam als *Datenfilterung* bezeichnet werden.

Eine wesentliche Funktion übt der Mensch bei der Datenfilterung in der Verarbeitung von Spurkammerbildern aus. Durch die in Kapitel 5.1. gezeigten Varianten der Führung der Bildverarbeitung nimmt er bereits eine erste grobe Bildverbesserung und Objektisolierung am Ereignissignal vor. Er nutzt dazu eine Vielzahl spezifischer Merkmale, wie z. B. Ereigniskonfiguration, Armzahl, Richtung der Spurkrümmung, Vergleich mehrerer Stereoprojektionen, auffallende Blasenanhäufungen, Delta-Elektronen an den Spuren usw.

Für die Isolierung einer einzelnen Ereignisspur, z. B. innerhalb der durch die Führung gegebenen Bahn, ist die Kenntnis ihrer Struktur entscheidend.

Eine einzelne, zu einem Spurbild gehörende Blasenabbildung stellt einen *Objektpunkt* dar. Sie trägt jedoch keine *signifikante physikalische Information* und ist daher in dem großen Meer von Blasen, das das Bild darstellt, nicht von einer beliebigen anderen Blase zu unterscheiden. Der kleinste signifikante Teil einer Spur ist ein Abschnitt von etwa 1 ... 2 cm Länge in der Kammer, das entspricht auf dem Film etwa 1 ... 2 mm. Ein solches *Spurelement* kann durch eine gerade Strecke angenähert werden oder in verfeinerten Verfahren durch eine Parabel oder eine Kreislinie. Es wird durch die Koordinaten (X_i, Y_i) des Schwerpunktes der in ihm enthaltenen Meßpunkte und einen Winkel θ_i zur Abszisse des Koordinatensystems charakterisiert.

Zuweilen wird dem Spurelement noch eine seine Blasendichte charakterisierende Größe zugeordnet. Im Falle einer zeilenweisen Bildabtastung kann das die Größe

$$\frac{M}{M + H} \tag{5.8}$$

sein, wobei H (hit) die Anzahl der getroffenen Blasen im Spurelement und M (miss) die Anzahl der Abtastlinien ohne Spurtreffer ist. Diese Größe kann in eine Relation zur Ionisation des Teilchens gesetzt werden, so daß ihre Bestimmung eine unabhängige Messung der Teilchengeschwindigkeit darstellt.

Das *Auffinden von Spurelementen,* aus denen die Spuren zusammengesetzt werden, ist daher eine wichtige Aufgabe der Bildverbesserung und Objektisolierung.[20] Dazu existiert eine Reihe von Verfahren, die in dieser oder jener Variante oder Kombination in jedem Auswertesystem erscheinen.

5.3.1. Separation von Spurelementen und Markierungskreuzen

Histogrammierung

Das als *Histogrammierung* bezeichnete Verfahren zur *Spurelementesuche* ist ein typisches, relativ einfaches Beispiel der *Clusteranalyse* [90] in einer zweidimensionalen Ebene. Die geometrische Form des Clusters – das lineare Spurelement – ist bekannt. Als Merkmalvektor wird der Abstand eines jeden Objektpunktes von einer Geraden, die sukzessive gedreht wird, berechnet.

Die Häufigkeitsverteilung der Punktabstände von der Geraden wird dann ein merkliches Maximum aufweisen, wenn ein Spurelement in dem untersuchten Bildausschnitt *parallel* zur Bezugsgeraden verläuft. Ein Bildbereich von etwa $1 \times 1\ mm^2$ bis $2 \times 2\ mm^2$ wird in Streifen von etwa 10 ... 40 μm Breite unterteilt. Diese Streifenstruktur wird gedreht, und unter verschiedenen Winkeln wird jeweils ein Histogramm mit den in den einzelnen Strei-

20 Das Auffinden von Markierungskreuzen erfolgt nach ähnlichen Verfahren.

fen enthaltenen Meßpunkten aufgestellt (Abbildung 40). Ist in dem Bildbereich ein Spurelement oder der Schenkel eines Markierungskreuzes enthalten, so tauchen diese als Maxima in den ihren Neigungswinkeln entsprechenden Histogrammen auf. Der Winkel dieses Histogramms entspricht in erster Näherung dem Neigungswinkel θ_i des Spurelementes, die gemittelten Koordinaten der in dem Maximum enthaltenen Meßpunkte ergeben seine Koordinaten (X_i, Y_i).

Um die Histogrammierung zu vereinfachen, werden nicht immer alle Winkelbereiche untersucht. Bei der Suche nach den Markierungskreuzen z. B. ist die Richtung der Kreuzschenkel annähernd bekannt. Daher wird nur eine Gerade mit entsprechender Neigung vorgesehen, zu der die Abstände der Meßpunkte im fraglichen Bereich berechnet und in das Histogramm eingetragen werden (Abbildung 41). Sind auf diese Weise die Schenkel eines Markierungskreuzes gefunden, so kann ihr Kreuzungspunkt auf verschiedene Art berechnet werden.

Für die Histogrammierung kann anstatt einer geraden Grundlinie auch eine andere, z. B. eine *Kreislinie* genommen werden. Dieses Verfahren wird häufig zum Auffinden von Spurelementen benutzt.

Ist der Neigungswinkel des Spurelements annähernd bekannt, z. B. bei Verfahren mit Bahn-Führung durch die berechnete Spurbahn, so kann auch die (meistens gekrümmte) Grundlinie angegeben werden, zu der die Abstände (d_i) der in dem Abschnitt enthaltenen Meßpunkte berechnet werden. Ein parallel zu dieser Grundlinie aufgestelltes Histogramm, dessen Intervallbreite aus (5.6) abzuleiten ist, zeigt dann, wo das Spurelement verläuft (Abbildung 42). Die im Maximum liegenden Punkte werden benutzt, um durch das Spurelement eine Gerade, Parabel oder Kreislinie zu legen. Punkte mit zu großen Abständen zur Grundlinie können eliminiert werden. Für dieses Spurelement werden die Parameter X_i, Y_i und θ_i berechnet. Führt diese Methode nicht zum Erfolg, oder ist die Spurrichtung nicht bekannt, so werden mehrere Histogramme aufgestellt, indem die Grundlinie gedreht wird. Das nach bestimmten Kriterien ausgewählte beste Maximum in einem der Histogramme wird dann als Spurelement genommen. Der Rechenaufwand für die Histogrammierung unter verschiedenen Winkeln ist erheblich.

Befinden sich in dem untersuchten Abschnitt mehrere Spurelemente, deren Spurpunkte vom Meßgerät als unterschiedliche Meßpunkte aufgelöst werden, so erscheinen in den entsprechenden Intervallen der Histogramme mehrere Maxima, die getrennt behandelt werden.

Um zu sichern, daß sich ein Maximum in einem Histogramm signifikant vom Untergrund abhebt, muß es einigen Kriterien genügen:

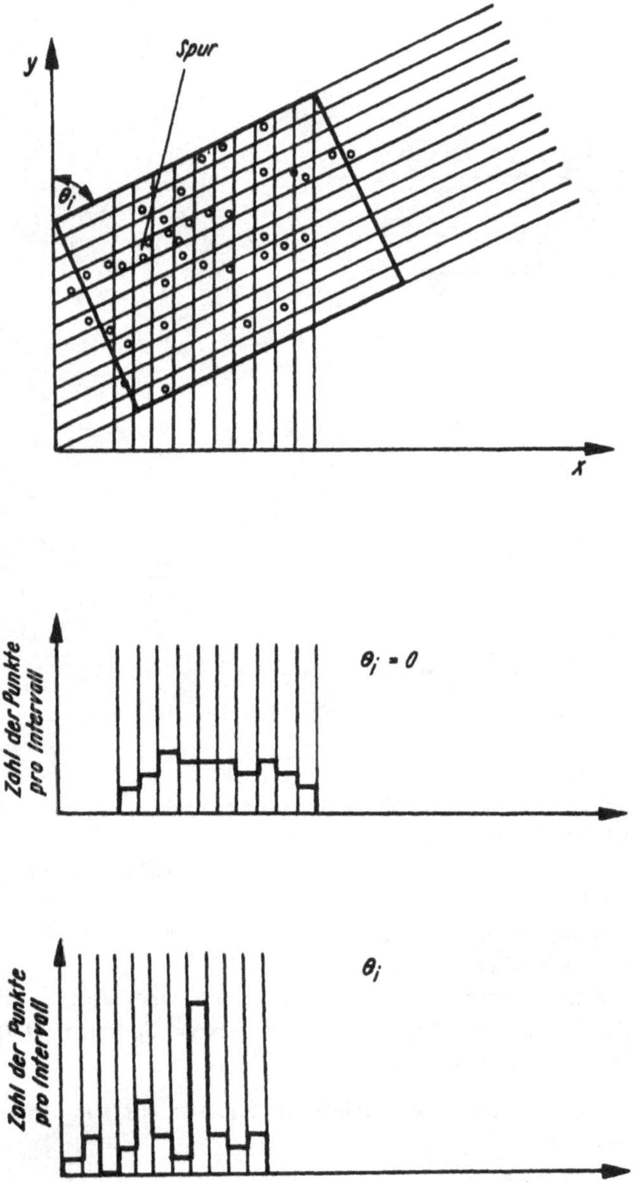

Abb. 40. Prinzip der Histogrammierung

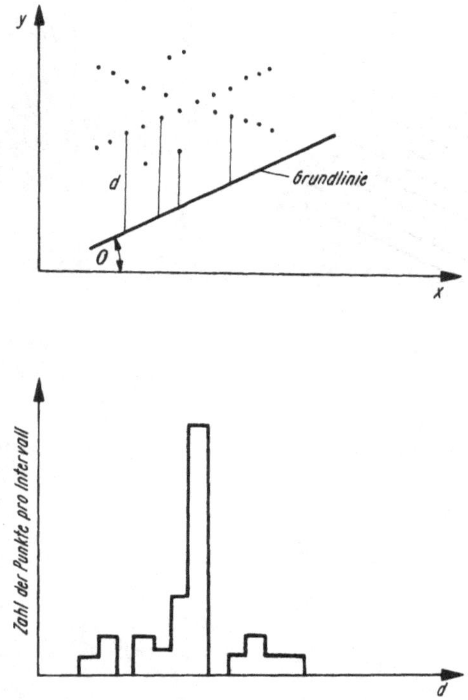

Abb. 41. Histogrammierung eines Meßkreuzes

a) Der Inhalt eines jeden Intervalles in einem Maximum muß über einem bestimmten Schwellwert liegen (Untergrundschwelle).
b) Die totale Anzahl der Punkte in einem Maximum muß größer als ein bestimmter Schwellwert sein (Bereichsschwelle).
c) Die Anzahl der Intervalle in einem Maximum muß kleiner als ein bestimmter Schwellwert sein (Spurbreiten-Test).
d) Der Inhalt der Intervalle außerhalb des Maximums muß klein gegenüber der Anzahl der Punkte im Maximum sein, d. h., das Spurelement muß sich eindeutig vom Untergrund abheben.

Um diese Kriterien sicher anzuwenden, sollte ein Spurelement aus etwa 10 ... 20 Punkten bestehen.

Das Auffädeln (engl. stringing)

Diese Methode ist an Systeme gebunden, in denen das Bild oder die Bildausschnitte sukzessive Linie für Linie abgetastet werden.

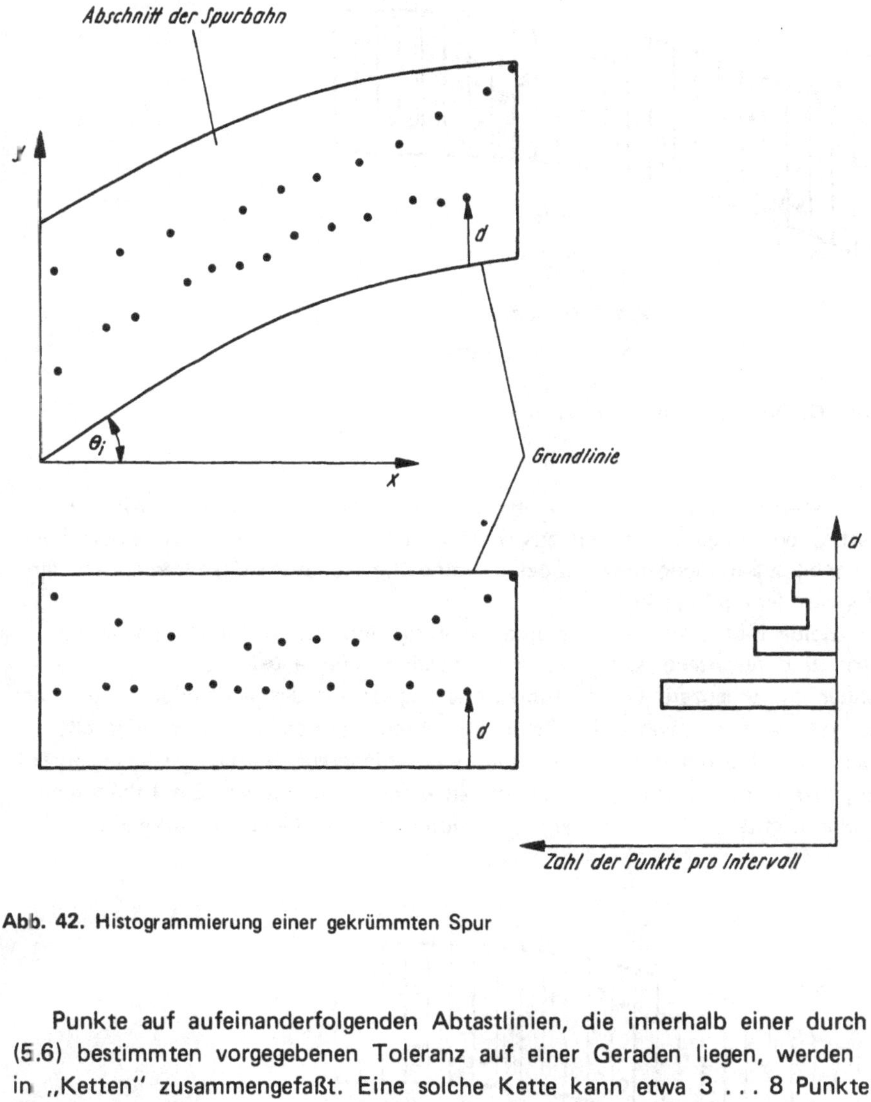

Abb. 42. Histogrammierung einer gekrümmten Spur

Punkte auf aufeinanderfolgenden Abtastlinien, die innerhalb einer durch (5.6) bestimmten vorgegebenen Toleranz auf einer Geraden liegen, werden in „Ketten" zusammengefaßt. Eine solche Kette kann etwa 3 ... 8 Punkte enthalten. Längere Ketten können für Primärspuren zugelassen werden, wobei diese Kette auch Lücken bis zu drei Abtastlinien enthalten kann, wenn sie dem vorgegebenen Winkel entspricht. Einer Kette werden ein *statistisches Gewicht* gleich ihrer Anzahl von Punkten, ein *Winkel* θ_i und die *Schwerpunktkoordinaten* (X_i, Y_i) (Abbildung 43) zugeordnet. Ketten sind einfache Gebilde ohne Kreuzungen und Verzweigungen, daher geht das Auffädeln

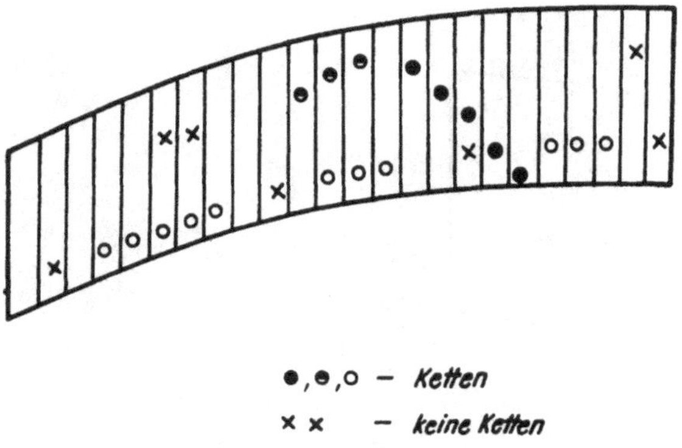

Abb. 43. Das Auffädeln von Punkten

sehr schnell. Sind in einem Abschnitt alle Ketten gefunden, so wird getestet, ob einige von ihnen zusammengehören. Diese werden zu einem Spurelement zusammengefaßt, wobei einzelne Punkte mit aufgenommen werden können (Abbildung 44) [66].

Beide Methoden, die Histogrammierung und das Auffädeln haben ihre Vor- und Nachteile. Oft werden sie nacheinander angewandt, da sie einander gut ergänzen. Die Histogrammierung ist für das Auffinden schwacher Spuren geeignet, wobei die Grundlinie ihren Formen allerdings angepaßt sein muß. Spuren mit großer Krümmung (niederenergetische Teilchenspuren) ergeben keine ausgeprägten Maxima in einem Histogramm. Sie haben eine große Dichte und sind daher leicht durch das Auffädeln zu erkennen.

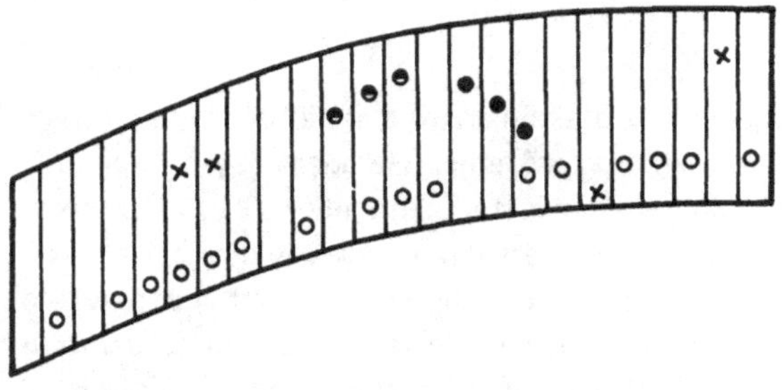

Abb. 44. Zusammensetzen eines Spurelementes aus Ketten

Folgender Ablauf ist denkbar: In einem Bildabschnitt werden zunächst Ketten „aufgefädelt". Danach werden diese gemeinsam mit isolierten Punkten zu Spurelementen verbunden, soweit das möglich ist. Wenn alle Kombinationen von Ketten untersucht worden sind, werden die verbleibenden Punkte histogrammiert. Eine Kette kann in dasjenige Histogramm (mit dem statistischen Gewicht aller ihrer Punkte) einbezogen werden, dessen Grundlinie der Neigung der Kette entspricht. Weist ein derartiges Histogramm ein Maximum auf, so gilt das Spurelement als gefunden. Gewöhnlich muß ein Spurelementkandidat mindestens 8 Punkte enthalten, deren Streuung um eine gerade Linie mit (5.6) vereinbar ist. Das Element darf keine große Lücke besitzen. Um diese Randbedingungen zu erfüllen, werden die Punkte eines gefundenen Spurelementes mit der Methode der kleinsten Quadrate einer Geraden angepaßt. Die Punkte, deren Abweichungen von dieser Geraden (5.6) entsprechen, werden in das Element aufgenommen, die mit größeren Abweichungen werden eliminiert. Eventuell wird mit den verbleibenden Punkten eine zweite Anpassung durchgeführt.

Nach dieser Auswahl werden durch Mittelung über die verbliebenen Punkte die Parameter des Spurelementes X_i, Y_i, θ_i endgültig berechnet. Typische Toleranzen sind dabei 2 ... 4 μm für X_i und Y_i und 0,3 ... 0,6° für θ_i.

Alle Methoden zur Bestimmung von Spurelementen, die in den verschiedenen Meßsystemen – teils in Software, teils in Hardware realisiert – angewandt werden, lassen sich bei näherer Betrachtung auf diese, von der Grundstruktur der Spurelemente ausgehenden Methoden zurückführen.

5.3.2. Das Zusammensetzen von Spurelementen zu Spuren

Die verbreitetste Methode zur Spursuche ist die *Spurverfolgung* (engl. track following). Beginnend an einem Ende der Spur, wird Element an Element gereiht, bis die ganze Spur gefunden ist oder keine weiteren Spurelemente an diese Spur passen. Diese sequentielle Methode ist besonders für on-line Verfahren geeignet.

Das Aneinanderreihen der Spurelemente kann so geschehen, daß jeweils auf Grund des schon bekannten Spurteiles durch Extrapolation der Abschnitt bestimmt wird, in dem das nächste Spurelement liegen muß und ebenfalls seine Neigung θ_i.

Bei einer Bahn-Führung ist dieser Abschnitt seitlich durch die berechnete Bahn begrenzt und die Neigung annähernd durch den Verlauf der Bahnkante bestimmt. Es ist dem konkreten Verfahren vorbehalten, ob Spurelemente schon vor der Spursuche bestimmt wurden oder erst jetzt, nachdem der Abschnitt und die Neigung vorgegeben sind. Die Suche nach dem nächsten Spurelement in dem vorgegebenen Abschnitt erfolgt in jedem Falle nach einer der im vorhergehenden Kapitel behandelten Methoden oder durch eine Kombination von beiden.

Die Fehler der Meßpunkte verursachen einen berechenbaren Fehler für die Vorhersage der Position und Neigung des gesuchten Spurelementes. Um als Spurelement zur gesuchten Spur akzeptiert zu werden, muß das nächste Spurelement innerhalb einer gewissen Toleranz mit der Vorhersage übereinstimmen. Mitunter erfüllt auch ein Element, das nicht zur Spur gehört, diese Bedingungen. Daher wird getestet, ob die Neigung der durch die gefundenen Mittelpunkte der Spurelemente, einschließlich des letzten gefundenen Elementes gezogene Kurve der Neigung dieses Elementes entspricht (Abbildung 45). Dieser Test hat sich als sehr wirkungsvoll erwiesen, auch für große Blasenkammern, auf deren Bildern jeweils nur kleinere Spurabschnitte einer einfachen Kurve angepaßt werden können.

Werden in einem vorhergesagten Abschnitt mehrere Spurelemente gefunden, so können diese auch vor- oder rückwärts verfolgt werden, um ihre Zugehörigkeit zu anderen Spuren zu ermitteln. Je nach Verfahren wird zum Schluß, nachdem alle Elemente einer Spur aufgefunden sind, noch einmal eine Kreisanpassung mit der Methode der kleinsten Quadrate vorgenommen, um Punkte zu eliminieren, die zu stark von der Spur abweichen.

Es gibt auch Ansätze zu globalen Verfahren, mit denen alle Elemente oder Punkte einer Spur gleichzeitig erfaßt werden. Ein solches Verfahren [91, 92] beruht auf der Histogrammierung von charakteristischen Parametern der Spurelemente, wobei die Auswahl der Parameter von der vorhandenen Information abhängt.

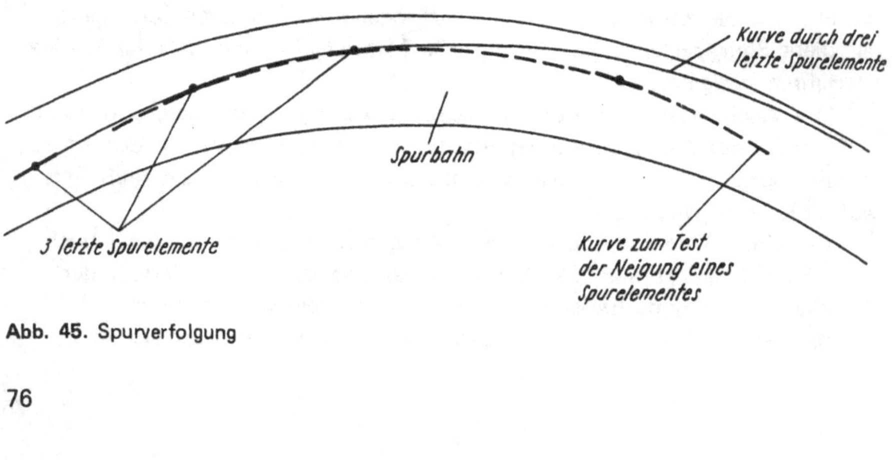

Abb. 45. Spurverfolgung

Sind zwei Punkte auf einer Spur gegeben (Vertex und ein „sauberer" Spurpunkt), so wird durch jedes weitere Spurelement ein Kreis bestimmt. Mit den Radien der Kreise für verschiedene Spurelemente können Histogramme aufgestellt werden, die es erlauben, die zu einer Spur gehörenden Elemente aus dem Untergrund herauszuheben. In anderen Verfahren wird versucht, eine Parabel durch einige Meßpunkte zu legen (z. B. durch jeden 4. Punkt innerhalb der Bahn bei der Bahn-Führung). Gelingt das nicht, wird die Spur in zwei Hälften unterteilt und der Vorgang wird wiederholt. Es werden zumindest auf diese Weise größere Segmente gefunden. Ein Segment wird akzeptiert, wenn:

- es keine großen Lücken hat,
- die ausgewählten Punkte eng genug um eine einfache Kurve verteilt sind,
- die Verteilung aller Meßpunkte um die errechnete Kurve klein genug ist.

Die für die räumliche Rekonstruktion notwendigen Punkte der Spuren werden aus den Koordinaten der Spurelemente oder aus einer letzten Mittelung von Meßpunkten in äquidistanten Schritten längs der Spur gewonnen.[21]

Die auf elementaren Voraussetzungen beruhende Strategie der Spurverfolgung kann auch mit Erfolg auf anderen Gebieten angewandt werden. In Kapitel 7.1. wird ein Beispiel aus der Kartographie beschrieben, worin die gesuchten Objekte ebenfalls Linienstrukturen (Konturlinien) bilden. Es gibt aber auch eine Reihe von Aufgaben, in denen zunächst durch eine Vorverarbeitung wesentliche Objektmerkmale in Linienform gewandelt werden müssen. Das trifft z. B. für Objekte zu, die sich durch ihre Schwärzung vom Untergrund abheben und deren Konturen zu erfassen sind. Durch eine Differenzierung des Abtastsignals (Spursignal) erscheinen die Konturen solcher Objekte als Linien, die im weiteren verfolgt und dadurch gemessen werden können.

5.3.3. Das Zusammensetzen von Spuren zu Ereignissen

Nachdem alle Spuren eines Bildes oder innerhalb der erlaubten Bahnen gefunden sind, werden sie den entsprechenden Spuren auf den anderen Stereoprojektionen und einem Vertex zugeordnet. Diese beiden Probleme sind

21 Diese Punkte werden im Unterschied zu den bei der Bildabtastung gewonnenen *Meßpunkten Spurpunkte* (engl. master point) genannt. Nur bei der Operator-Führung ist Meßpunkt gleich Spurpunkt.

nicht voneinander zu trennen, da es immer Untergrundspuren gibt, die nicht ohne weiteres als solche erkannt werden. Das Zusammensetzen der Ereignisse aus Spuren bedarf daher in vielen Fällen einer zumindest groben Rekonstruktion im Raum, in dem die Teilchenbahnen die Form von Spiralen haben. Dieser Teil der Auswertung wird als *Zuordnung* der Spurprojektionen (engl. track match) bezeichnet [75]. Die Prozedur besteht darin, Paare und Tripletts von Spurprojektionen zu bilden und jene, die nicht zu *einer* Spur gehören können, auszuscheiden. Zunächst werden alle Paare getestet, indem die Richtung der Spurabbildungen am Vertex, das Vorzeichen und die Größe der Spurkrümmung, der Endpunkt endender Spuren im Raum und ähnliche Parameter getestet werden. Nach der Eliminierung falscher Spurpaare werden auf ähnliche Weise die Tripletts behandelt, deren drei Paare die Tests überstanden haben. Abschließend entsteht eine Liste mit Tripletts (Spurbilder von jeder der drei Projektionen) und einigen Paaren von Spurprojektionen. Mit diesen Kandidaten wird eine räumliche Rekonstruktion vorgenommen, um endgültig zu klären, welche der Spuren wirklich dem Vertex angehören. Als letztes Kriterium werden alle identifizierten Spuren zum Vertex extrapoliert, wo sie sich innerhalb eines gewissen Toleranzbereiches schneiden müssen. Die so gefundene Lösung wird mit der Liste der physikalisch möglichen Ereigniskonfigurationen verglichen.

Der für diesen Arbeitsgang erforderliche Aufwand hängt erheblich von der Art der Führung der Bildverarbeitung und vom jeweiligen Experiment ab.

Im Grenzfall einer vollen Operator-Führung und einfacher Ereignisse kann diese Prozedur gänzlich wegfallen; in Systemen ohne Führung muß sie voll angewandt werden.

6. Technische Realisierung der Bildverarbeitung

Die in Kapitel 5. beschriebenen Methoden der Objekterkennung an Spurkammeraufnahmen wiederholen sich in verschiedener Form und Kombination in den einzelnen Auswertesystemen. Unterschiedlich ist jedoch die *Aufteilung* der Aufgaben zwischen *Meßgerät* und *Rechner,* d. h. zwischen Hardware und Software. Einen wesentlichen Faktor in dieser Aufteilung stellen die Leistungsparameter der verfügbaren *Rechentechnik* dar.

6.1. Rechenautomaten und Bildverarbeitung

Die Methode der optischen Spurkammern hätte niemals ihre enorme Entwicklung erfahren, gäbe es keine elektronische Rechentechnik. Andererseits haben die Kernphysik und speziell die optische Spurkammermethode Impulse für die Entwicklung der elektronischen Datenverarbeitung gegeben.

Zunächst galt es, das Problem der *räumlichen Rekonstruktion* der Spuren zu lösen. War diese Aufgabe trotz der verwendeten iterativen Näherungsverfahren für ein einzelnes Ereignis noch von Hand zu bewältigen, so ist dieses unmöglich für ein gesamtes Experiment, das mehrere Tausend Ereignisse umfaßt. Hinzu kam die *Berechnung der optischen Parameter* des Aufnahmesystems und, für die großen Blasenkammern, die *Entzerrung* der durch die sogenannte „Fischaugen-Optik" stark verzerrten Abbildungen.

Für die Zuordnung der Spuren an einem 8armigen Ereignis können bis zu 3 x 64 Paare von Spurprojektionen betrachtet werden. Die Hypothesenliste für ein 8armiges Ereignis kann bis zu 40 . . . 50 Positionen enthalten und für jede ist eine Ausgleichsrechnung nötig. Diese wenigen Beispiele zeigen, daß die optische Spurkammermethode von ihren ersten Anfängen an eng mit der Rechentechnik verbunden war. Diese gute Wechselbeziehung bewirkte, daß relativ frühzeitig versucht wurde, den Rechenautomaten auch stärker zur Datenerfassung und automatischen Bildverarbeitung zu nutzen. Es ist interessant festzustellen, daß sich in den 50er Jahren zwei Grundrichtungen der automatischen Auswertung von Spurkammerbildern anbahnten: die *automatische,* möglichst *universelle Bildverarbeitung* mit Hilfe von Großrechnern und die *schrittweise Automatisierung* des Meßprozesses mit Hilfe spezieller *gerätetechnischer* Entwicklungen. Erst wesentlich später wurde der Prozeßrechner in diese Automatisierung einbezogen, der dann aber dieser Richtung erheblichen Aufschwung gab. Die Darstellung der gerätetechnischen Lösungen wird jedoch nicht historisch angelegt sein, statt dessen wird versucht, die Geräte, je nach der Rolle von Rechenautomat und Mensch, Führung und Filterverfahren, getrennt zu behandeln.

6.2. Optisch-mechanische Bildabtaster

Die optisch-mechanischen Bildabtaster FSD (Flying Spot Digitizer) dienen der automatischen Bildverarbeitung. Das Arbeitsprinzip des in der Hochenergiephysik verwendeten Abtasters HPD (Hough Powell Digitizer) wurde 1960 von HOUGH und POWELL [93] vorgeschlagen (Abbildung 46). Mit Hilfe eines rotierenden und eines feststehenden Spaltes wird ein Lichtfleck erzeugt, der, auf den Film fokussiert, eine Linie beschreibt. Durch einen halbdurchlässigen Spiegel wird der Lichtfleck auf ein Gitter gelenkt. Hinter dem Film und hinter dem Gitter wird das Licht jeweils gesammelt und auf einen SEV gegeben. Das Ausgangssignal des Spursignal-SEV widerspiegelt dann die Schwärzungsverteilung auf dem Film längs der Abtastlinie, und das durch das Gitter modulierte Licht ergibt an dem zweiten SEV die Referenzsignale, welche die jeweilige Lage (Koordinate) des Lichtfleckes auf der Abtastlinie bestimmen. Der Film wird während der Abtastung senkrecht zur Abtastlinie bewegt, so daß das gesamte Bild *zeilenförmig* abgetastet wird. Die Filmbewegung wird ebenfalls gemessen und ergibt die Lage der Abtastlinie auf dem Film – die zweite Koordinate des Lichtfleckes. Überquert der Lichtfleck eine Spur, eine Blase oder ein anderes Objekt, so bildet der Spursignal-SEV in Abhängigkeit von Schwärzung und Diskriminatorschwelle ein elektrisches Spursignal. Die weitere Verarbeitung des Spursignals

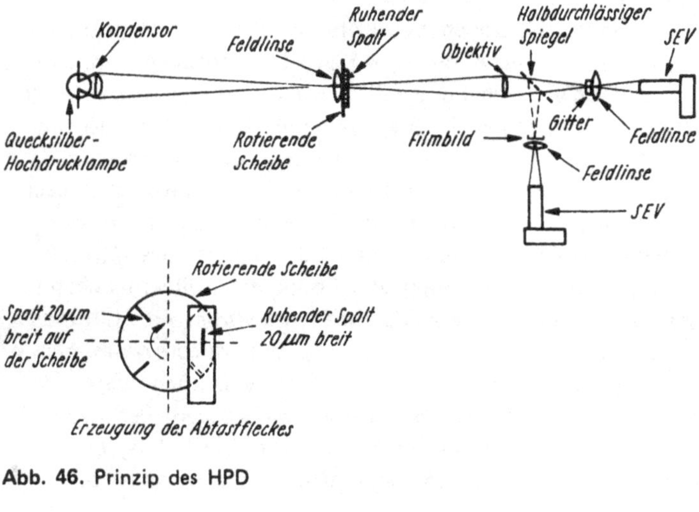

Abb. 46. Prinzip des HPD

ist in Kapitel 5.2. behandelt. Die zu jedem Spursignal gehörenden Mittenkoordinaten werden gespeichert und in bestimmten Abständen gruppenweise in den das Gerät steuernden Rechner überführt.

Bildabtaster werden häufig mit einem Großrechner gekoppelt. In anderen Systemen ist zur Entlastung des Großrechners ein Prozeßrechner zwischengeschaltet, der Steuerfunktionen ausübt und auf Grund von Vorgaben eine Datenverdichtung oder Datenreduktion ausführt.

Optisch-mechanische Bildabtaster tasten das Bild nach einem vorgegebenen Algorithmus Zeile für Zeile ab. Der Abstand zwischen benachbarten Abtastlinien beträgt ca. 60 μm, der Durchmesser des Lichtfleckes auf dem Film 10 ... 20 μm. Bei einer Abtastgeschwindigkeit von ca. 400 Linien/s, wird ein Bild in einigen Sekunden abgetastet. Um den in Kapitel 5.2.3. erläuterten Meßfehler in Grenzen zu halten, kann das Abtastsystem mittels geeigneter optischer Elemente um 90° gedreht werden, so daß Bereiche mit Spuren, die Winkel kleiner als 45° mit der Abtastlinie bilden, ein zweites Mal abgetastet werden können (Abbildung 47). Um diese „abnorme" Messung mit der „normalen" zu kombinieren, bedarf es besonderer Tests und Kalibrierungsmessungen.

Die Position des Filmschlittens wird in Schritten von 2 ... 2,5 μm gemessen, die des Lichtflecks in Schritten von 1 ... 2 μm.

6.2.1. Systeme mit Führung

In den optisch-mechanischen Bildabtastern sind die in Kapitel 5 angegebenen Varianten der *Objekterkennung programmtechnisch* realisiert. Die Filme werden

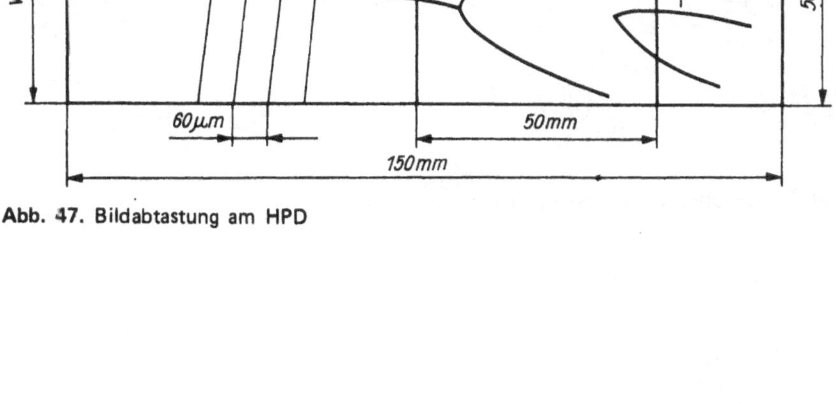

Abb. 47. Bildabtastung am HPD

abgesucht, und für gefundene Ereignisse werden die zur Führung notwendigen *Vormessungen* durchgeführt. Diese Werte werden in den Rechner gegeben, der das entsprechende Bild aufruft und abtasten läßt. Je nach Art der Führung werden entweder alle oder nur die in den vorher berechneten Bahnen der Spuren liegenden Meßpunkte in den Rechner überführt, der dann die Filterung ausführt. In manchen FSD-Systemen erfolgt die Datenfilterung off-line. Bei der *Bahn-Führung* sucht der Rechner jede Bahn, vom Vertex ausgehend, Abschnitt für Abschnitt nach Spurelementen ab, die er dann zu Spuren zusammenfügt. Als Grundlinie für die Histogrammierung dient die Bahnrichtung oder eine Kante der Bahn. Bei einer *Vertex-Führung* wird zunächst die Umgebung des Vertex nach Spurelementen abgesucht, die diesem zugeordnet werden könnten. Dazu wird z. B. eine Histogrammierung der Werte

$$\frac{Y_i - Y_v}{X_i - X_v}$$

vorgenommen, wobei (X_i, Y_i) die Koordinaten von Meßpunkten und (X_v, Y_v) die Vertexkoordinaten sind. Die auf diese Weise gefundenen Spurkandidaten werden, vom Vertex weglaufend, verfolgt.

Die im Routinebetrieb eingesetzten optisch-mechanischen Bildabtaster arbeiten im wesentlichen mit Bahn- oder mit Vertex-Führung. Als Beispiele seien die beiden im CERN über lange Jahre genutzten Varianten mit Bahn-Führung und minimaler Führung skizziert.

In Abbildung 48 ist die Organisation des Programms zur Bahn-Führung [94] schematisch dargestellt. Die drei Filme werden mit einer mittleren Geschwindigkeit von etwa 10 Ereig./h abgesucht und vorgemessen. Die Ergeb-

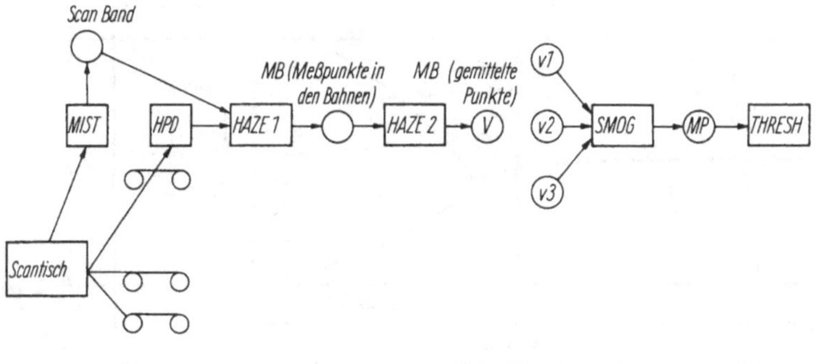

Abb. 48. Organisation eines Programms mit Bahn-Führung

nisse der Vormessung kontrolliert das Programm MIST (HAZE I), das auch ein Magnetband „Scan Tape" mit der für die Bahn-Führung notwendigen Information anfertigt. Diese Information wird direkt vom Steuerprogramm GATE des HPD gelesen. Für jede Spur des Ereignisses wird eine Kreisbahn mit einer Breite von 800 μm durch die drei vorgemessenen Punkte gelegt. (Diese Bahnbreite kann auch variiert werden.) GATE verarbeitet nur solche Meßpunkte, die innerhalb der Bahnen (Masken) liegen und speichert diese auf ein Magnetband. Von den insgesamt etwa (50 ... 100) $\cdot 10^3$ Meßpunkten auf einem Bild liegen etwa $^1/_{10}$ innerhalb der Bahnen. Diese Meßpunkte werden off-line durch das Programm FILTER (HAZE II) analysiert und zu den gemittelten Spurpunkten gruppiert. Das Programm SMOG kombiniert die Filterresultate von drei Stereoprojektionen eines Ereignisses und stellt sie dem Geometrieprogramm THRESH zur Verfügung.

Die Organisation der minimalen Führung ist in Abbildung 49 schematisch dargestellt [84]. Die beiden Funktionen von MIST sind aufgespalten, so daß die Absuchprojektoren von einem Kleinrechner gesteuert werden können.

Im Programm GATE werden auf Grund der vorhandenen Information über die Lage des Primärstrahls bereits Spurpunkte der Primärspur des Ereignisses durch ein „Auffädeln" gefunden. Das Programm FILTER ist komplizierter geworden, das Programm SMOG ist durch das bessere Programm SLOG, das im wesentlichen die gleiche Funktion ausübt, ersetzt worden.

In Tabelle 5 sind einige Angaben zu diesen Programmen enthalten.

Tabelle 5
Charakteristika von Programmen zur Vertex-Führung [84]

Programm	Kernspeicherplatz (Worte)	Rechenzeit in der Zentraleinheit (s/Ereig.)	Echtzeitleistung (Ereig./s)	Anzahl der Magnetbandgeräte
MIST I	16 K*	–	–	0
MIST II	18 K	0,2	5000	1
GATE	18 K	5,0	110	2
FILTER	37 K	7,8	180	2
SLOG	26 K	0,2	5000	4
THRESH	36,5 K	1,5	2000	2

* 1 K = 2^{10} = 1024. Bezeichnung für Vielfache in der elektronischen Rechentechnik

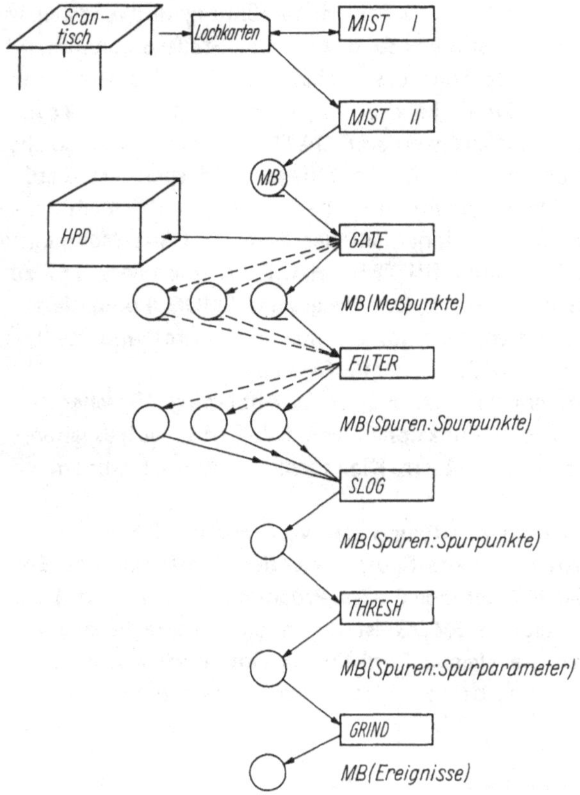

Abb. 49. Organisation eines Programms mit minimaler Führung

Da die Qualität der Meßergebnisse sowohl vom Experiment als auch vom Meßgerät abhängt, sind in Tabelle 6 einige mittlere Werte für die Geräte des CERN angegeben, die im wesentlichen den internationalen Stand repräsentieren.

Der große Speicherbedarf für die Programme und die Komplexität der Verarbeitungsalgorithmen legen es – wie gesagt – nahe, Bildabtaster mit universellen Großrechnern zu koppeln. Ungeachtet dessen gibt es eine ganze Reihe von Bildverarbeitungssystemen, die auf dem HPD MARK-2 der britischen Firma Sogenique basieren und Rechenautomaten der mittleren Klasse benutzen. Ein von einer Rechenanlage CDC-1604A gesteuerter HPD [95] wird im VIK betrieben.

Tabelle 6
Mittlere Werte für Meßgenauigkeit, Meßleistung und Effektivität der HPD-Systeme des CERN [84]

	Bahn-Führung	Vertex-Führung
Meßleistung der Vormessung (Ereig./h)	10	20
mittlere Streuung der Punkte um die ermittelte Spur (μm)	3 . . . 5	2 . . . 3
mittlere Anzahl der Ereignisse pro Stunde	75	110
Rate der vom Geometrieprogramm akzeptierten Ereignisse (%)	85 . . . 90	80

Das System läuft mit Bahn-Führung [96], wobei ein Teil der Programme in Echtzeit mit der Bildabtastung und ein anderer Teil off-line gerechnet wird. Die für die Bahn-Vorgabe notwendige Information (auch Maske genannt) wird an Meßtischen BPS-2 [97, 98] gewonnen, die on-line mit einem Prozeßrechner TPA gekoppelt sind. Der Datentransport zwischen den Rechnern bzw. zwischen den einzelnen Verarbeitungsphasen erfolgt über Magnetband. Gegenwärtig kann diese Anlage im Zweischichtbetrieb (3,5 . . . 4,5) $\cdot 10^3$ Ereignisse pro Woche verarbeiten [99].

Ein HPD-System für die Verarbeitung der Bilder großer Blasenkammern mit Bahn-Führung ist im IFVĖ eingerichtet [100 – 102]. Es besteht aus zwei Abtastern HPD MARK-2, die gemeinsam von einem Rechner ICL-1903A gesteuert werden [103, 104]. Dieser Rechner hat Zugriff zu einem Großrechner ICL-1906A mit einem kompatiblen Befehlvorrat [105], an dem die größeren Programme wie GATE, FILTER, HYGEOM gerechnet werden. Für ein K^+p-Experiment bei 32 GeV/c in der Blasenkammer MIRABELLE wurde mit diesem System eine Paßrate von 76 % für 2-, 4-, 6-, 8armige Ereignisse und von 91 % für γ-Quanten und V^o-s[22] erreicht. Für die Bearbeitung eines Filmes (d. h. 300 . . . 400 Ereignisse) werden folgende mittlere Zeiten angegeben [106]:

Vormessung	5 . . . 7 d	
MIST	30 min	ICL-1903A
Abtastung am HPD	7 . . . 10 h	ICL-1903A
FILTER	2 . . . 3 h	ICL-1906A (Prozessorzeit)
SLOG	40 min	ICL-1903A
HYGEOM	2 . . . 2,5 h	ICL-1906 (Prozessorzeit)

22 Neutrale, in einer Wasserstoffblasenkammer unsichtbare, Teilchen, die in zwei geladene Teilchen zerfallen, deren Spuren, ähnlich den Schenkeln des Buchstabens V, auseinanderlaufen.

Ein System mit einem HPD MARK-2 und einem Kleinrechner PDP-9 ist im Physikalischen Institut Jerewan installiert. Dieser Rechner steuert den Abtaster und führt eine erste Datenverarbeitung durch [107]. In letzter Zeit wurde dieses System neben der Verarbeitung von Spurkammerbildern auch für andere Aufgaben, wie cytochemische Untersuchungen biologischer Objekte [108] oder astrophysikalische Forschungen [109] genutzt.

Versuche, die Bildverarbeitung durch eigene Entwicklungen zu lösen, waren im Institut für theoretische und experimentelle Physik in Moskau erfolgreich. Ein erster HPD-ähnlicher Abtaster PSP-1 wird von einem mittelgroßen Rechner RASDAN-3 (32 K Worte, 48 bit Wortlänge, $20 \cdot 10^3$ Befehle je Sekunde) gesteuert und für die Verarbeitung der verhältnismäßig einfachen Bilder eines Magnetspektrometers mit optischen Funkenkammern verwendet [110]. Ein verbessertes Gerät PSP-2 wird von einem Kleinrechner ES 1010 gesteuert und für die Verarbeitung von Blasenkammerbildern genutzt [111].

Die Informationsverarbeitung erfolgt an einem Großrechner BESM 6.

6.2.2. Systeme ohne Führung

Es gibt auch Versuche, mit optisch-mechanischen Abtastern ohne Führung zu arbeiten, wobei auf das Absuchen gänzlich verzichtet und der Film direkt am Abtaster ausgewertet wird. Ein dafür mathematisch relativ streng formuliertes Verfahren wurde von DIKUSAR und GOVORUN [112 – 114] für die automatische Verarbeitung von Bildern eines großen Funkenkammerspektrometers „MIS"[23] entwickelt.

Dieses Spektrometer ist am 76-GeV-Protonensynchrotron im IFVĖ installiert und enthält 50 Funkenkammern, die in 5 Gruppen zu je 10 Kammern angeordnet sind. In Abbildung 7 sind zwei Stereobilder eines Ereignisses in der Anlage MIS dargestellt. Die Bildverarbeitung erfolgt „ohne Führung", und die für die Datenfilterung notwendige Steuerinformation wird ebenfalls automatisch gewonnen. Dazu wird zu Beginn einer jeden Serie von Aufnahmen ein besonderes Bild, das „Stop-Bild" (Abbildung 7c) abgetastet und verarbeitet.

Für das „Stop-Bild" werden in jeder Funkenkammer einige zehn Funken erzeugt, die es gestatten, die Begrenzungen der Funkenkammern auf dem Bild genau zu erkennen und ihre Mittelpunkte zu messen. Aus diesen Koordinaten und den Koordinaten bestimmter Markierungskreuze auf dem Bild werden dann die für die Steuerung der Bildverarbeitung notwendigen

23 MIS (Magnitnyj Iskrovoj Spektrometr) – Magnet-Funkenkammer-Spektrometer [115].

Parameter ermittelt. Sie dienen dazu, für jedes abgetastete Bild, bevor die Informationsverarbeitung beginnt, eine „Maske“ zu berechnen, welche die Suche nach Objekten einschränkt. Die Autoren bezeichnen dieses System als adaptives automatisches System zur Bildverarbeitung.

Der Verarbeitungsalgorithmus beruht darauf, daß eine Teilchenspur durch unterschiedliche geometrische Strukturen beschrieben werden kann, die ihrerseits wiederum aus untergeordneten Strukturen bestehen. Dem Verfahren liegt das Prinzip zu Grunde, die Elemente einer jeden solchen Struktur zu finden und sie zu Objekten einer höheren Struktur zu vereinen. Der Algorithmus für die Bildung von Elementen einer höheren Struktur, aus denen einer untergeordneten, stimmt für alle Niveaus überein und ist der Clusteranalyse entlehnt.

Durch die Abtastung wird die Bildinformation in einen geordneten Satz von Koordinaten transformiert:

$$D: \left\{ (X_j;\ Y_{1j}, \ldots, Y_{nj}) \,/\, X_j \leqslant X_{j+1};\ Y_{ij} < Y_{(i+1)j};\ 0 \leqslant i \leqslant n \right\}. \tag{6.1}$$

Es sind: $j = 1, 2, \ldots, N_s$ – Nummer der Abtastlinie,
i – Nummer der Y-Koordinate auf der Abtastlinie j und
n – maximale Zahl von Punkten auf einer Abtastlinie
($N_s \cong 3000$, $n \leqslant 95$).

Die Informationsverarbeitung besteht aus einer Analyse der Zahlenmenge $\{D\}$, durch die eine Objekterkennung und Bestimmung wesentlicher Objektparameter erfolgt.

Als grundlegendes Kriterium zur Aufnahme des i-ten Elementes einer Folge $\{\beta_n\} = \beta_1, \beta_2, \ldots, \beta_{N_2}$ in das j-te Element der Folge der gesuchten Elemente $\{\alpha_n\} = \alpha_1, \alpha_2, \ldots, \alpha_{N_1}$ wird die Entscheidungsregel

$$D(i, j) = (\bar{W}, \bar{\phi}) \gtrless T \rightarrow \beta_i \left\{ \begin{matrix} \epsilon\alpha_j \\ \bar{\epsilon}\alpha_j \end{matrix} \right\} \tag{6.2}$$

gewählt, wobei T einen Schwellwert bedeutet, und $(\bar{W}, \bar{\phi}) = \sum_{k=1}^{N} W_k \cdot \varphi_k(i, j)$ – eine Hyperfläche im Raum der Merkmale $\bar{\phi}$, welche die relative Lage der Paare (β_i, α_i) zueinander beschreiben, aufspannt;

$\sum_{k=1}^{N} W_k = 1;\ 0 \leqslant \varphi_k(i, j) \leqslant 1.$

Der Vektor $\bar{\phi}$ wird durch eine Funktion der Art

$$\varphi_k(i, j) = 1 - |P_k(i) - P_k(j)| \,/\, (|P_k(i)| + |P_k(j)|) \tag{6.3}$$

definiert, wobei P_k quantitative Parameter der Elemente darstellt. Der Gewichtsvektor $\bar{W}$ wird experimentell bestimmt.

Um zu verfolgen, wie sich die Elemente von $\{\alpha_n\}$ entwickeln, sind zwei Größen P_j und F_j (Belohnung und Strafe) für das Wagnis in den Algorithmus eingeführt. Die Entscheidung über den Abschluß der Suche, über die weitere Entwicklung oder über den Ausschluß von α_j wird auf Grund der Bestimmung des Wahrheitswertes der logischen Ausdrücke entsprechend (6.4) gefällt:

$$\begin{aligned} &(D\,(ij) \geqslant T)\ \&\ (F_j < F_{max}) = 1 \rightarrow \quad \alpha_j \text{ wird weiterentwickelt,} \\ &\left\{(P_j \geqslant P_{max}) \vee [(P_j \geqslant P_{min})\ \&\ (F_j \geqslant F_{max})]\right\} = 1 \rightarrow \alpha_j \text{ ist erkannt,} \\ &(D\,(i, j) < T)\ \&\ (P_j < P_{min})\ \&\ (F_j \geqslant F_{max}) = 1 \rightarrow \alpha_j \text{ ist Untergrund.} \end{aligned} \tag{6.4}$$

In (6.4) werden die zulässigen Abmessungen der Objekte (P_{min}, P_{max}), der zulässige Informationsverlust (F_{max}) und der Untergrund (T) berücksichtigt. Dadurch kann der Algorithmus leicht auf jede Klasse von Objekten angewandt werden. Als Beispiel dafür sei die erste Phase der Spursuche, die Erkennung von Funken angeführt.

Als Eingabe in das entsprechende Programm SOLVER dienen die Koordinatenfolgen $\{p_i\}$, $p_i \in P$, und die Parameter (P_{min}, P_{max}, F_{max}, R_{max}). Jede Folge $\{p_i\}$ enthält die Punkte einer Abtastlinie. P_{min} und P_{max} begrenzen die Länge der Funken, F_{max} begrenzt die zulässige Länge von Lücken in den Funken und R_{max} begrenzt die zulässige Streuung der Punkte um einen Funken.

Das Programm SOLVER analysiert die Punkte auf jeder Abtastlinie und sucht solche Punkte p_{ik} auf benachbarten Abtastlinien, die zu einzelnen Funken gehören und faßt sie in Gruppen $G_j = \{p_{i1}, p_{i2}, \ldots, p_{il}\}$ zusammen, worin l die Zahl der Abtastlinien ist, die eine Funkenkammer überstreichen ($P_{min} \leqslant l \leqslant P_{max}$). Die Zuordnung $p_{ik} \in G_j$ wird aus der Bedingung (6.4) abgeleitet, wobei in diesem Falle

$$D_{ij} = \omega_1 (1 - A\,|\alpha_j - x_i|) + \omega_2 (1 - B\,|\beta_j - y_i|)$$
$$j = 1, 2, \ldots, N_1;\ i = 1, 2, \ldots, N_2;\ N_1 \neq N_2$$

ist, (α_j, β_j) – die gemittelten Koordinaten der Menge G_j, (x_i, y_i) – die Koordinaten des Punktes p_i, A und B Normierungsfaktoren und ω_1 und ω_2 Gewichte sind ($\omega_1 + \omega_2 = 1$).

Die Funktion D_{ij} ist ein Maß für den Abstand der Punkte p_i von der Menge G_j, bezogen auf die Gesamtheit der Merkmale, die im gegebenen Falle mit dem gewöhnlichen euklidischen Abständen in jeder Koordinate gleichzusetzen ist.

Im Programm SOLVER werden auch die Summen $(\Sigma\, x)_j$ und $(\Sigma\, y)_j$ gebildet, so daß in einem weiteren Programm ISKRA die Funkenkoordinaten als Koordinaten des Schwerpunktes der Punkte dieser Gruppe

$$X_{\text{Funke}} = \frac{(\Sigma\, x)_j}{l_j} \text{ und } Y_{\text{Funke}} = \frac{(\Sigma\, y)_j}{l_j}$$

berechnet werden können.

Auf analoge Art werden die Funken zu Spurelementen, die Spurelemente zu Spuren, die Spuren zu Ereignissen vereinigt.

Das auf diesem Verfahren der Datenfilterung aufgebaute automatische Meßsystem – PROMIS – wird gegenwärtig im Routinebetrieb genutzt (Abbildung 50). Ein Meßzyklus besteht aus folgenden Schritten:

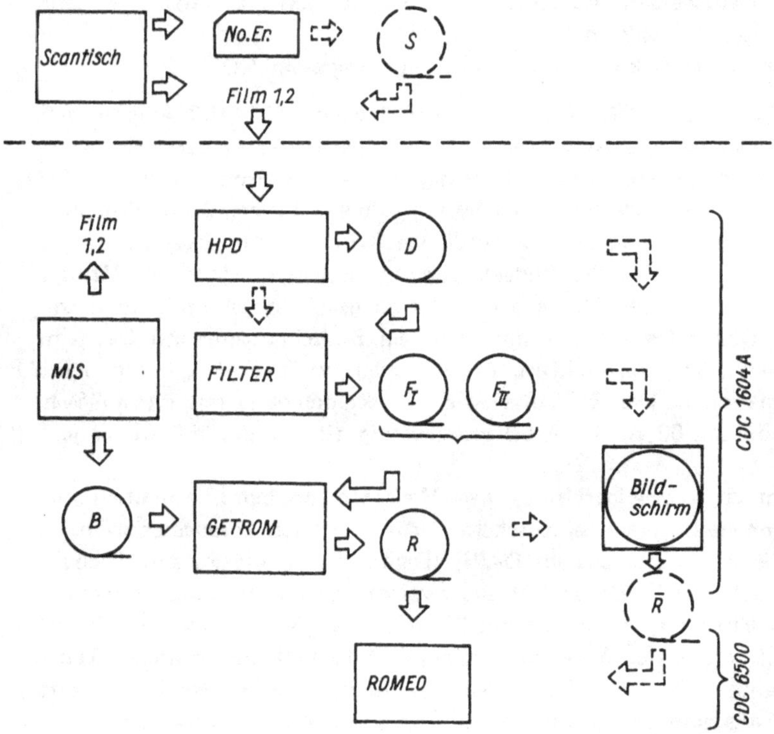

Abb. 50. Schema des Systems PROMIS zur automatischen Verarbeitung von Bildern des Funkenkammerspektrometers MIS des VIK

1. Aufrufen und Fixieren des Bildes auf dem Meßtisch des HPD.
2. Abtasten des Bildes (Digitalisierung), Kontrolle der Daten und Speichern der Koordinaten auf dem Magnetband D.
3. Auffinden, Erkennen und Dekodieren der Zusatzinformation (Bildnummer usw.).
4. Auffinden des Markierungskreuzes („Stützpunkt") und Anfertigen der Maske.
5. Erkennen des einzelnen Elementes des Bildes innerhalb der Maske und Rekonstruktion des Objektes (Spurpunkt).
6. Zusammensetzen eines Standardsatzes mit dem Ergebnis der Filterung und Ausgabe auf Magnetbänder, getrennt nach Stereoprojektionen F_1 und F_2.
7. Aufbereiten dieser Daten zusammen mit anderen Experimentdaten, die über das Magnetband B in das entsprechende Programm GETROM eingegeben werden. Ausgeben der Daten auf das Magnetband R, gruppiert nach Ereignissen.
8. Geometrische Rekonstruktion mit dem Programm ROMEO.

Die Arbeit des HPD wird von einem Rechner CDC 1604A gesteuert, auf dem ebenfalls die Arbeitsgänge 2 bis 7 gerechnet werden. Die geometrische Rekonstruktion (ROMEO) erfolgt auf einem Großrechner CDC 6500. Im Routinebetrieb arbeitet dieses System ohne Führung. Beim Einfahren neuer Experimente und zur gelegentlichen Kontrolle der Ergebnisse in unterschiedlichen Stadien der Bildverarbeitung muß sich jedoch der Mensch einschalten. Um diesen Vorgang operativ zu gestalten, ist im System sowohl der Dialog Mensch – System über ein Bildschirmgerät mit Lichtstift möglich, als auch eine beliebige Art der Führung über Absuchtisch und Zusatzinformation S. Die Effektivität der Objekterkennung mit diesem System beträgt 95 ... 100 %, die Arbeitsgeschwindigkeit 130 ... 150 Bilder je Stunde.

Wesentlich schwieriger ist es, den Menschen aus der Bildverarbeitung an Blasenkammeraufnahmen auszuschalten. Am weitesten vorangeschritten ist in dieser Hinsicht das System DAPR (Digital Automatic Pattern Recognition) im LBL [116]. Es besteht aus zwei optisch-mechanischen Abtastern vom Typ HPD, die im on-line Betrieb mit einer Rechenmaschine IBM 7094 II arbeiten. Das entsprechende Programmsystem besteht aus mehreren Teilen, die mit unterschiedlichen Prioritäten abgearbeitet werden. Höchste Priorität hat das Programm der Spurverfolgung. Es arbeitet in Echtzeit, um bereits während der Bildabtastung den Umfang der zu speichernden Information zu reduzieren. Die Suche nach Spuren erfolgt nach der Methode des Auffädelns. Die Abtastung des Bildes beginnt an der vorderen Kante, wo außer dem Untergrund zunächst nur Spuren von Primärteilchen erwartet werden. Für jeden registrierten Punkt und später für jedes gefundene Spurelement wird eine Bahn eröffnet, in der die durch eine Extrapolation vorausgesagten weiteren Elemente liegen müssen. Während dieser komplizierten Prozedur werden laufend neue Bahnen eröffnet, ältere geschlossen und zunächst Spurabschnitte gefunden, die dann zu Spuren zusammengesetzt werden. Die Spurinformation, 18 gemittelte Punkte und die Blasendichte, wird ausgegeben. Damit ist die Bildinformation stark reduziert und besteht nun nur aus Spuren, Markierungskreuzen, Endpunkten usw.

Als nächstes wird nach Vertices gesucht. Dazu sind auf jedem einzelnen Bild in einem begrenzten Bildbereich (Abbildung 51) aus den vielen gefundenen Endpunkten von Spuren sogenannte Kandidaten auszusuchen. Für diese wird eine räumliche Rekonstruktion vorgenommen, nach der die Vertices endgültig ausgewählt werden. Anschließend werden mit dem Programm der Zuordnung der Spurprojektionen die zu einem Vertex gehörenden Spuren auf allen Projektionen ausgewählt. Das Ergebnis dieser Prozeduren wird auf einem Magnetband gespeichert, das dann die gefundenen Spuren in Form von Koordinatenpaaren und eine Liste von Vertices mit einem Hinweis auf die zu jedem von ihnen gehörenden Spuren enthält. Dieses Band DAT (Data Abstract Tape) ist ein diskretes Äquivalent des Filmes. Für die weitere Auswertung werden, je nach der physikalischen Aufgabe, Ereignisse nach bestimmten Kriterien aus dem DAT ausgewählt. Ein Stereobild, die

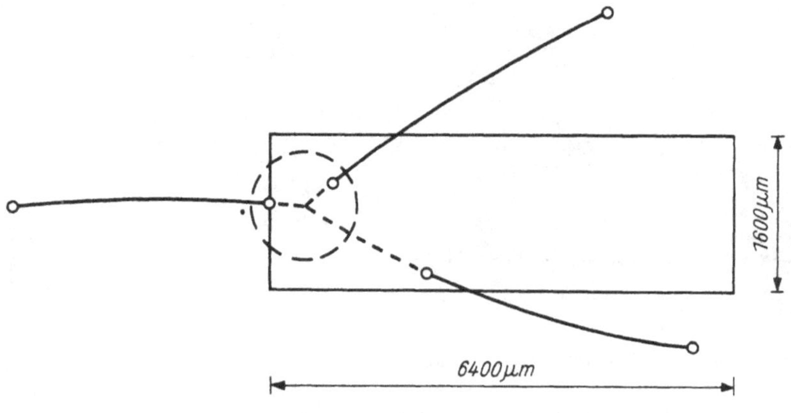

Abb. 51. DAPR Vertexsuche

Darstellung der erkannten Spuren auf einem Bildschirm, so wie sie auf dem DAT gespeichert werden, und die gefundenen Ereignisse sind in Abbildung 52 wiedergegeben. In Tabelle 7 ist die Effektivität des Systems DAPR derjenigen des in Routine laufenden Programmsystems HAZE (Bahn-Führung) an Hand der Auswertung eines bekannten Materials von 3140 Ereignissen gegenübergestellt.

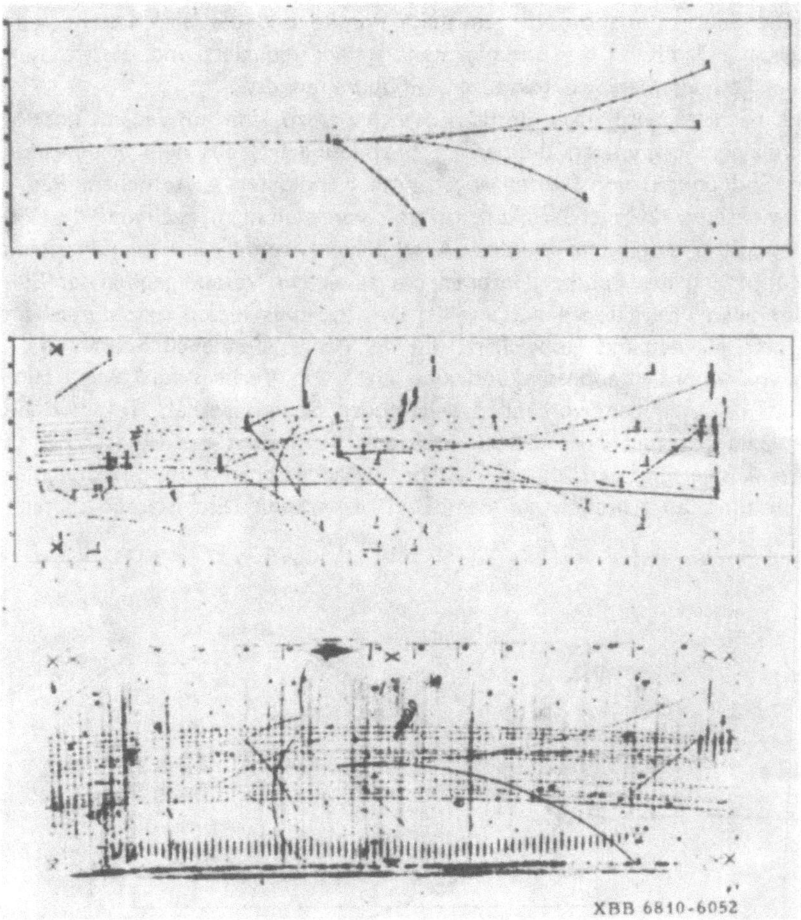

Abb. 52. Illustration der Datenfilterung im System DAPR
a: Stereobild
b: Darstellung der gefundenen Spuren auf dem Bildschirm
c: ein ausgewähltes Ereignis

Tabelle 7
Vergleich von 3140 zweiarmigen Ereignissen der π^+p Wechselwirkung bei 1,53 GeV/c mit DAPR und HAZE [116]

	Geometrische Rekonstruktion akzeptiert
Für DAPR + HAZE	55,8 %
Nur für HAZE	23,0 %
Nur für DAPR	13,2 %
Weder für DAPR noch für HAZE	8,0 %

Die nur um etwa 10 % geringere Ausbeute von DAPR erscheint zunächst sehr ermutigend. Erfahrungen mit dem System DAPR und andere Untersuchungen zeigen aber, daß zur Lösung der automatischen Bildverarbeitung von Blasenkammerbildern ohne Führung mit programmtechnischen Mitteln eine beachtliche Rechenkapazität erforderlich ist.

Eine solche Lösung hat sich daher für den allgemeinen Fall nicht eingebürgert. Sicher lassen sich bestimmte Experimente oder bestimmte Untersuchungen an Ereignissen ohne Führung ausführen. Im allgemeinen treten bei der Identifizierung der Ereignisse jedoch Vieldeutigkeiten auf, die nicht nur die Ausbeute schlechthin reduzieren, sondern das experimentelle Material systematisch verzerren und zu falschen Schlüssen über die Dynamik der Wechselwirkung führen. Solche Effekte können folgende Ursachen haben:

a) *Kurze Spuren:* Diese enden in Vertexnähe, wo die Spurendichte ohnehin am größten ist. Sie geben nur einzelne Spursignale und können daher durch die auf statistischen Prinzipien beruhenden Methoden nur schwer vom Untergrund separiert werden.
b) *Spuren langsamer Teilchen:* Diese Spuren sind stark gekrümmt und relativ dicht. Sie können das Erkennen anderer Spuren erschweren.
c) *Überlagerung von Spuren:* Wie in Kapitel 5.2.3. gezeigt, besitzen die Meßgeräte ein endliches Auflösungsvermögen, und zu eng nebeneinanderliegende Spuren können nicht getrennt werden. Solche Situationen sind bevorzugt in Vorwärtsrichtung an hochenergetische Sekundärspuren und Spuren von Primärteilchen anzutreffen.
d) *Schwache Spuren:* Aus verschiedenen technischen Gründen können manche Spuren oder Spurabschnitte wesentlich weniger dicht sein als andere. Dieser Defekt kann an bestimmte Bereiche der Spurkammer gekoppelt sein. Auch dieser Umstand verursacht Verluste an Spuren.

e) *Reflexe auf dem Deckglas der Spurkammer:* Dadurch bilden sich blinde Flecken auf der Aufnahme, in denen keine Spuren registriert werden.
f) *Automatische Vertexmessung:* Der Vertex wird durch die Extrapolation der Spuren zu ihren Kreuzungspunkt gewonnen. Je nach der Anzahl der Spuren und ihrer Winkelverteilung ändert sich der Meßfehler in beachtlichen Grenzen.
g) *Zerfälle oder Streuungen unter kleinen Winkeln:* Je nach dem Abstand des Knickes der Spur zum Vertex kann ein Zerfall oder eine Streuung entweder übersehen werden, zur Eliminierung verschiedener Spuren oder zum Verfolgen einer falschen Spur führen.

Diese und weitere Probleme waren der Grund dafür, zu versuchen, die Datenfilterung unmittelbar im dreidimensionalen Raum vorzunehmen, da auf diese Weise viele Mehrdeutigkeiten, vor allem Überlagerungen umgangen werden [117 – 120]. Bisher ist jedoch kein nennenswerter Erfolg bekannt geworden.

Ein anderer Weg zur Bildverarbeitung ohne Führung wird im Abtastsystem BRUSH des Max-Planck-Instituts für Physik und Astrophysik in München beschritten [121]. Zur Bildabtastung wird ein HPD benutzt. Für das Auffinden von Spurelementen durch Histogrammierung und die Spurverfolgung ist ein spezielles schnelles elektronisches Rechenwerk, der BRUSH-Rechner, entwickelt worden (Abbildung 53).

Der BRUSH-Rechner besteht aus folgenden Komponenten:

1. Ein Block zur Spurelement-Suche (Track Detection Unit – TDU),
2. ein sehr schneller zentraler Prozessor (CPU),
3. ein Satz von 64 Flip-Flop-Registern (FFR),
4. zwei Speicher mit je 8 K Worten und 1 μs Zykluszeit,
5. ein separater Programmspeicher (PRM), etwa zehnmal schneller als der zentrale Prozessor,
6. eine Magnettrommel mit 1,5 Mbit Speicherplatz.

Die „langsamen" Peripheriegeräte werden von einem PDP-8 Rechner bedient. Dazu gehören: Bildschirmgerät (Tektronix 611), Lochband Ein- und Ausgabe, ein Teletyp und zwei Magnetbandgeräte.

Während der Abtastung des Bildes nimmt dieses Rechenwerk in Echtzeit Daten von jeweils 16 Abtastlinien auf und findet durch eine Histogrammierung dieser Daten unter verschiedenen Winkeln Spurelemente. Zur Spurverfolgung werden Spurelemente in aufeinanderfolgenden Bildausschnitten (jeweils 16 Abtastlinien) verbunden und durch eine Parabel angenähert (Abbildung 54). Die Parabel wird dann als Spurabschnitt betrachtet, wenn die Streuung der gemessenen Punkte um sie herum klein genug ist. Nach

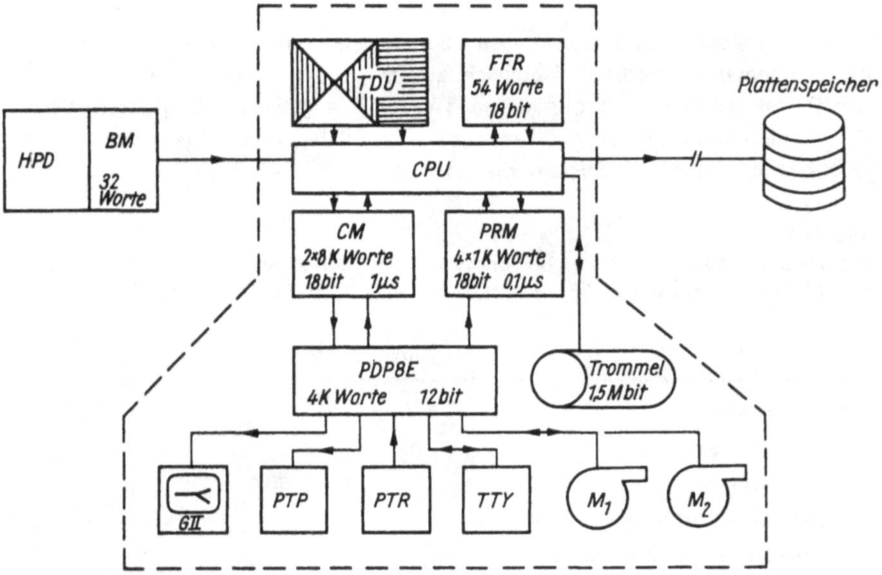

Abb. 53. Der BRUSH-Rechner

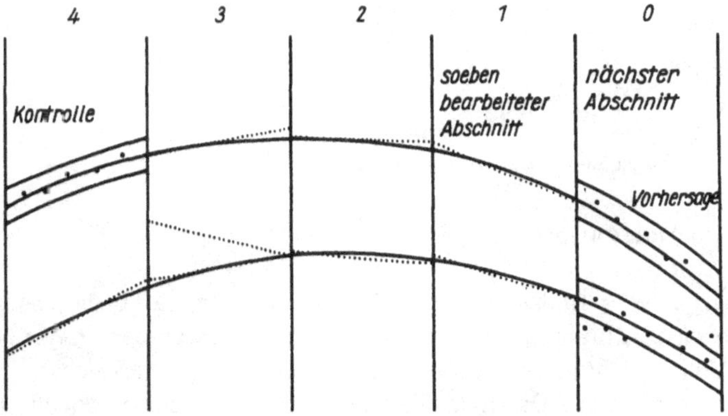

Abb. 54. Spurverfolgung im BRUSH System

der Abtastung des nächsten Bildausschnittes wird die Parabel in diesem Abschnitt extrapoliert, und es werden zunächst Punkte gesucht, die in der unmittelbaren Nähe dieser Kurve liegen. Die verbleibenden Punkte des Abschnittes dienen der Histogrammierung. Die weiteren Schritte der Auswertung werden durch Programme an einem Großrechner realisiert.

Die Übergabe der Datenfilterung an ein spezielles, sehr schnell arbeitendes Rechenwerk bringt im Vergleich zu DAPR eine beachtliche Entlastung des Rechenautomaten. Trotz der in Tabelle 8 angeführten Ergebnisse der Auswertung unterschiedlicher Ereignisse (ca. 68 % „gute" Ereignisse) treffen jedoch auch für dieses System die angeführten Probleme zu.

Tabelle 8
Ergebnisse der Verarbeitung von 105 Ereignissen der pp Wechselwirkung bei 12 GeV/c mit BRUSH (57 zweiarmige, 38 vierarmige und 10 sechsarmige Ereignisse) [121]

	Anzahl der Ereignisse		
Total gemessen:	105		
GRIND angeboten:	95		
gut, akzeptiert:		71	68 %
falsch, akzeptiert*:		1	
zurückgewiesen wegen schlechter Messung:		11	
zurückgewiesen wegen Ladungsbalance:		13	
GRIND nicht angeboten:	10		
nur *eine* Sekundärspur:		9	
keine Primärspur:		1	

* ein vierarmiges Ereignis, das als zweiarmiges behandelt wurde.

6.3. Vor- und Nachmessungen

Werden optisch-mechanische Bildabtaster mit Führung genutzt, so bedarf es vor der Abtastung eines Durchmusterns der Filme und einer groben Punktmessung auf den Bildern. Dazu dienen Meßprojektoren, die ein möglichst effektives Arbeiten garantieren. Deren Meßleistung hängt von der Bildqualität und der Spezifik des Experimentes ab. Sie beträgt im Mittel 10 ... 20 Ereig./h. Die Meßleistung eines guten HPD-Systems beträgt demgegenüber 80 ... 100 Ereig./h oder mehr. Der Gewinn der automatischen Abtastung geht durch die geringe Effektivität der Führung wieder verloren. Daher ist die Einschränkung der Führung wichtig für den Gewinn an Arbeitsproduktivität. Aus bereits geschilderten Gründen wird ein Teil der Ereignisse nicht von der Bearbeitungskette akzeptiert. Diese Ereignisse müssen entweder vollständig neu gemessen oder zumindest eingehend analysiert werden. Der einfachste Weg scheint zunächst die Nachmessung solcher Ereignisse auf einem präzisen Meßprojektor zu sein. Selbst mit teilautomatisierten Meßprojektoren wird die Meßrate für solche Ereignisse jedoch nicht über der Rate der Vormessungen liegen. Die Anzahl dieser Ereignisse beträgt in günstigen Fällen 5 ... 15 % der abgetasteten Ereignisse. Ihre Nachbehandlung stellt einen zweiten wesentlichen Faktor dar, der die Leistung des gesamten Systems herabsetzt. Kann der erste Faktor durch einen verringerten Grad der Führung weiter herabgesetzt werden, so läßt sich der zweite grundsätzlich nicht umgehen. Daher wird auch hier versucht, die Rechentechnik stärker zu nutzen. Als ein Beispiel dafür ist in Abbildung 55 das gesamte HPD-System des BNL skizziert [67]. Neben den Abtastsyste-

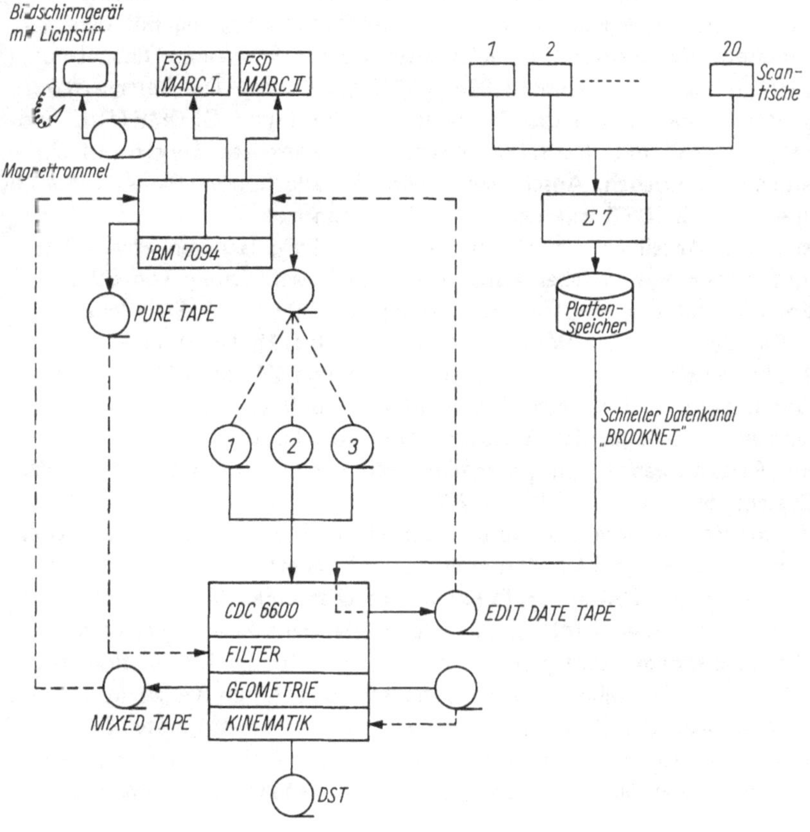

Abb. 55. HPD-System im BNL

men enthält es eine „Rettungsstation", die es ermöglicht, Ereignisse ohne nochmalige Handmessung zu „retten", d. h. zu korrigieren. Diese Rettungsstation bietet dem Menschen die notwendigen rechentechnischen Hilfsmittel (Speicher, Bildschirmgerät, Lichtstift), so daß er beliebig in die Auswertung eingreifen kann.

Zwei Bildabtaster, FSD MARC I und MARC II, werden von einem Rechner IBM 7094 gesteuert. Die Meßdaten für drei Stereoprojektionen werden auf getrennten Magnetbändern ausgegeben, die als Eingabe für die Rechnung der Programme FILTER und GEOMETRIE auf einer CDC 6600 dienen. Die Ausgabe der Rechnungen erfolgt auf dem MIXED TAPE, das für erfolgreich gerechnete Spuren „master points" und für nichtrekonstruierte Spuren den gesamten Bahninhalt enthält. Dieses Band geht wieder zur IBM 7094 zurück, woran über einen Trommelspeicher ein Bildschirmgerät mit Lichtstift angeschlossen ist, das in Zeitschachtelung mit den FSD arbeitet. Hier werden die fehlerhaften Spuren von einem Laboranten korrigiert und danach auf das PURE TAPE gespeichert. Die korrigierten Spuren durchlaufen erneut die Programme FILTER und GEOMETRIE und werden gemeinsam mit den schon vorhandenen korrekten Spuren auf ein Magnetband geschrieben. Anschließend wird für alle Spuren die KINEMATIK gerechnet und ein DST mit den Ergebnissen angelegt.

Bei einem Anteil erfolgreich rekonstruierter Ereignisse von etwa 90 % wird mit diesem System über kurze Zeiten eine Meßleistung von 80 ... 100 Ereig./h und eine mittlere Meßleistung von 50 ... 70 Ereig./h erreicht. Das System FSD-IBM 7094 wird von 8 bis 16 Uhr und von 16 bis 24 Uhr jeweils von einem Laboranten und von 24 bis 8 Uhr von zwei Laboranten betreut. Bei einem Durchlauf von 6000 Ereig./Woche ist ein Laborant etwa 40 h an der Rettungsstation ausgelastet.[24]

Eine Rettungsstation mit geringerem technischen Aufwand wird für das HPD-System des VIK entwickelt [122].

Sie arbeitet autonom und besteht aus einem Prozeßrechner TPAi, zwei Plattenspeichern mit je 512 K Worten, zwei Magnetbandgeräten und einem Bildschirmgerät mit 256×256 Punkten, das über einen Mikroprozessor INTEL 8080 betrieben wird. In den Plattenspeichern können maximal $110 \cdot 10^3$ Koordinatenpaare gespeichert werden, d. h. die Information mehrerer Bilder, die der Laborant am Bildschirm aufruft, um sie zu korrigieren. Ein- und Ausgabe der Daten erfolgen über die Magnetbandgeräte. Da die Rettungsoperationen im wesentlichen Probleme der Objekterkennung, d. h. der Zuordnung von Meß- und Spurpunkten zueinander sind, kommt es

24 Private Mitteilung von Dr. R. STRAND (BNL), 1971.

hier nicht auf eine hohe Genauigkeit an und die durch den Bildschirm begrenzte Auflösung genügt völlig. Ein Bild mit 15 · 10^3 Meßpunkten kann mit dieser Apparatur in etwa 10 s korrigiert werden.

In Abbildung 56 ist als weiteres Beispiel die Organisation einer Rettungsstation des CERN gezeigt [84]. Tabelle 9 enthält einige typische Fehler, deren Ursachen und die Programme, die zur Klärung des Fehlers dienen [71].

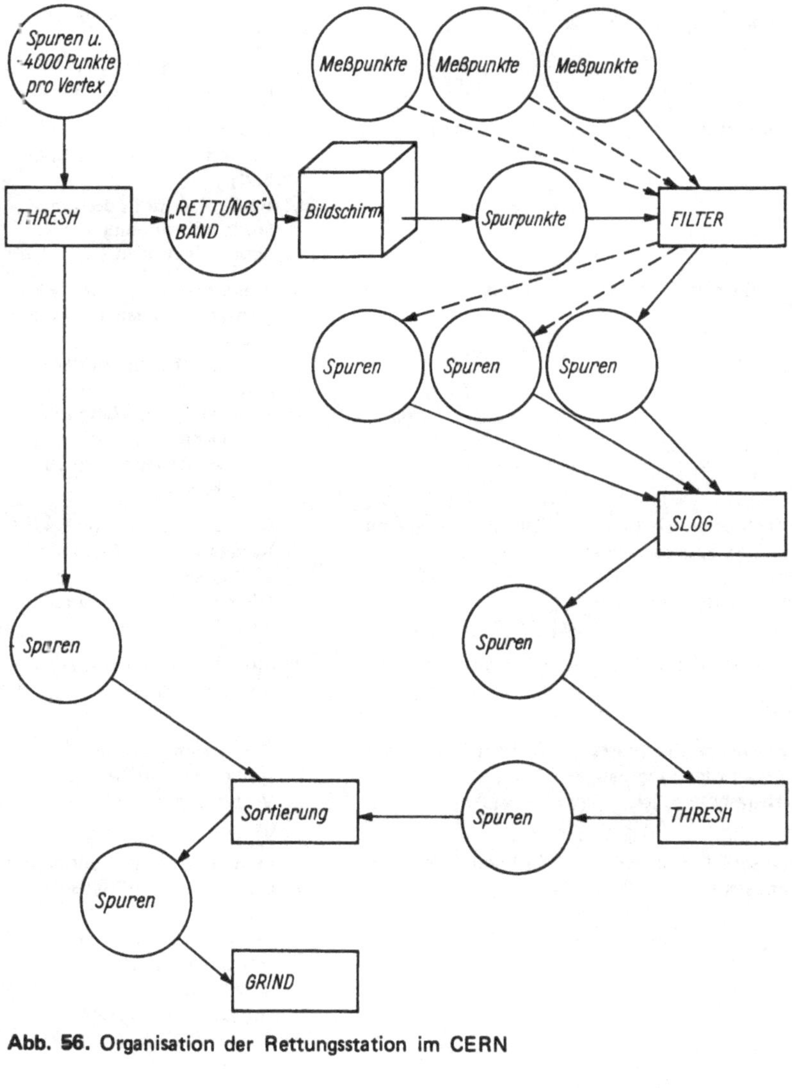

Abb. 56. Organisation der Rettungsstation im CERN

Tabelle 9
Typische Fehler bei der Bildverarbeitung mit einem HPD [71]

Fehlerursache	Programm, das zur Klärung des Fehlers dient	Fehlergrund
1. Eine Spur nicht gemessen	Meßprogramm	1. Bahnbestimmung – falsche Bildnummer, – falsche Koordinaten; 2. komplizierte Spur; 3. ungenügende Empfindlichkeit des Spursignaldetektors.
2. Grober Meßfehler	Meßprogramm	1. Zusammensetzung von Elementen verschiedener Spurbilder; 2. starke Knicke in der Spur; 3. falsche Zuordnung von Spurprojektionen.
3. Kleine Meßfehler	Geometrieprogramm	1. Zusammensetzung von Elementen verschiedener Spurbilder; 2. schwache Knicke in der Spur; 3. Versetzung der Meßpunkte an Spurkreuzungen; 4. falscher Meßpunkt durch Rauschen bedingt.
4. Kleine Meßfehler, die mindestens einen Spurparameter verzerren und dadurch die kinematische Rechnung beeinflussen	Kinematikprogramm	1. Schwache Knicke der Spur; 2. Versetzung der Meßpunkte an Spurkreuzungen; 3. falsche Meßpunkte durch Rauschen bedingt.
5. Winkelabweichung und schlechte kinematische Ergebnisse	Kinematikprogramm	1. Streuung ohne wahrnehmbaren Rückstoß.
6. Widersprüchliche Ergebnisse der Impulsbestimmung bei zu hohen Impulswerten	Geometrieprogramm	1. Störung im Koordinatensystem des Gerätes; 2. Verzerrung des Filmes in der Halterung.
7. Systematische Fehler der Spurrekonstruktion	Geometrieprogramm	1. Falsche optische Konstanten; 2. Verzerrungen im optischen System; 3. Verzerrungen in der Flüssigkeit der Kammer; 4. Verzerrungen im Koordinatensystem des Gerätes.

Ein Fehler, der die Ablehnung einer Spur bewirkt, kann in einem beliebigen Stadium der Auswertung auftreten. Daher ist es erforderlich, stets Zugriff zu den Daten zu haben. Dem Laboranten an der Rettungsstation muß alle Information über die fragliche Spur, vor allem Bildpunkte und Spurpunkte gegeben werden. Eine übersehene oder falsch gemessene Spur ist dann leicht zu erkennen. Um übersehene Strukturdetails festzustellen, ist, neben der Darstellung des Bildes oder eines Bildausschnittes auf einem Bildschirm, eine optische Projektion des Bildes günstig. In Tabelle 10 sind einige Beispiele für diejenigen Hinweise angeführt, die ein Laborant an der Rettungsstation geben kann.

Tabelle 10
Angaben für die Spurrettung an einem HPD [71]

Fehlerursache	Logischer Hinweis	Hinweise über Meßmarke
1. Fehler beim Absuchen		1. Falschen Punkt ausbessern und Spur mit Rettungsprogramm bearbeiten.
2. Komplizierte Spur		1. Von Hand einen Punkt messen und Koordinaten ausgeben; 2. sauberen Punkt auf der Spur angeben und Spur mit Rettungsprogramm bearbeiten.
3. Ungenügende Empfindlichkeit des Spurdetektors	bei Kopplung von Rettungsstation und Meßgerät, Empfindlichkeit regeln und Spur neu messen	1. Bild angeben.
4. Lokale Versetzung von Spurabbildungen, Knicke an Spurbild	falsche Meßpunkte eliminieren	1. Auf Spur, letzten gut gemessenen Punkt angeben.
5. Falsch zugeordnete Projektion	falsche Projektion eliminieren	1. Übersehene Projektionen ergänzen.
6. Falsch angegebene Meßpunkte	falsche Punkte eliminieren	1. Falsche Punkte angeben.

Nach solchen Hinweisen wird die Spur einschließlich der geometrischen Rekonstruktion neu gerechnet, um Auskunft über das Ergebnis der Rettung zu bekommen. Die *Effektivität* solcher Rettungsstationen hängt in hohem Maße von dem Geschick und der Fähigkeit des Programmierers ab, typische

Abhängigkeiten und charakteristische Gesetzmäßigkeiten zwischen den verschiedenen Parametern zu finden und diese dem Laboranten in anschaulicher Form darzustellen. Eine wesentliche Hilfe sind solche Rettungsstationen auch für die *Programmentwicklung.*

Trotz aller angeführten Probleme werden gegenwärtig mehrere 30 ... 40 HPD-Systeme eingesetzt. Die meisten Laboratorien, in denen sie genutzt werden, sind von nachträglichen Handmessungen völlig abgekommen. Ferner zeigt sich eine starke Tendenz, von der *Bahn-Führung* zur *Vertex-* oder *Punkt-Führung* überzugehen. Die mittlere Produktivität solcher Anlagen beträgt ca. 100 Ereig./h, es sind Einzelleistungen bis zu 300 Ereig./h bekannt. Zur Erzeugung des feinen Lichtfleckes mit hoher Lichtstärke werden mit Erfolg auch Laser eingesetzt [123, 124].

6.4. Bildabtaster mit Kathodenstrahlröhren

Bereits 1961 schlugen PLESS und ROSENSON [125] ein Präzisionsmeßgerät mit einer Kathodenstrahlröhre als Abtastelement, den PEPR vor. Erste Ausführungen dieses Systems wurden 1969 in Betrieb genommen; inzwischen hat es große Fortschritte gemacht und gegenwärtig werden unterschiedliche Abtaster mit Kathodenstrahlröhren[25] in vielen Laboratorien benutzt.

Neben PEPR sind derartige Geräte unter den Namen POLLY [126], HUMINGBIRD [127, 128], COCCINELLE [129], LUCIOLE [130], PANGLOSS [131], ERASME [132], AĖLT [133], SAMM [134, 135], ĖLAS [136], MĖLAS [137] u. ä. m. bekannt.

In diesen Bildabtastern wird das Bild mit einem Lichtfleck abgetastet, der von einer Kathodenstrahlröhre erzeugt wird. Die Entwicklung dieser Meßsysteme hing daher in starkem Maße von der *Qualität* der Kathodenstrahlröhren ab. Die Technik der Herstellung von Kathodenstrahlröhren mit der erforderlichen Präzision der Strahlablenkung, Stabilität und Homogenität über den gesamten Bildschirm wird heute beherrscht. Typische Parameter sind dafür in Tabelle 11 angegeben.

Der grundlegende Unterschied dieser Geräte zu optisch-mechanischen Abtastern besteht darin, daß die *Lage des Lichtfleckes* auf dem Bildschirm über die Ablenkeinheit beliebig und nahezu *trägheitslos gesteuert* werden kann. Auf diese Weise kann das *Bild* selbst als *Speicher mit direktem Zugriff* von einem Rechenautomaten genutzt werden, der die Information vom Bild zu beliebiger Zeit abrufen kann. Daher sind die einzelnen Stadien der Datenerfassung und Datenverarbeitung nicht streng von einander getrennt, sondern das Bild wird Objekt für Objekt verarbeitet. Die Auswertung der folgenden Objekte kann sich auf Informationen über die Vorgänger stützen.

25 auch CRT-Geräte (Cathode Ray Tube)

Tabelle 11
Einige Parameter hochauflösender Kathodenstrahlröhren [138]

	Hersteller		
	Litton	Telefunken	Ferranti
Schirm	P 46 P 24 möglich	P 24	A 6 A (P 24) möglich
Lichtfleckdurchmesser (bei halber Amplitude) (µm)	15	20 (10 µm mit P 11 Schirm gemessen)	16,5
Schirmrauschen	> 25 %	40 %	< 15 %
Stabilität	gut	gut	gut
Garantierte Lebensdauer (h)	10^3	10^3	$5 \cdot 10^3$

Treten in einer späteren Phase der Bildverarbeitung Fehler auf, dann läßt sich die Auswertung unschwer wiederholen. Die folgerichtige Entwicklung dieser Meßsysteme war es, auch den Menschen in diese flexible Auswertung einzubeziehen, indem ihm die Möglichkeit gegeben wird, mittels geeigneter Dialogeinrichtungen dann in den Prozeß einzugreifen, wenn die Möglichkeiten des Rechners erschöpft sind. Auf diese Weise wurden die für die optisch-mechanischen Abtaster notwendigen Geräte der Rettungsstationen unmittelbar in das Meßsystem integriert.

PEPR

Die ursprüngliche Idee für die Entwicklung des PEPR im MIT war es, die Bildverarbeitung im wesentlichen durch eine Hardware analoger und diskreter Art, also ohne Beteiligung des Menschen am Meßprozeß, zu lösen. Neben Kathodenstrahlröhre und Projektionsoptik, dem Filmtransport und elektronischen Schaltungen enthält das System einen mittelgroßen Rechenautomaten. PEPR übt zwei logisch getrennte Funktionen aus. Im *pattern recognition Modus* (PR Modus) sucht er Spurelemente (von etwa 2 mm Länge auf dem Film) und markiert sie durch die (groben) Koordinaten (X_i, Y_i) und die Neigung θ_i. Im *precision encoding Modus* (PE Modus) erfolgt eine präzise Messung der Koordinaten dieses Spurelementes. Der erste Modus wird dadurch realisiert, daß das Bild mit einem dem Spurelement am besten angenäherten kurzen Linienelement abgetastet wird. Der zweite Modus wird durch die Abtastung des Elementes mit rundem Lichtfleck und die Messung von Spursignalen digital ausgeführt.

PEPR wurde ursprünglich mit einem Rechner vom Typ PDP-1 [139], später mit dem größeren PDP-6 [140] betrieben. Der Lichtfleck hat einen minimalen Durchmesser von 25 μm. Er kann zu einer Linie bis zu 2 mm Länge verformt werden. Dieses Linienelement läßt sich in Schritten von 1° drehen. Der Lichtfleck kann von dem Rechner auf einen beliebigen von 4096 x 4096 Punkten auf dem Leuchtschirm gesetzt werden. An jedem dieser Punkte läßt er sich längs der X- oder längs der Y-Achse hin und her schwenken, um eine Abtastung zu vollziehen (Abbildung 57). Diese Abtastung ist mit zwei Geschwindigkeiten ausführbar: schnell über ±1 mm mit 20 μm Schritten (PR Modus) und langsam über 100 μm in 2 μm Schritten (PE Modus).

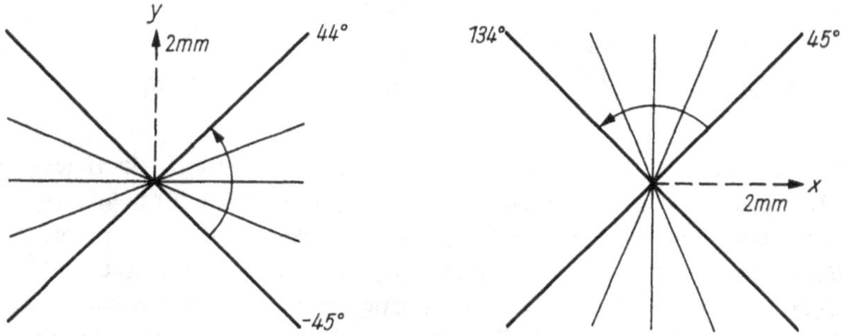

Abb. 57. Abtastrichtung für verschiedene Neigungen des Linienelementes in PEPR

Der auf dem Leuchtschirm der Röhre erzeugte Lichtfleck wird über ein optisches System auf dem Film abgebildet. Das den Film durchdringende Licht wird auf einem SEV gesammelt und erzeugt dort die Spursignale. In Abbildung 58 ist das Schema des PEPR dargestellt. Ein Steuergerät (PEPR Controller) kann bei vorgegebenen Koordinaten (X_i, Y_i) und einem Anfangs- und Endwert für θ eine Abtastung mit dem Linienelement in Schritten von 1° veranlassen, bis der Endwinkel erreicht oder ein Spurelement gefunden ist.

Spurelemente werden mit Hilfe einer Analogschaltung – dem Spurelementdetektor – erkannt, welche die volle Breite des Signals bei halber Amplitude im PR Modus erfaßt. Wird dieses Signal als Spurelementsignal akzeptiert, so werden die Koordinaten (X_i, Y_i) und der Winkel θ_i registriert und die präzisen Koordinaten des Spurelementes durch langsame Abtastung gewonnen.

Das Grundgerüst des PEPR Programmsystems besteht aus vier Programmen.

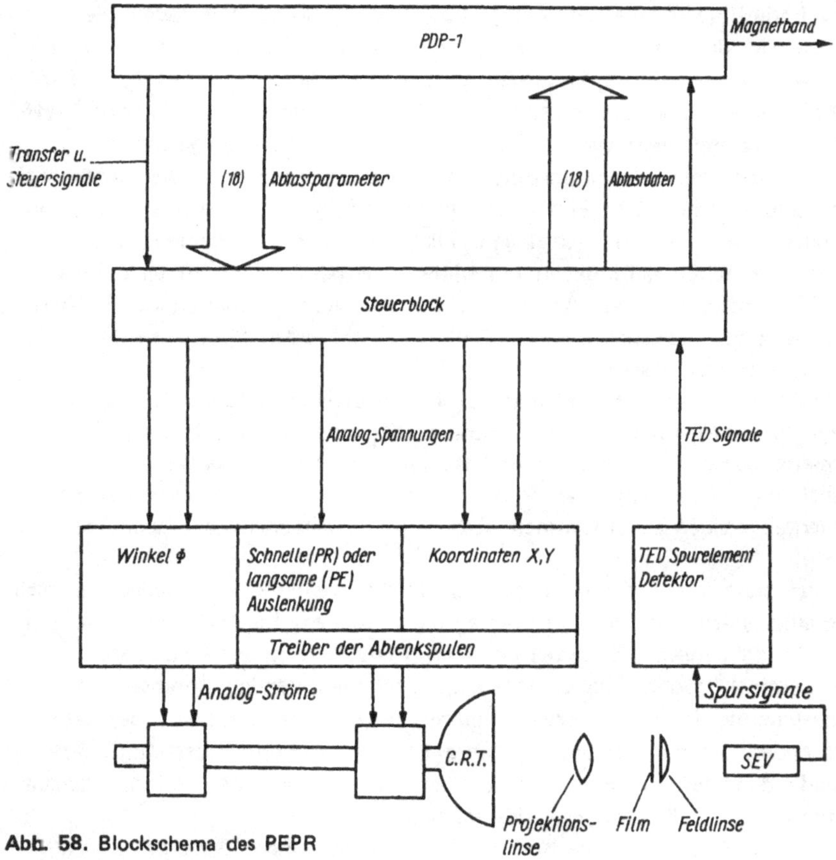

Abb. 58. Blockschema des PEPR

Von der „black box" werden alle Kalibrierungsfunktionen, Kodierung und Dekodierung der Daten und alle Informationstransfers von und zum Steuergerät ausgeführt. Dieses Programm kann als *Software-Interface* bezeichnet werden, das die Verbindung zwischen dem absoluten und unverzerrten Koordinatensystem des Films (in dem alle Rechnungen zur Bildverarbeitung vom Rechner ausgeführt werden) und dem verzerrten System der Hardware (Kathodenstrahlröhre etc.) herstellt und kontrolliert.

Die von der Hardware gewonnenen groben Daten im PR Modus bestehen aus Ketten von Treffern, d. h. Koordinaten von Punkten längs der Achse einer Abtastung. Diese Treffer müssen in Relation zueinander gesetzt werden, und es müssen Sätze von einzelnen Koordinatenpaaren und Winkeln, die Spurelemente, formiert werden. Diese Funktion übt das Programm

„Spurfinder" (engl. element recognition) aus. Es kombiniert auch die Treffer, die bei der sukzessiven Abtastung unter verschiedenen Winkeln gefunden werden, so daß ein Minimum an unvollständigen Treffersequenzen innerhalb einer Abtastzelle erzeugt wird. Eine Gruppe so kombinierter Treffer stellt ein Spurelement dar, das die Grundlage der Spurverfolgung ist.

Das Programm „Feldabtastung" (engl. area scan) steuert die Abtastung eines Bildbereiches. Der Einfachheit halber erfolgt die Feldabtastung in zwei zueinander senkrechten Richtungen. Für jedes neue Spurelement, das mit keinem der schon gefundenen kombiniert werden kann, wird eine Bank von 20 Worten eröffnet. Am Schluß der Abtastung enthalten diese Bänke Anfangs- und Endkoordinaten und Winkel eines jeden Spursegmentes in dem abgetasteten Bereich.

Nach der Feldabtastung, und auf ihr aufbauend, erfolgt die „Spurverfolgung". Dieses Programm (engl. track following) kann gefundene Spursegmente durch Extrapolation und Korrelation über den gesamten Bildbereich von 35 mm in etwa $^1/_2$ s verfolgen. Um die Endpunkte der Spursegmente genauer zu bestimmen, läßt sich das Linienelement auch verkürzen.

Auf diese vier Programme für die Objekterkennung kann jedes beliebige Programmsystem für die Bildverarbeitung aufbauen. Im MIT wird eine Vertex-Führung benutzt. Zunächst wird im Vertexbereich eine Feldabtastung vorgenommen, wobei alle gefundenen, durch den Bereich durchgehende Spursegmente eliminiert werden. Spuren, die in diesem Bereich beginnen oder enden, werden verfolgt und ihre Endpunkte werden bestimmt. Anschließend erfolgt die Feinabtastung der Spur (PE Modus) und die genaue Bestimmung der Koordinaten des Vertex.

Bei der Kopplung eines solchen Systems mit einem Großrechner ist grundsätzlich eine Bildverarbeitung ohne Führung möglich. Die Praxis zeigt jedoch, daß es effektiver ist, PEPR-Systeme mit einer Führung (bevorzugt Punkt-Führung) zu betreiben. Häufig wird auch über Bildschirmgerät und Lichtstift eine Bildverarbeitung mit direktem Zugriff des Menschen verwendet. Das Beispiel eines sehr effektiv mit Bahn-Führung arbeitenden PEPR ist der Oxford PEPR [89, 141, 142]. In Abbildung 59 ist das Blockschema dieser Anlage gezeigt.

POLLY

Ein CRT gerät mit einer grundsätzlich anderen *Strategie der Bildverarbeitung* ist POLLY, das im ANL entwickelt wurde. Dieses Meßsystem wurde konzipiert, als bereits erste Erfahrungen mit HPD-Systemen und mit PEPR vorlagen, so daß deren vorteilhafte Eigenschaften und die vorliegenden Er-

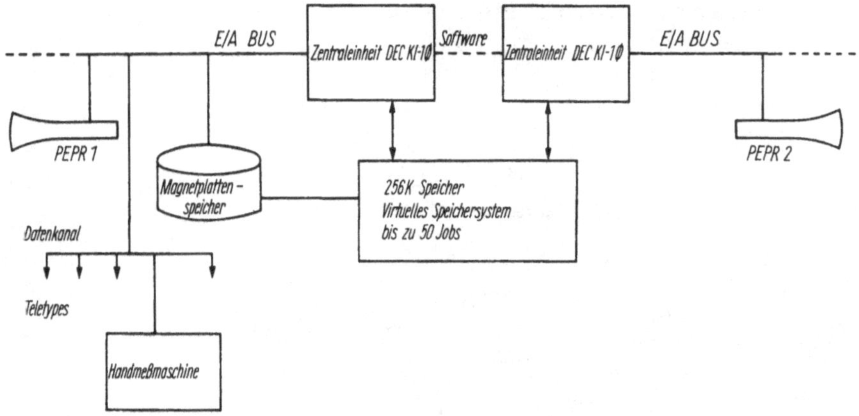

Abb. 59. Das Oxford PEPR System

fahrungen übernommen werden konnten. Nach POLLY I, das on-line mit einer PDP-7 arbeitete, wurde POLLY II [143] entwickelt, das direkt mit einem Rechner SDS $\Sigma 7$ gekoppelt ist und POLLY III [144] für die Bilder großer Blasenkammern. Gegenwärtig existierende POLLY-Systeme wurden zum Teil industriell gefertigt.

Das optische System von POLLY II ist in Abbildung 60 skizziert, das Blockschema in Abbildung 61. Der Laborant kann auf einem Bildschirm die optische Projektion des Bildes und auf einem zweiten Bildschirm die Bildverarbeitung durch den Rechner beobachten.

Die Messung erfolgt mit Hilfe einer Kathodenstrahlröhre, deren Lichtfleck vom Rechner gesteuert einen begrenzten Streifen auf dem Bild abtastet (Abbildung 62). Position und Abmessungen dieser streifenförmigen Abtastung (Streifenabtastung, engl. slice scan) bestimmt der Rechner. Der Lichtfleck wird zu einem gegebenen Punkt ausgelenkt, von dem aus eine Abtastung in 32 verschiedenen Richtungen erfolgen kann. Die Breite der Streifenabtastung beträgt 20 ... 512 μm und die Anzahl der Abtastlinien in einem Streifen bis zu 127 Linien: das entspricht einer Länge von 2048 μm. Jede Streifenabtastung wird on-line gefiltert und ergibt *einen* gemittelten Punkt, der zusammen mit vorher gemessenen Punkten zur Vorhersage des nächsten Abtaststreifens dient und zugleich einen Spurpunkt darstellt. Die Streifenabtastung wird sowohl für die präzise Messung von Spurpunkten a) als auch zur Suche nach Spurelementen b) benutzt. Auf einer Abtastlinie wird jeweils nur ein Spursignal registriert, aus dem, zusammen mit den Signalen auf den anderen Abtastlinien im Streifen, der Spurpunkt ermittelt wird.

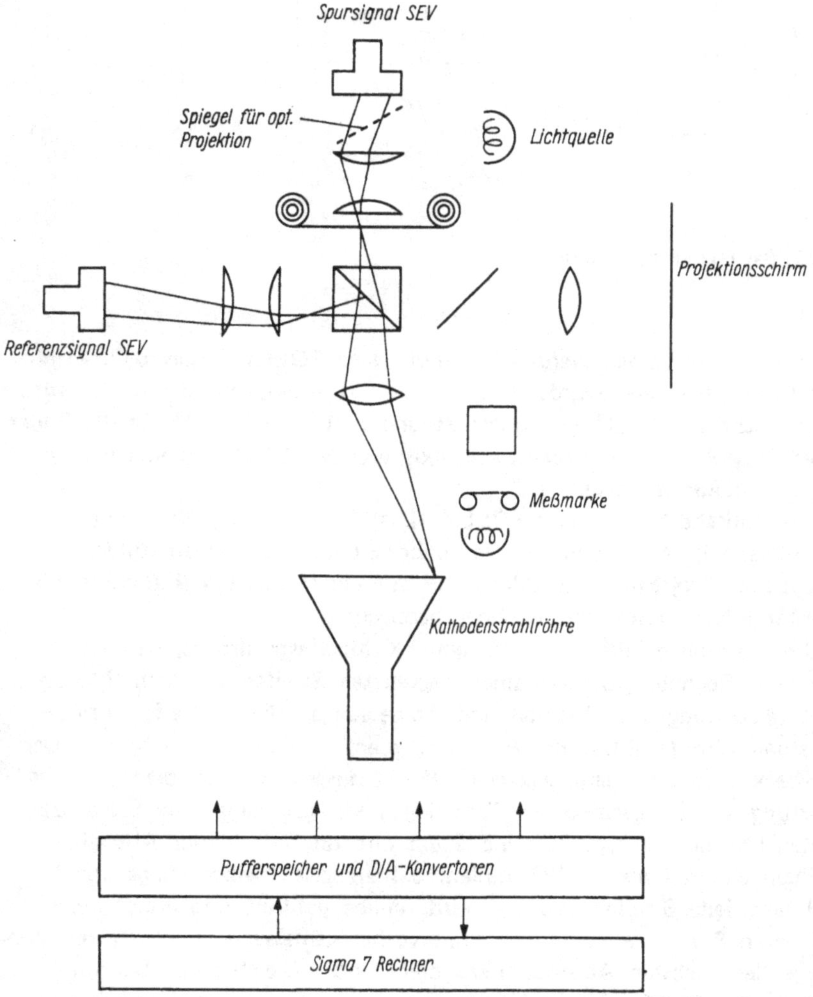

Abb. 60. Das optische Schema von POLLY

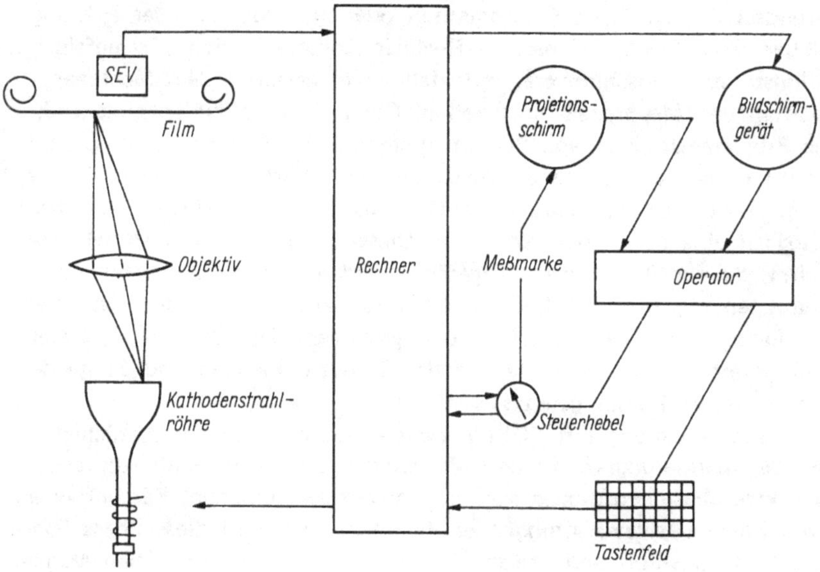

Abb. 61. Blockschema von POLLY

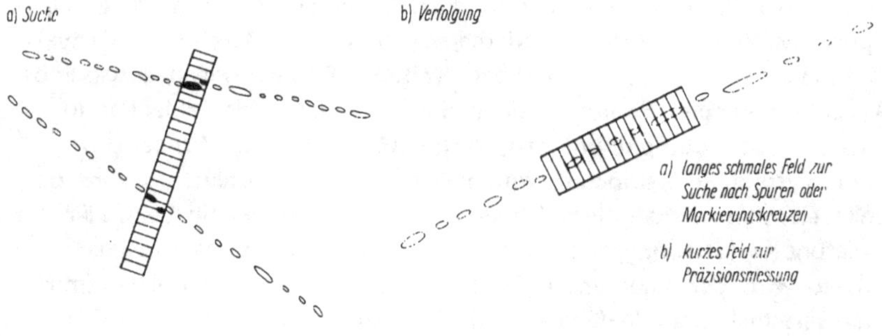

Abb. 62. Streifenabtastung bei POLLY

Grundsätzlich ist POLLY automatisch oder mit jeder Art der Führung betreibbar. Eine flexible Mensch – Rechner Kommunikation (Tastenfeld mit Funktionstasten, Bildschirmgerät mit Meßmarke) gestattet dem Menschen, jederzeit in den Meßprozeß einzugreifen. Dieser Möglichkeit entsprechend, ist die Programmstruktur von POLLY gestaltet. Die Streifenabtastung wird von POLLY zur „Suche" (engl. searching) und „Verfolgung" (engl. following) von Spuren genutzt (Abbildung 62). Das Ziel der Suche ist, so schnell wie möglich eine neue Spur zu finden. Dieses Programm wird schnell abgearbeitet, da nur Abtastlinien aufgezählt werden und das Auftreten von Punktgruppen registriert wird, die nicht weiter analysiert werden. Ist eine Spur gefunden, so wird sie verfolgt und gemessen. Die Abarbeitung dieses Programms erfolgt langsamer, da von der Software Flanken und Breite der Signale für jeden Treffer genutzt werden.

Die Bildverarbeitung mit POLLY besteht aus drei Phasen: Absuchen, Messen der Markierungskreuze und Messen der Ereignisse. Beim Absuchen werden angenäherte Positionen von Ereignisvertices gefunden. Für vorher abgesuchte Filme (Vertex-Führung oder Bahn-Führung) wird diese Phase übergangen, Vertexposition und Ereigniskonfiguration werden von einem Magnetband gelesen.

Die erste Projektion wird automatisch abgesucht. Das Programm löst eine Streifenabtastung längs der vorderen Seite des „effektiven Volumens" (engl. fiducial volume), in dem Vertices akzeptiert werden, aus. Jeder gefundene Kandidat einer Primärspur wird zunächst nach außen verfolgt und anschließend in das effektive Volumen hinein, bis entweder die Spur verlorengeht oder das Bildende erreicht ist. Um Zeit zu sparen, erfolgt diese Verfolgung sprungweise, indem nur etwa 25 . . . 50 % der gesamten Spurlänge digitalisiert werden. Es dauert etwa 150 ms bis das Bildende erreicht ist. Als nächstes sucht das Programm nach Sekundärspuren, die von den Endpunkten der Primärspuren im effektiven Volumen ausgehen. Jede solcher Spuren wird kurz verfolgt und diejenigen, welche durch den Vertexbereich hindurchgehen, werden aus den weiteren Betrachtungen ausgeschlossen. Akzeptiert werden Spuren, welche die Primärspur oder einander in einem Bereich von 500 μm um den Vertex (Endpunkt der Primärspur) schneiden. Wird diese Bedingung von mehreren Spuren erfüllt, so wird der Endpunkt als Vertex akzeptiert. Werden keine oder zu wenig Sekundärspuren gefunden (Streuung unter kleinem Winkel, nullarmiges Ereignis u. ä. m.), so wird der Laborant aufgefordert, den Vertex anzuzeigen (mit Hilfe der verschiebbaren Meßmarke auf dem Bildschirm) oder die Funktionstaste „Übergehen" zu betätigen, wenn kein Vertex vorhanden ist. Auf diese Weise werden etwa 15 . . . 20 % der Ereignisse vom Laboranten erkannt, wozu er etwa 1 . . . 2 s pro Entscheidung benötigt.[26] Nebenbei wird die Gesamtlänge der verfolgten Primärspuren innerhalb des effektiven Volumens berechnet, die der Bestimmung der Wirkungsquerschnitte dient.

Eine Karte der Positionen der Markierungskreuze (ca. 10 Stück) befindet sich im Rechner. Zunächst werden die Kreuze gesucht (Abbildung 62a) und dann wird jeder der vier Schenkel mit einer Streifenabtastung gemessen (Abbildung 62b).

Es müssen mindestens vier Markierungskreuze akzeptiert werden.[27] Die Spurmessung besteht aus folgenden Schritten:

1. Spurensuche längs der Seiten eines Oktogons, dessen Mittelpunkt die Vertexposition ist (Abbildung 62a).
2. Verfolgung jeder gefundenen Spur nach außen und anschließend zurück zum Vertex (vorausgesetzt, daß sie noch nicht gemessen wurde und nahe genug am Vertex vorbeiläuft).
3. Erkennen von Spuren, die durch den Vertexbereich hindurchlaufen und von solchen, die schon gemessen wurden.
4. Berechnung der Position des Vertex, als Schnittpunkt aller Spurenpaare. Bei Erfolg – Eliminierung der Spuren, die nicht zu diesem Vertex gehören.
5. Entscheidung, ob wieder bei 1. begonnen werden muß, um weitere Spuren zu finden.

Diese Folge ist als Schleife für maximal 7 Oktogone mit unterschiedlichen Radien 6000, 3000, 2000, 1000, 300, 9000, 15 000 μm programmiert. Werden nach einem dieser Schritte der Vertex und alle Spuren der vorgegebenen Ereigniskonfiguration gefunden, so wird die Folge abgebrochen. Ist die Ereigniskonfiguration unbekannt (ohne Führung), so wird die gesamte Folge durchlaufen. In einem Proton-Proton Streuexperiment bei 2,3 GeV/c in der 30"-Argonne-MURA-Kammer wurden 30 . . . 40 % der Ereignisse mit dem ersten Oktogon erfaßt.

Der nächste Schritt besteht aus skrupulösen Tests der Spuren und Ereignisse: Identifizierung der Primärspur, Ladungsbalance, Kontrolle der Konfiguration usw., wobei der Laborant in verschiedenen Situationen zum Eingreifen aufgefordert wird. Sind keine Probleme entstanden, oder sämtliche vom Laboranten gelöst worden, so wird das Ereignis auf dem Bildschirm dargestellt, der Laborant quittiert, und die nächste Projektion wird bearbeitet.

26 Bei einer Meßleistung von 50 . . . 80 Ereig./h bedeutet das für den Laboranten weniger als 1 Minute aktiver Tätigkeit, verteilt über eine Stunde.

27 Solche und ähnliche Forderungen hängen natürlich immer stark vom jeweiligen Experiment ab und werden hier nur angeführt, um die Aussagen zu konkretisieren.

Treten Probleme auf, so stellt der Rechner die gemessene Spur und eine Liste der fraglichen Punkte dar. Der Laborant kann die Situation in Ruhe studieren und eingreifen. Nach jedem Eingriff rechnet das Programm die gegebene Spur, den Vertex, das Ereignis usw. neu durch. Erst wenn alle „fatalen" Fehler beseitigt sind, wird das Programm fortgesetzt.

Im Vergleich zu PEPR ist der Aufwand an Elektronik in POLLY geringer. Das Schwergewicht ist hier bei relativ einfacher Elektronik auf die Software und die Mensch – Rechner Kommunikation gelegt.

Um repräsentative Aussagen über die Produktivität derartiger Systeme, in denen der Mensch direkt in die Bildverarbeitung eingreifen kann, zu machen, genügt es nicht, mittlere Meßleistungen, die etwa bei 20 ... 80 Ereig./h liegen, anzugeben. Im Vergleich zu anderen Meßsystemen ist noch einmal zu unterstreichen, daß es in diesen Systemen keine Rückläufer gibt, sondern Ereignisse bearbeitet werden, bis eindeutig entschieden ist, ob sie akzeptiert oder ausgesondert werden. Da vor allem die Dauer eines Experimentes und die Qualität der Messungen von Interesse sind, muß auch ein Vergleich mit anderen Systemen experimentbezogen sein. In Tabelle 12 sind Angaben über einige an PEPR- und POLLY-Systemen bearbeitete Experimente angeführt, die zusammen mit anderen 1974 in Oxford referiert wurden [145].

Die Tabelle zeigt, daß die Meßergebnisse an Genauigkeit den an optisch-mechanischen Bildabtastern gewonnenen nicht nachstehen (vgl. auch Abbildungen 30–39). Der Anteil der akzeptierten Ereignisse von 85 % und mehr ist im Durchschnitt besser als der beim ersten Durchgang an den HPD gewonnenen. Da die nichtakzeptierten Ereignisse, bevor sie endgültig abgelehnt werden, sorgfältig und wiederholt vom Laboranten geprüft werden, ist die Gefahr eines durch sie verursachten systematischen Fehlers gering. Der Verlust dieser Ereignisse ist im Verhältnis zum Umfang der Gesamtstatistik tragbar. Die Meßleistungen zeigen, daß mit Hilfe dieser Bildverarbeitungssysteme Experimente mit guter Stabilität in Jahresfrist bearbeitet werden können. Das entspricht durchaus den Zeiten, die für die übrigen Stadien des Experimentes angesetzt werden müssen (vgl. Tabelle 2).

ĖLAS und MĖLAS

Ein System – ĖLAS – zur Verarbeitung der Bilder der großen Blasenkammer MIRABELLE, dessen Grundelement eine hochauflösende Kathodenstrahlröhre sowjetischer Produktion ist [146], wird im IFVĖ unter Beteiligung des Radiotechnischen Institutes der AdW der UdSSR entwickelt.

Drei solcher Röhren (hier als *skanator* bezeichnet) sind über einen Kommutator und eine gemeinsame Steuerlogik mit einem Prozeßrechner

Tabelle 12
Meßergebnisse an einigen PEPR- und POLLY-Systemen [145]

	PEPR MIT	PEPR Oxford	POLLY II ANL	POLLY III ANL
Experiment	8 GeV/c $\pi^- p$ 82" HBC alle Ereignisse	11,2 GeV/c $\pi^- p$ 2 m HBC 2-, 4-, 6-, 8armige Ereignisse u. V^0	2,3 GeV/c $\tilde{p}p$ 30" HBC 2-, 4-, 6-, 8armige Ereignisse	205 GeV/c pp 30" HBC 2-, 4armige Protonenspuren
Meßzeit je Monat (h/Monat)	195	440	190	–
Ereignisanzahl	$50 \cdot 10^3$	$423 \cdot 10^3$	$330 \cdot 10^3$	$4 \cdot 10^3$
Führung	Punkt-Führung (±8 µm) Lichtstift	Vertex-Führung (±2 mm) Rollkugelgeber	ohne Führung	Vertex-Führung (±4 µm) Rollkugelgeber
vom Geometrieprogramm nicht akzeptierte Ereignisse	8,5 %	9 %	12 % (+10 % übersehen)	15 ... 30 %
mittlere Punktabweichung (µm)	3	2,5	6	5 ... 6
Halbwertsbreite der ω_0-Massenverteilung (MeV)	23	35 ± 3	22	–
Meßleistung (Ereig./Jahr)	$160 \cdot 10^3$	$270 \cdot 10^3$	–	–

„ELEKTRONIKA – 100" gekoppelt, der die Auslenkung der Lichtflecke über die drei Bildschirme steuert [147].

Dieser Rechner ist mit einem zentralen Rechner ICL-1903A gekoppelt, der die Bildverarbeitung steuert. Über ein Steuerpult und Bildschirmgerät hat der Laborant Zugriff zum Prozeßrechner und zum Kommutator. Dieser Konfiguration liegt die Idee zugrunde, simultan Informationen von einer Stereotriade von Bildern zu erhalten, um die räumliche Rekonstruktion für die Bildverarbeitung zu nutzen.

Die Bildabtastung erfolgt mit einer Streifenabtastung, die entsprechend der Spurneigung gedreht werden kann. Das System wird mit einer Punkt-Führung betrieben, wofür im Bereich der Spurenden „saubere" Punkte beim Absuchen gemessen werden. Die Spuren werden bei der Abtastung von diesen Punkten ausgehend, zum Vertex hin verfolgt. Die geometrische Rekonstruktion der Spuren wird zur Zeit noch an einem zentralen Rechner ICL-1906A gerechnet.

Ebenfalls im IFVĖ wird ein zweites System – MĖLAS [148] – entwickelt, das sich in seinem Aufbau von ĖLAS unterscheidet.

Es besteht aus einer Kathodenstrahlröhre und vier Filmkanälen. Jeder Film kann in einen optischen Kanal mit 15facher Vergrößerung zum Absuchen, Vormessen und zur allgemeinen Orientierung des Laboranten oder in den Meßkanal geschoben werden. Liegt ein Film im Meßkanal, so ist über einen Fernsehmonitor ein Bildausschnitt von $12 \times 12\ mm^2$ mit 30-facher Vergrößerung darstellbar. Das System wird von einem Rechner ICL-1903A gesteuert. Es kann in zwei Arbeitsmoden betrieben werden: im POLLY-Modus mit Streifenabtastung und Punkt-Führung oder im Modus der „Analyse des Überdeckungssignals" (russ. analiz signala soglasija) [149, 150]. Im zweiten Fall wird auf dem Bildschirm der Kathodenstrahlröhre durch den Elektronenstrahl das Modell eines Spurelementes gebildet, dessen Parameter variiert werden. Es wird dann jeweils das Maximum des Signals der Überdeckung dieses Modells mit dem Spurelement gesucht, und Koordinaten und Parameter dieses Modells werden als Parameter des Spurelementes angenommen.

Dieser Modus gehört bereits in den Bereich einer analogen Bildverarbeitung. Das System befindet sich zur Zeit im Stadium der Erprobung.

ERASME

Ein weiteres, ähnlich wie POLLY arbeitendes Meßsystem ist ERASME im CERN [151]. Es wurde besonders im Hinblick auf die Auswertung der Bilder großer Blasenkammern an großen Beschleunigern mit energiereichen Teilchenstrahlen (100 GeV und mehr) entwickelt. Der Konzeption von ERASME liegt die Idee zugrunde, für diese komplizierten Bilder das Absuchen mit Vormessung und die Bildabtastung an ein und demselben Gerät, eventuell in mehreren Arbeitsgängen, auszuführen. Der prinzipielle Aufbau von ERASME ist in Abbildung 63 dargestellt. Ein Gerät enthält zwei optische Systeme, in die wahlweise einer von vier Filmen hineingeschoben werden kann. Das erste System besteht aus einer Kathodenstrahlröhre, der abbildenden Optik und einem SEV. Damit wird die präzise Bildabtastung vorgenommen. Weitere SEV in diesem Strahlengang dienen der Korrektur des Spursignales. Das zweite optische System gibt dem Laboranten eine optische Abbildung des Bildes auf dem Projektionsschirm. Ein Bildschirmgerät dient zur Darstellung der Daten aus dem Rechner.

Um dem Laboranten auch die Möglichkeit zu geben, das Bild während der Abtastung und Bildverarbeitung zu sehen (wegen der getrennten opti-

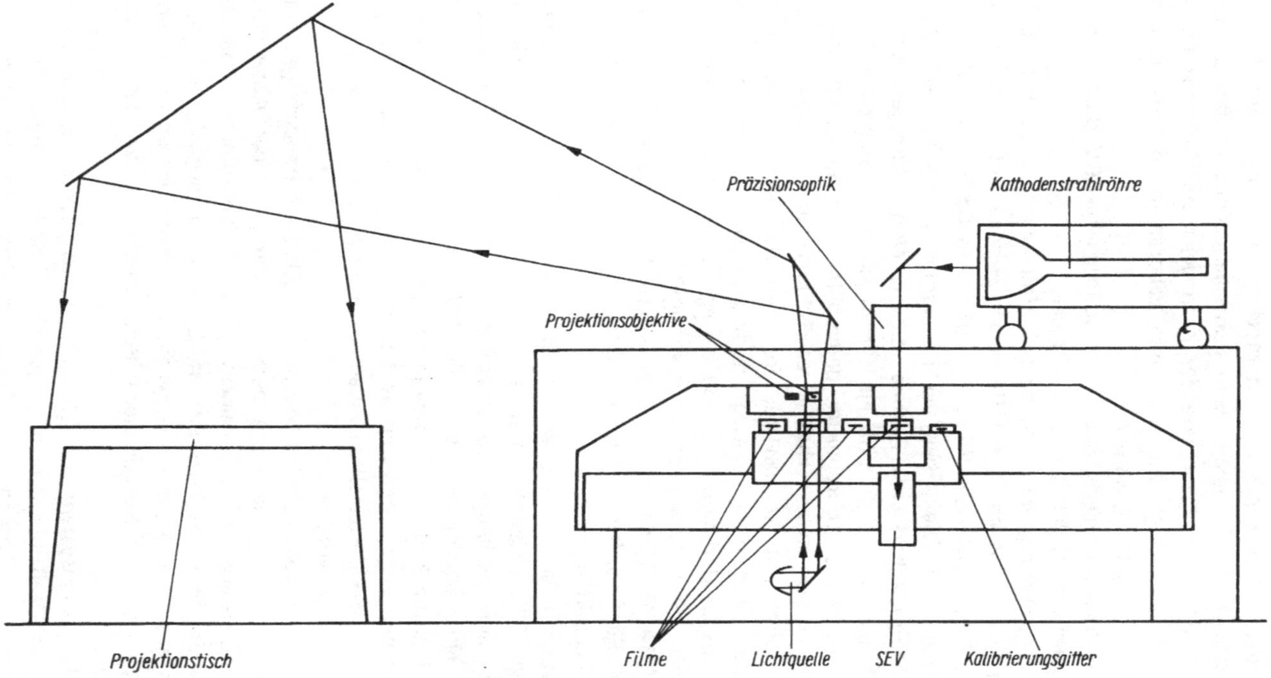

Abb. 63. Aufbau einer ERASME Scan-Meß-Einheit

schen Systeme ist das nicht direkt möglich), ist ein weiteres Bildschirmgerät installiert, das in einem, dem Fernsehen ähnlichen Betrieb arbeitet (Abbildung 64). Dazu kann von der Kathodenstrahlröhre eine fernsehartige Abtastung in der Umgebung eines vom Laboranten oder Rechner angegebenen Punktes ausgeführt werden.

Das analoge korrigierte Signal des Spursignal – SEV dient dann als Video-Eingangssignal für das Bildschirmgerät.

Die Vergrößerung vom Bild zum Schirm kann zwischen 1 : 224 und 1 : 28 variieren. Das entspricht Bereichen zwischen $1{,}9 \times 1{,}4\ mm^2$ und $15{,}0 \times 11{,}2\ mm^2$ auf dem Film, die auf einem Schirm von $430 \times 320\ mm^2$ abgebildet werden. Die Arbeit des Laboranten wird weiter erleichtert, indem dem Fernsehbild vom Rechner digitale Werte überlagert werden. So wird z. B. auf dem Bildschirm ein Bildausschnitt zusammen mit den vom Rechner ermittelten Spurpunkten dargestellt. Beide Informationen lassen sich vom Laboranten mit Hilfe eines Rollkugelgebers gemeinsam verschieben. Auf dem Bildschirm können Vektoren und Buchstaben dargestellt werden, die sowohl mit dem Bild bewegt als auch fixiert werden können. Auch auf dem ersten Bildschirm ist eine bewegliche Lichtmarke eingeblendet, mit deren Hilfe der Laborant Eingriffe vornimmt.

Ein ERASME-Gerät wird von einem Rechner PDP-11/20 oder PDP-11/45 gesteuert. Fünf solcher Geräte sind über ein Interface an einen PDP-10 gekoppelt (Abbildung 65).

Ebenso wie bei POLLY wird in ERASME eine Streifenabtastung benutzt (Abbildung 66). Dieser Streifen kann beliebig orientiert und sein Ausgangspunkt an einen beliebigen Punkt auf dem Schirm der Röhre gesetzt werden. Bei einer Spurmessung wird die Richtung der Abtastung so gewählt, daß der Lichtfleck möglichst senkrecht zur Spurtangente ausgelenkt wird. Die Abtastung wird durch digitale elektronische Schaltungen gesteuert. Alle in Abbildung 66 dargestellten Parameter werden von dem Steuerrechner kontrolliert bzw. vorgegeben.

Die Spurpunktkoordinaten werden zunächst als Impulsfolgen eines 20-MHz-Generators, beginnend mit dem Start der jeweiligen Abtastlinie, aufgezählt. Dadurch werden sie in einem „lokalen" Koordinatensystem registriert, das längs des Streifens orientiert ist. Es ist auch möglich, rechnergesteuert, in einem absoluten Koordinatensystem zu messen, indem die Abtastlinien parallel zu einer der Koordinatenachsen verlaufen, und dessen Ursprung fixiert ist.

Das Programmsystem von ERASME ist so konzipiert, daß der Nutzer für jede Scan-Meßeinheit einen gewünschten Modus wählen kann, wie vorgemessener Film, Absuchen mit Hilfe von Geometrie-Prozessoren, vollständige

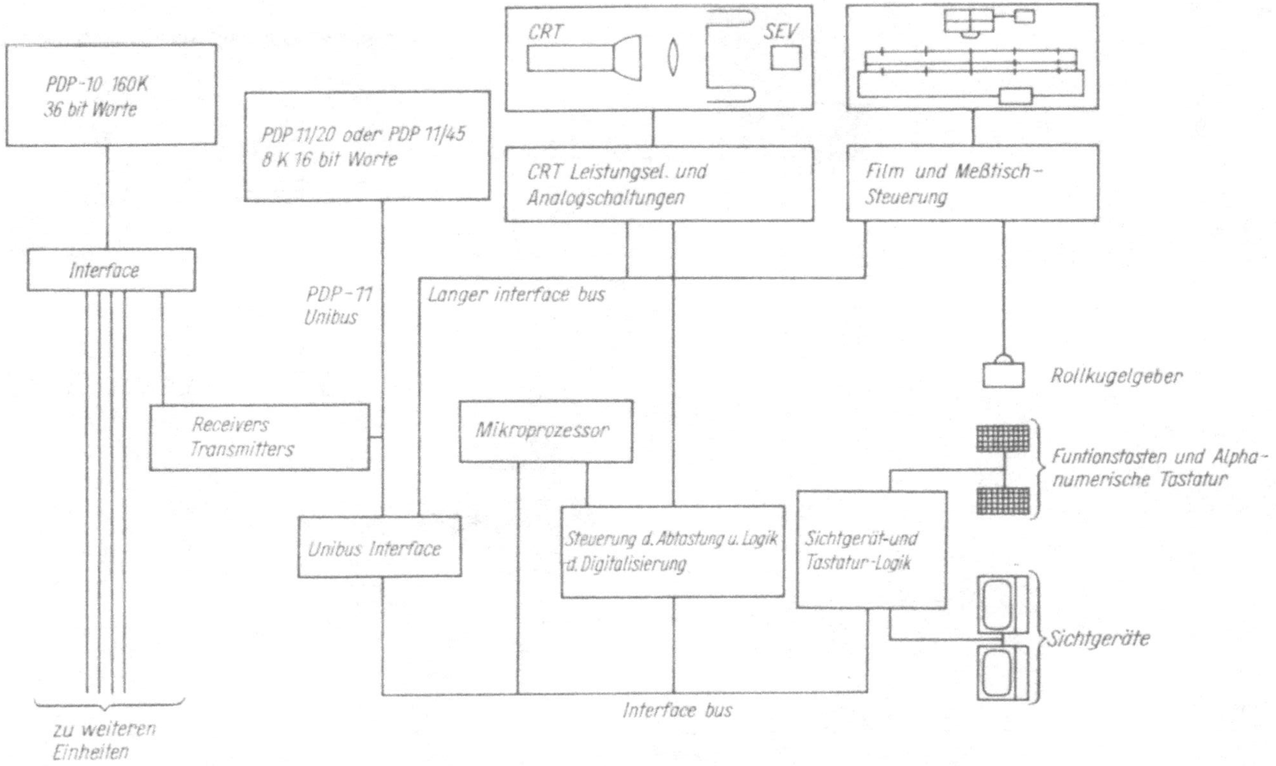

Abb. 64. Blockschema eines ERASME Projektors

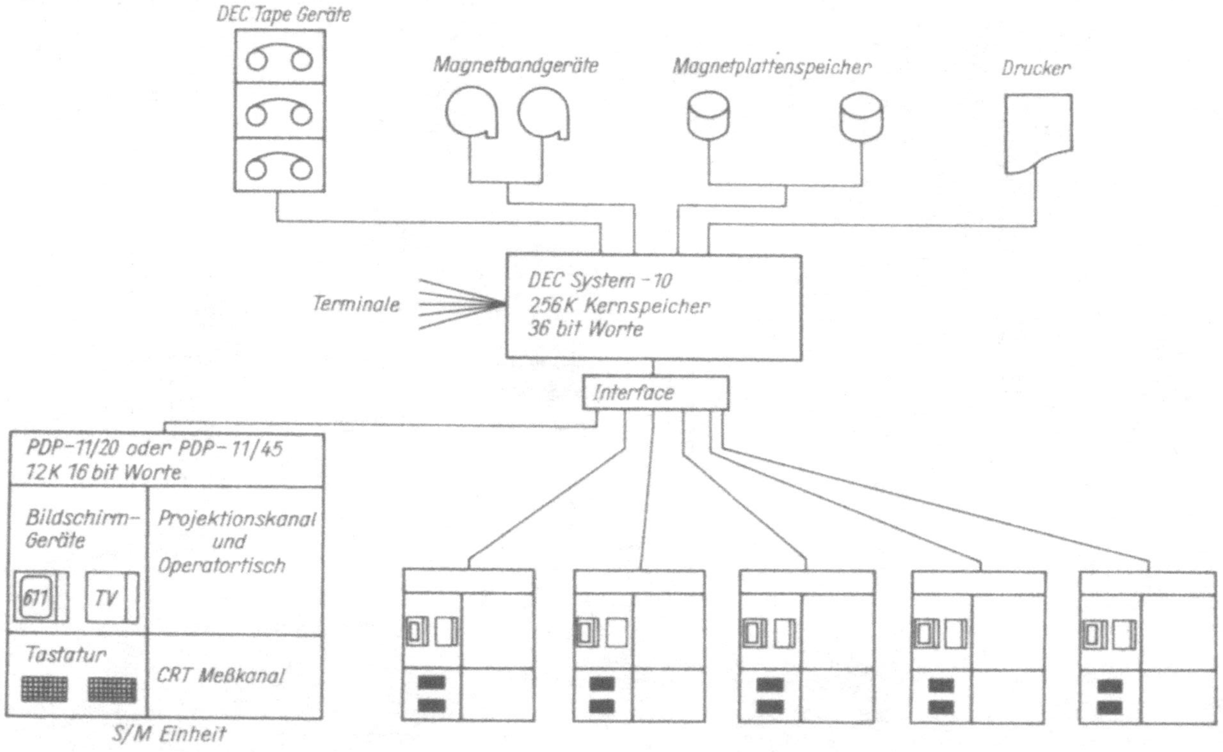

Abb. 65. Blockschema eines ERASME Systems

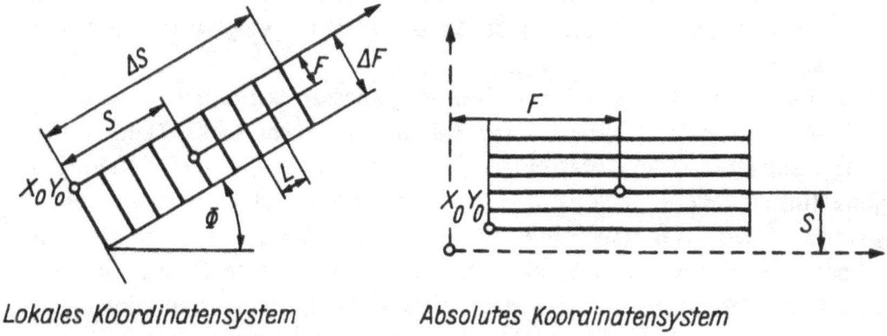

Abb. 66. Streifenabtastung bei ERASME

geometrische Rekonstruktions on-line oder nur Zuordnungs- und Konfigurationstest. Im folgenden wird ein möglicher Modus beschrieben. Der Film wird abgesucht, vorgemessen (engl. predigitized) automatisch mit Hilfe der Kathodenstrahlröhre abgetastet, Ereignisse werden rekonstruiert, und die nicht akzeptierten erneut behandelt.

Das Absuchen geschieht wie an üblichen Absuchgeräten. Jede Scan-Meßeinheit von ERASME hat jedoch ihr Meßsystem und einen kleinen on-line-Rechner, so daß zur Bestimmung des Ereignisses Geometrie- und Kinematik-Prozessoren genutzt werden können. Für jedes so gefundene Ereignis werden der Vertex und eventuell einige besondere Punkte – Stützpunkte[28] – angegeben (Vertex-Punkt-Führung).

Nach der Vormessung wird das Bild in den Meßkanal geschoben und die gemessenen Werte werden in das verzerrte Koordinatensystem des Meßkanals transformiert. Das Programm zur Messung der Meßkreuze sucht zunächst ein Referenzkreuz in einem relativ großen Bildbereich, und nach seiner Messung können die übrigen relativ genau angegeben werden. Jedes Markierungskreuz wird mit einer Streifenabtastung gemessen, deren Abtastlinien den größeren Winkel zwischen den Schenkeln der Kreuze halbieren. Für beide Arme des Kreuzes wird je ein Histogramm aufgestellt. Durch

28 Stützpunkte, engl. crutch point, werden vom Laboranten mit Hilfe des Koordinatenmeßsystems zur Markierung von Spuren oder Spurabschnitten gesetzt. Der Name (engl. label) eines Stützpunktes gibt dem Programm einen Hinweis für dessen Verwendung (z. B. Punkt auf einer zu messenden Spur, Punkt auf einer nicht zu messenden Spur u. ä.).

diejenigen Punkte, die in der Nähe der vorausgesagten Positionen der Arme schmale Maxima bilden, werden zwei Geraden gelegt. Danach wird mit nunmehr genauer bestimmten Winkeln der Arme ein zweites Histogramm aufgestellt, eine Kurve zweiter Ordnung durch die Punkte gelegt und der Schnittpunkt berechnet.

Im nächsten Schritt werden die Spuren gemessen. Um den Vertexbereich herum werden schmale Streifenabtastungen in der Form eines Teiles eines Oktogons ausgeführt. Die Abtastlinien verlaufen parallel zu den Seiten des Oktogons (in POLLY – senkrecht). Die registrierten Meßpunkte werden histogrammiert, und aus den Punkten gefundener Maxima werden gemittelte Punkte gebildet. Geben nahe beieinanderliegende gemittelte Punkte in zwei Oktogonen eine Richtung an, die zum Vertex führt, so werden diese als Spurkandidaten betrachtet. Es erfolgt dann eine Spurverfolgung zum Vertex hin. Führt die Spur nahe genug an den Vertex heran, so wird sie auch in entgegengesetzter Richtung verfolgt, bis ein gegebener Endpunkt erreicht oder kein Punkt mehr gefunden wird. Im zweiten Fall werden die zuletzt gefundenen Punkte eliminiert, und durch die früher gefundenen „guten" Punkte wird erneut eine Kreislinie gelegt, und die Spurverfolgung wird wieder aufgenommen.

Durch diesen Neustart kann eine beachtliche Anzahl von Spuren gerettet und Endpunkte können präziser bestimmt werden.

Nach der vollständigen Verfolgung einer Spur wird versucht, vorgegebene Stop-, End-, Stützpunkte an die Spur anzupassen, schlechte Punkte zu eliminieren und Knicke in der Spur zu finden. Wird ein geladenes V-Teilchen, ein Stop- oder Endpunkt der Spur zugeordnet oder ein Knick gefunden, so wird die Spur an diesem Punkt abgeschnitten. Verbleiben nach dieser Prozedur einige nichtzugeordnete Punkte, so versucht das Programm, von ihnen ausgehend, weitere Spuren zu finden.

In einem nächsten Schritt wird nun getestet, ob Spuren doppelt gemessen wurden, und mit den verbleibenden Spuren wird die Vertexposition neu bestimmt. Danach wird der Abstand einer jeden Spur von diesem Vertex berechnet, und Spuren mit zu großem Abstand werden eliminiert.

Die verbliebenen Spuren werden jetzt auf dem Bildschirm gezeigt. Der Laborant kann Punkte für zusätzliche Spuren oder zusätzliche Punkte auf gefundenen Spuren (Stützpunkte) angeben, Spuren oder Spurpunkte eliminieren. Zu jeder Zeit kann er Darstellungen mit verschiedener Vergrößerung verlangen, um mehr Details zu erkennen. Alle genannten Prozeduren werden für alle Vertices auf einem Stereobild und für alle Projektionen wiederholt. Zum Schluß wird von den on-line-Geometrie-Prozessoren die geometrische Rekonstruktion der Spuren ausgeführt.[29] Gelingt diese nicht, so kann – je nach Problem – zu einem beliebigen Punkt der Programmkette zurückgekehrt werden, und die Prozedur wird so lange in unterschiedlichen Varianten wiederholt, bis das Ereignis akzeptiert oder nach bestimmten Kriterien aussortiert wird.

In Tabelle 13 sind erste Meßergebnisse mit ERASME dargestellt.

Tabelle 13
Meßergebnisse mit ERASME [132]

	Experimente		
Primärstrahl	π^+	$\tilde{p}$	K^-
Impuls	16 GeV/c	12 GeV/c	32 GeV/c
Kammer	2m HBC	BEBC	MIRABELLE
Ereignis-Konfiguration	alle Ereig.	alle Ereig. mit V^0 oder $V^\pm$	alle Ereig.
gemessene Projektionen	3	4	5,25
Vertices pro Ereignis	1,1	2,3	1,85
Spuren pro Ereignis	5,0	6,7	7,4
Absuchen an ERASME	ja	nein	nein
On-line Geometrie	ja	ja	nein
Ereignisanzahl	51 835	2924	1819
Arbeitstage	260	126	68
Arbeitsstunden/d	12,9	11,0	9,2
Bilder/h	18,1	–	–
Ereignisse/h	15,4 (34)*	2,1 (4)*	3,0 (4,5)*
Residuals	3,5 µm	6 µm	9,5 µm
Paßrate für Geometrie	95 %	85 %	–

* Höchstwerte während einer Schicht von 4 Stunden

29 Solche Geometrie-Prozessoren sind vereinfachte Versionen des Geometrieprogrammes. Nach vollzogener Bildverarbeitung wird noch einmal endgültig eine komplette Rekonstruktion der Spuren an einem Großrechner (CDC-7600) vorgenommen.

Dieser Vergleich der Meßergebnisse an Bildern unterschiedlicher Blasenkammern zeigt eine drastische Abnahme der Meßleistung für Experimente mit größeren Blasenkammern. Entsprechendes trifft für die Verarbeitung von Ereignissen mit höheren Teilchenenergien zu. Der Grund dafür ist die wesentlich kompliziertere Ereigniskonfiguration auf jedem Stereobild (zusätzlich verzerrt durch die Weitwinkeloptik des Aufnahmesystems) und die schwierige Zuordnung der Spuren verschiedener Projektionen zueinander und zum Ereignis, welche die Objekterkennung außerordentlich erschweren. Daher ist für die Verarbeitung der Bilder mit komplizierten hochenergetischen Ereignissen in großen Spurkammern nicht die hohe Abtastgeschwindigkeit der automatischen Bildabtaster ausschlaggebend, wie es der Fall für die kleinen Blasenkammern war, sondern die Effektivität der Objekterkennung. Als Beispiel seien für das in Tabelle 13 angeführte 16 GeV/c π^+p Experiment einige Zahlen angeführt. Etwa 35 % der totalen Verarbeitungszeit eines Ereignisses werden für das Absuchen und Vormessen (erste Objekterkennung und Führung) beansprucht, 15 % für die automatische Messung des Ereignisses, 25 % für Nachmessungen und dgl. m. vor der on-line Geometrierechnung und 25 % für on-line Geometrie und abschließende Nachmessungen. In Tabelle 14 sind zum Vergleich einige Angaben zur Messung ähnlicher Bilder an dem halbautomatischen Meßsystem SOLAS (siehe Kapitel 6.5.3.) des IfH der AdW der DDR angeführt.

Tabelle 14
Einige die Effektivität der Routinemessungen mit SOLAS kennzeichnende Erfahrungswerte

	Experimente		
Primärstrahl	π^+ 16 GeV/c	K^- 110 GeV/c	K^- 32 GeV/c
Kammer	2m HBC	BEBC	MIRABELLE
Meßleistung (Ereig./h)	3	~0,5	1,5
Anzahl der Rückläufermessungen und Anteil der nicht akzeptierten Ereignisse	1 20 % 2 10 % 3 5 %	>3	1 33 % 2 11 % 3 7 % 4 5 %

Die angeführten (vorläufigen) Meßleistungen für 2m HBC, MIRABELLE und BEBC verhalten sich für ERASME wie 15 : 3 : 2 und für SOLAS (Erstmessungen) wie 3 : 1,5 : 0,5.

Die um mehr als eine Größenordnung höhere Meßgeschwindigkeit von ERASME bewährt sich für die einfachen Bilder der 2m Wasserstoffblasenkammer, während die Meßleistungen für Erstmessungen an den großen Blasenkammern erheblich weniger differieren. Der große Vorteil der flexiblen Objekterkennung bei ERASME für die Meßleistung ist zu erkennen, wenn berücksichtigt wird, daß für eine Effektivität von 95 % vier oder mehr Messungen mit SOLAS notwendig sind und dementsprechend mindestens 4mal mehr Meßzeit benötigt wird.

Die gesamte Objekterkennung wird bei ERASME – unter Einbeziehung des Menschen – in einem einzigen Verfahren erledigt. Die in SOLAS zum Teil getrennte (off-line) Teilnahme des Menschen an der Objekterkennung führt zur Organisation der Rückläufermessungen, welche die mittlere Meßleistung noch zusätzlich herabsetzt.

In ERASME ist die in früheren Jahren vollzogene Trennung der Bildverarbeitung in der Filmebene von der dreidimensionalen Rekonstruktion der Ereignisse wieder rückgängig gemacht worden.[30] Der Geometrie-Prozessor ist ein Bestandteil des Bildverarbeitungssystems. Diese Entwicklung widerspiegelt sowohl die höheren Anforderungen an die Bildverarbeitung seitens der großen Kammern, als auch die bessere Beherrschung der Technik der Bildverarbeitung einschließlich der Rechentechnik.

Sie zeigt auch, daß die Trennung von Bildverarbeitung und räumlicher Rekonstruktion nicht durch die zu erkennenden Objekte selbst (Ereignisse in dreidimensionalem Raum), sondern durch die methodischen Hilfsmittel bedingt ist.

Der Aufwand an Hardware für ERASME scheint, verglichen mit anderen CRT-Geräten, hoch zu sein. Damit wird jedoch die Möglichkeit erkauft, mit einer beliebigen Art der Führung, die der Laborant während der ersten Betrachtung des Bildes festlegen und auch danach noch beliebig ändern kann, zu arbeiten und so alle Möglichkeiten von Mensch und Rechner zu nutzen.

AĖLT-2/160

Auf den Prinzipien von ERASME baut zum Teil das Bildverarbeitungssystem AĖLT-2/160 [133] des VIK auf. Der Einsatz dieses Systems ist vor allem für die Verarbeitung der Bilder großer Spektrometer wie MIS

30 Auch in anderen Systemen (insbesondere für die Verarbeitung der Bilder von Kammern mit schweren Flüssigkeiten) kann als letzter Test eine geometrische Rekonstruktion online benutzt werden, die jedoch eine getrennte Aufgabe darstellt.
Diese Verfahren sind jedoch nicht mit den in Kapitel 6.2.2. erwähnten Versuchen einer räumlichen Filterung und Objekterkennung simultan an 2 oder 3 Stereobildern zu verwechseln.

und RISK geplant. Deshalb wird dieser Automat besonders für die Erkennung kontrastarmer Objekte, die sich nur schwach aus dem Rauschen hervorheben, eingerichtet. Von Hand kann die Diskriminatorschwelle des Spursignal – SEV kontinuierlich geändert werden, und nach jeder Änderung erfolgt eine Darstellung des mit dieser Schwelle aufgenommenen Bildinhaltes auf einem Bildschirmgerät. Für jedes Bild oder Objekt ist so eine optimale Abtastung zu erreichen. Eine Abtastlinie läßt sich auch wiederholt über einen bestimmten Bildbereich schreiben. Durch die Aufsummierung der gewonnenen Information wird selbst ein sehr schwaches Signal noch aus dem Rauschen herausgefiltert. Diese Eigenschaften machen das System für die Verarbeitung von Bildinformationen aus anderen Bereichen besonders geeignet.

6.5. Objektbezogene Geräte der Bildverarbeitung

Die Automatisierung der Bildverarbeitung begann zu einer Zeit als Rechenautomaten noch sehr begrenzt zur Verfügung standen und kaum Erfahrungen mit ihnen vorlagen. Naturgemäß orientierten sich daher solche Arbeiten am Objekt selbst – den Ereignissen der Wechselwirkung von Elementarteilchen – und an der vorhandenen Meßtechnik. Es entstand eine Reihe von Geräten [152, 153], die unter der Bezeichnung Handmeßmikroskope (PUOS [154], UMM [155]), Handmeßmaschinen oder Meßprojektoren (FRANCKENSTEIN [156], IEP [157], ZMP [158] u. a. m.) bekannt geworden sind und zum Teil heute noch genutzt werden.

In den Abmessungen große Geräte dieser Klasse, wie NADEŽDA [159], ADAM + EVA [160], PUOS-2 [161], PUOS-4 [162], BESSY [163], wurden speziell für die Bearbeitung von Bildern der großen Blasenkammern SKAT, MIRABELLE, BEBC (Tabelle 2) und der amerikanischen 12-Fuß- und 15-Fuß-Kammern entwickelt. Für viele dieser Meßgeräte, von denen meistens mehrere zu einem System vereinigt sind, brachte die zum Teil erst viel später erfolgte Kopplung an Prozeß- oder Kleinrechner eine so wesentliche Effektivitätssteigerung (der „unifizierte Bildverarbeitungskomplex von Absuch- und Meßprojektoren" des IFVĖ [164], COBWEB [165], IEPONLIN [166], SOLAS [167]), daß sie auch gegenwärtig ihren festen Platz in der experimentellen Hochenergiephysik einnehmen.[31]

31 PUOS (Poluavtomatičeskaja Ustanovka dlja Obrabotki Snimkov) – Halbautomatische Anlage zur Auswertung von Bildern (VIK)
UMM – Universal-Meßmikroskop (IfH der AdW der DDR)
IEP – Instrument for Evaluation of Photographs (CERN)
ZMP – Zeuthener Meßprojektor (IfH der AdW der DDR) (Fortsetzung Fu. S. 125)

6.5.1. Handmeßmikroskope

Es handelt sich hier um industriell gefertigte Meßmikroskope, die einen für das Format der Spurkammerbilder ausreichenden Meßschlittenhub haben und dem Laboranten nach Möglichkeit eine vergrößerte Projektion des Bildes oder eines Bildausschnittes geben. Für diese Zwecke fand das Universalmeßmikroskop UMM des VEB Kombinat Carl Zeiss Jena [155] und das sowjetische Meßmikroskop UIM-21 [154] breite Verwendung. An diesen Mikroskopen können die Koordinaten der für die geometrische Rekonstruktion erforderlichen Markierungskreuze und Spurpunkte direkt mit hoher Genauigkeit 2 . . . 5 μm gemessen werden. Durch den Anbau optischer Längenmeßsysteme (optisch-elektrische Analog-Digital-Wandler) [168, 169], die eine automatische Messung und Ausgabe der Koordinaten eingestellter Punkte auf Lochband, Lochkarte oder Magnetband gestatten, wurde eine Steigerung der Produktivität gegenüber der visuellen Ablesung um den Faktor 5 . . . 10 erreicht. Die direkte Überführung der Meßwerte in einen Kleinrechner mit einer eingeschränkten Rückkopplung zum Laboranten in Echtzeit (Datenkontrolle, Gütekontrolle der Messung) brachte einen weiteren Gewinn vor allem für die Organisation der Auswertung [170]. Das Meßmikroskop ist in dieser teilautomatisierten Variante auch für andere Messungen verwendbar und kann, sofern die mit dem Linearmeßsystem erreichbare Meßgenauigkeit genügt, effektiv eingesetzt werden. Mit dem UMM des IfH der AdW der DDR wurden auch Messungen an astrophysikalischen und optischen Objekten vorgenommen.

6.5.2. Teilautomatisierte Handmeßmaschinen

Da die teilautomatisierten Meßmikroskope ursprünglich nicht für die Bildverarbeitung vorgesehen waren, sind sie nur bedingt einsetzbar und setzen einer effektiven Bildverarbeitung gewisse Grenzen. Daher wurden Meßgeräte speziell für die Verarbeitung von Spurkammerbildern entwickelt, als sogenannte Handmeßmaschinen. Das Prinzipschema einer Handmeßmaschine mit den grundsätzlich notwendigen Baugruppen ist in Abbildung 67 gezeigt. Zur Ausführung der Messung an den Bildern bestehen mehrere Möglichkeiten:

a) Bewegung des Filmtisches mit Bild bei ruhendem Projektionsobjektiv und ruhender Meßmarke,

(Fortsetzung Fußnote 31)

IEPONLIN	–	IEP on-line (CERN)
SOLAS	–	System zur on-line Auswertung von Spurkammerbildern (IfH der AdW der DDR)
COBWEB	–	Meßprojektoren FRANCKENSTEIN + IBM 7044 (LBL)

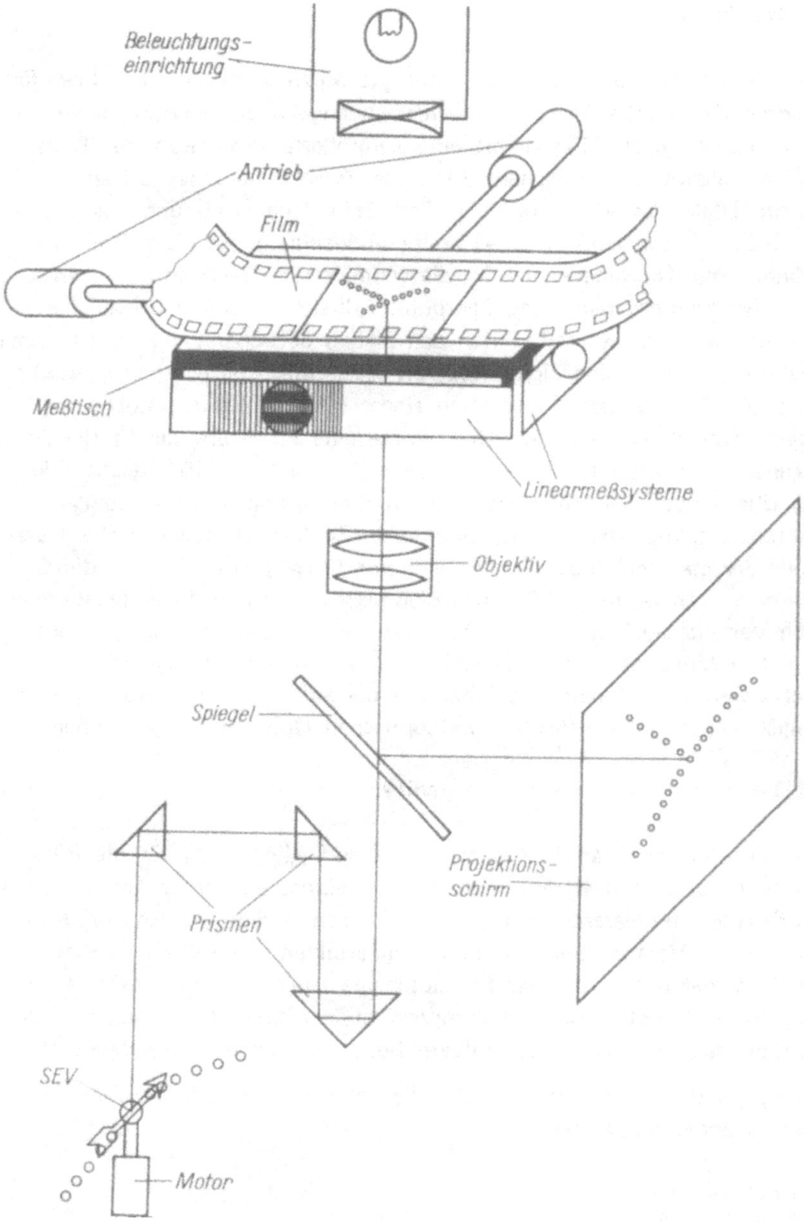

Abb. 67. Prinzip einer Handmeßmaschine AOS

b) Bewegung des Objektivs bei ruhendem Bild und ruhender Meßmarke,
c) Bewegung einer Meßmarke bei ruhendem Bild oder ruhender Abbildung.

Bevorzugt wird die erste Variante wegen ihrer hohen Genauigkeit, da stets auf der optischen Achse oder an ein und demselben Strahl des optischen Systems gemessen wird. Nachteilig ist in dieser Variante die große Masse und die damit verbundene Trägheit des Meßtisches.

Hohe Beschleunigungen des Meßtischantriebes sind zu erreichen, wenn jeweils nur ein Bild auf dem Meßtisch fixiert wird und die Filmspulen mit ihren Transporteinrichtungen vom Meßtisch durch Filmschlaufen entkoppelt werden.

Die beiden anderen Methoden verlangen ein gutes optisches Abbildungssystem oder eine Korrektur der gemessenen Daten. Die Verschiebung einer Meßmarke auf dem Projektionstisch von Hand ist technisch einfach zu realisieren und ergibt eine hohe Meßrate. Diese Methode wird z. B. zur Vormessung von Ereignissen benutzt, die dann automatisch an einem FSD exakt gemessen werden. In der Praxis haben sich die in Abbildung 68 gezeigten Meßmethoden als günstig erwiesen:

a) direkte Messung der (X, Y)-Koordinaten durch Linearmeßsysteme (z. B. am Meßtisch),
b) Messung zweier Winkel ϑ_1 und ϑ_2 mittels inkrementaler Winkelgeber (z. B. IGR des VEB Kombinat Carl Zeiss Jena), wobei die beiden Strecken S_1 und S_2 konstant sind, und
c) Messung zweier Strecken S_1 und S_2 von den beiden fixen Punkten O_1 und O_2 ebenfalls mittels inkrementaler Winkelgeber.

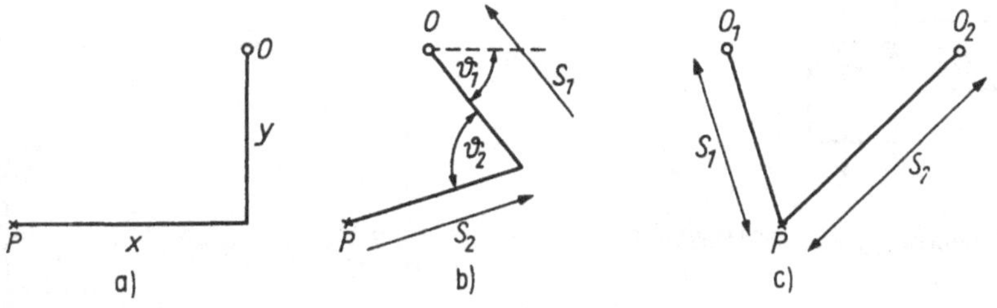

Abb. 68. Meßprinzipien an Meßtischen
a: Messung von zwei kartesischen Koordinaten (Strecken) X, Y
b: Messung von zwei Winkeln ϑ_1 und ϑ_2, bei konstanten Strecken S_1 und S_2
c: Messung von zwei Abständen S_1 und S_2 von den fixen Punkten O_1 und O_2

Letztere Systeme sind unter der Bezeichnung MANGOS PARGOS weit verbreitet. Es werden zwei nichtdehnbare Drähte auf Spulen auf- oder abgewickelt, auf deren Achsen die Winkelgeber angebracht sind. Mit solchen Meßgeräten gelingt es aber nur unter besonderen Umständen, eine Meßgenauigkeit besser als 10 μm (auf den Film bezogen) zu erreichen. Das in Abbildung 67 dargestellte optische System ist das der Anlage AOS[32] [171]. Das Filmbild wird über eine auf dem Projektionsschirm eingezeichnete Meßmarke und über einen Meßkopf geführt. Die Steuerung der Meßtischbewegung erfolgt von Hand über einen Servomechanismus oder durch Signale vom Meßkopf. In Abbildung 69 ist der Lichtweg im Meßkopf und seine Aufteilung in die vier Quadrante eines Meßspaltes gezeigt.

In Abbildung 70 ist das Blockschaltbild des Antriebssystems dargestellt. Aus den Signalen der Quadranten 1 . . . 4 werden je ein Winkeldifferenzsignal und ein Abstandsdifferenzsignal erzeugt. Mit dem ersten wird die Neigung des Meßspaltes zur Spur geregelt und gleichzeitig die Winkeleinstellung eines Sinus-Kosinus-Transformators, der die Aufteilung der vorgegebenen Tischgeschwindigkeit in die Komponenten V_x und V_y steuert. Mit dem zweiten Signal werden über den Sinus-Kosinus-Transformator V_x und V_y so korrigiert, daß die Abweichung von der Spurmitte abnimmt. Diese Einrichtung ermöglicht eine automatische Spurzentrierung und Spurnachfüh-

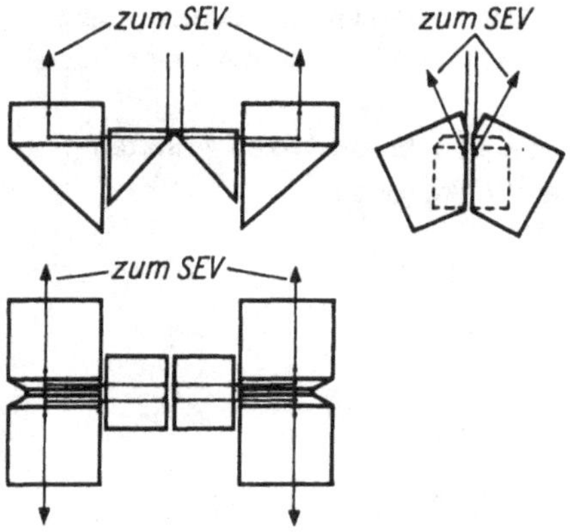

Abb. 69. Strahlengang im AOS Meßkopf

32 AOS (Avtomatičeskaja Obrabotka Snimkov) – automatische Bildverarbeitung

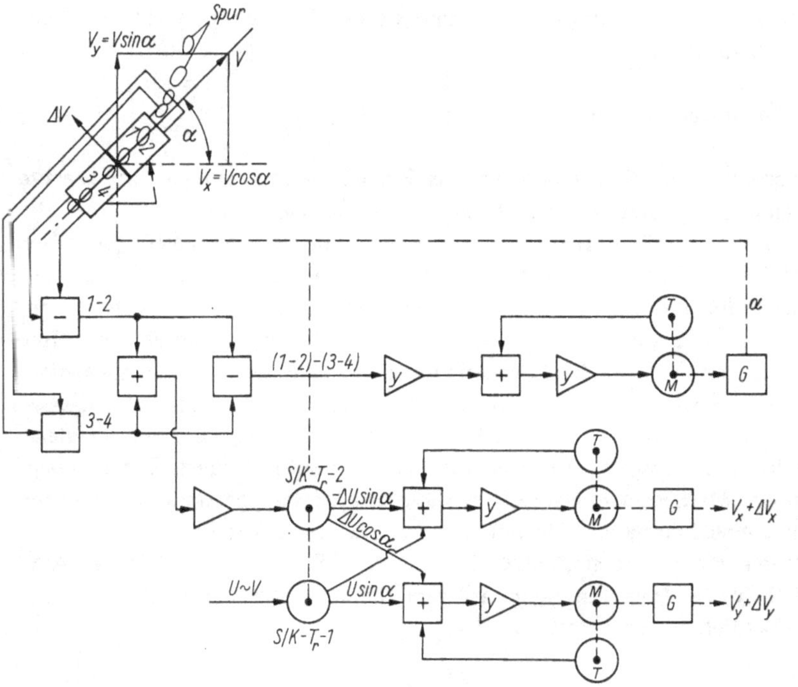

Abb. 70. Blockschema der Tischnachführung in AOS

rung. Bei einer automatischen Spurzentrierung wird bei Anliegen eines Differenzsignales die Koordinatenausgabe blockiert. Sie wird nur dann freigegeben, wenn der Meßspalt symmetrisch über der Spur liegt. Bei einer halbautomatischen Spurzentrierung beobachtet der Laborant das Spursignal und ein Referenzsignal auf einem Oszillographenschirm und löst eine Koordinatenausgabe nur bei symmetrischer Lage beider Signale zueinander aus. Im ersten Falle wird der Laborant von der Präzisionsmessung entlastet, im zweiten Falle wird sie ihm erleichtert.

Mit Geräten dieser Art lassen sich bei der Spurnachführung Tischgeschwindigkeiten von 2 . . . 3 mm/s auf dem Film erreichen. Untergrund- und Störsignale verhindern wesentlich höhere Geschwindigkeiten und verursachen häufig ein „Ausbrechen" des Tisches, d. h. eine Abweichung von der Spur, so daß die ständige Kontrolle durch einen Laboranten erforderlich ist. Mit diesen Meßgeräten werden Meßleistungen von 2 . . . 5 Ereig./h erreicht.

Der Gewinn gegenüber teilautomatisierten Meßmikroskopen liegt im wesentlichen im Bedienungskomfort und dessen Rückwirkung auf die Qualität der Messungen.

6.5.3. Rechnergesteuerte Meßprojektoren

Die Kopplung von Meßprojektoren mit Prozeß- oder Kleinrechnern brachte eine Reihe von Vorteilen. Durch die Kontrolle der Daten und Tests der Meßwerte in der Filmebene gelingt es, einen Teil der Fehlmessungen schon während der Messung zu erkennen und zu korrigieren, so daß die Anzahl der Rückläufer reduziert und die mittlere Meßleistung erhöht wird, ohne zunächst die Meßgeschwindigkeit anzuheben. Die Übergabe ermüdender Routineoperationen an den Rechner erlaubt dem Laboranten, sich aufmerksamer der eigentlichen Bilderkennung zu widmen. Die Übergabe der Steuerung des Meßablaufs an den Rechner führt dazu, daß der Rechner den Arbeitsrhythmus vorgibt, was den Laboranten stärker fordert. Daraus folgt eine höhere Meßgeschwindigkeit, die allerdings infolge der starken nervlichen Belastung eine häufigere Ablösung der Laboranten erfordert.

Systeme dieser Art sind SOLAS und HEVAS[33] [172] des IfH der AdW der DDR in Zeuthen. Sie seien als typische Beispiele rechnergesteuerter Meßprojektoren näher betrachtet.

SOLAS

Das Blockschema von SOLAS ist in Abbildung 71 dargestellt. Die Absuchprojektoren SP sind über Teletypes mit einem Prozeßrechner TPA [173] gekoppelt, drei Meßprojektoren ZMP sind mit einem zweiten Prozeßrechner TPA verbunden. Beide Rechner haben Zugriff zu einem Plattenspeicher mit 128 K Worten und über den ersten TPA-Zugriff zu einem Großrechner BESM 6.

Das Prinzipschema eines ZMP gibt Abbildung 72 wieder. Für jeden abgesuchten Film wird von der BESM 6 nach der Kontrolle der Absuchinformation ein Lochstreifen zur Steuerung des Meßprozesses angefertigt. Der Prozeßrechner TPA ruft das Bild mit dem zu messenden Ereignis auf der entsprechenden Projektion auf und steuert den Meßtisch sukzessive zu den Markierungskreuzen und anschließend zum Ereignisvertex. Um die Koordinaten dieser Punkte genau zu messen, korrigiert der Laborant mit Hilfe eines Rollkugelgebers ihre Position jeweils so, daß sie mit dem Meßkreuz auf dem Fernsehmonitor, der einen kleinen Bildausschnitt zusätzlich ver-

33 HEVAS (Hierarchisches Echtzeit-Verarbeitungssystem für Spurkammerbilder) – besteht aus Absuchprojektoren und Meßprojektoren, die mit Rechnern vom Typ TPAi gekoppelt sind.

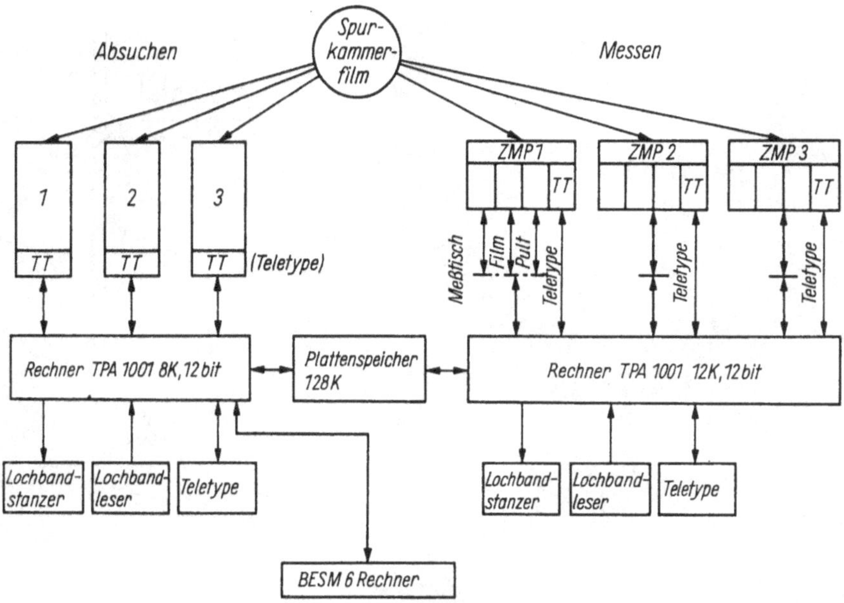

Abb. 71. Blockschema von SOLAS

größert darstellt, übereinstimmt. Nach dem Ereignisursprung wird auf der ersten Spur ein Punkt gemessen. Weiter führt der Rechner selbständig den Meßtisch von Punkt zu Punkt, indem er den jeweils nächsten anzusteuernden Spurpunkt durch eine Kreisextrapolation aus den schon gemessenen Punkten errechnet.

Der Laborant korrigiert die Lage des Meßtisches in jedem Punkt und löst die Koordinatenmessung aus. Nach Vollendung der Spurmessung erfolgt eine Kontrollrechnung durch den Rechner und die Rückführung des Meßtisches zum Ereignisursprung. Dieser Vorgang wird wiederholt, bis alle Spuren des Ereignisses gemessen sind. Der weiteren Bearbeitungskette entspricht Abbildung 15.

Die Arbeit des Laboranten beschränkt sich in SOLAS im wesentlichen auf die Auswahl und exakte Einstellung der Meßpunkte. Durch die jeweils gemessenen Spurpunkte wird eine Bahn vorgegeben, innerhalb derer die Fortsetzung der Spur liegt. Es ist also in diesem Gerät eine Art Bahn-Führung realisiert, wobei die innerhalb der Bahn liegenden Meßpunkte noch zusätzlich manuell ausgewählt und eingestellt werden. Geräte mit automatischer Spurzentrierung und Spurnachführung arbeiten unter solcher Bahn-

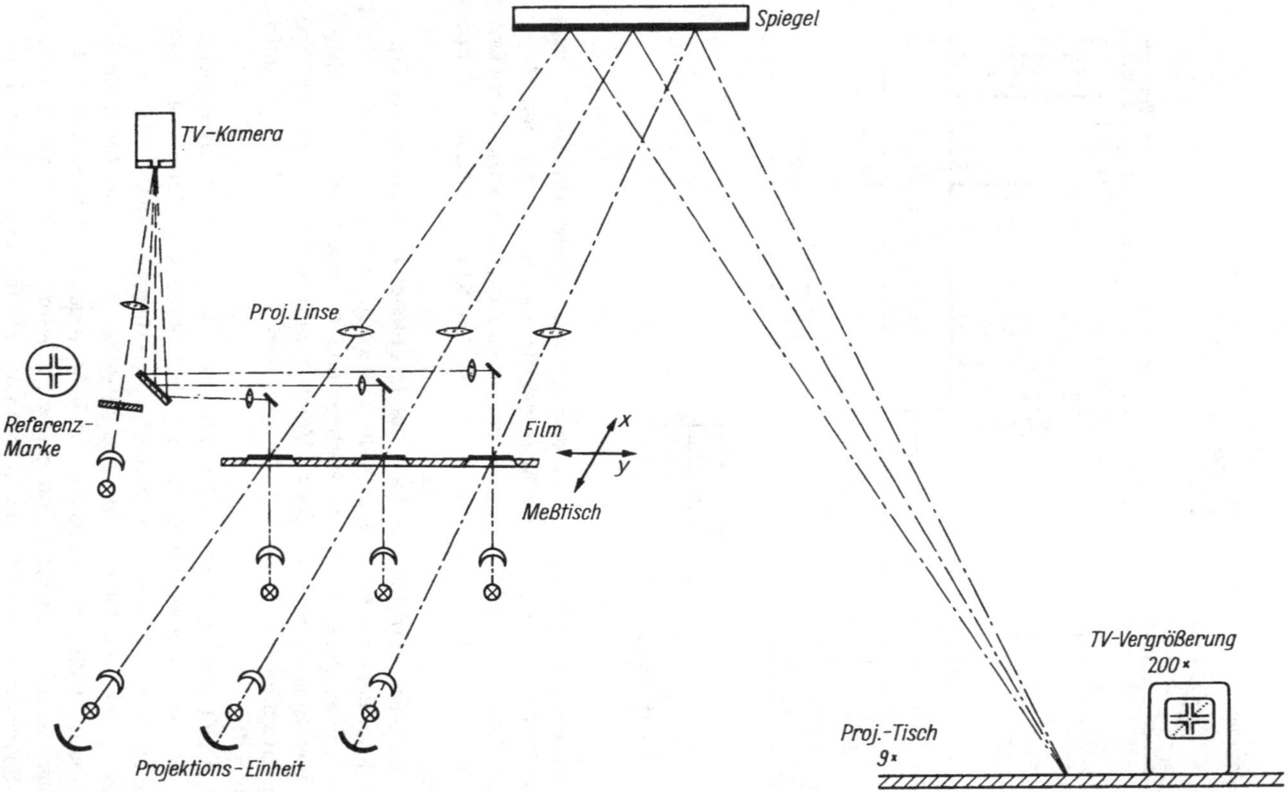

Abb. 72. Schema eines ZMP

Führung zuverlässig, da ein Ausbrechen nur innerhalb der vom Rechner gegebenen Bahn möglich, d. h. örtlich begrenzt ist.

Die mittlere Meßleistung von SOLAS beträgt etwa 1,5 Ereig./h für MIRABELLE-Filme. Für die in das System COBWEB integrierten FRANKKENSTEIN-Projektoren wird eine Meßleistung bis zu 20 Ereig./h für Ereignisse in einer kleinen Blasenkammer angegeben.

HEVAS

Eine Weiterentwicklung des SOLAS-Systems ist HEVAS. Hiermit wird dem Laboranten auch die Präzisionsmessung abgenommen. Ähnlich wie in SOLAS wird eine Bahn für die zu messende Spur vom Laboranten durch zwei Punkte (Ereignisursprung und ein weiterer Punkt auf der Spur) vorgegeben (Abbildung 73). Zur Spurverfolgung durch das Programm tastet ein rotierender Spalt den Bildbereich innerhalb der bezeichneten Bahn ab und gibt nur solche Spursignale aus, die innerhalb bestimmter Toleranzen mit dem vorausgesagten Spurelement übereinstimmen. Dadurch ist, im Unterschied zu SOLAS, eine vollständige Bahn-Führung durch manuelle Vorgabe realisiert. Die Feinabtastung mit dem rotierenden Spalt innerhalb der Bahn läuft auf eine Histogrammierung hinaus. Die Spaltparameter $1{,}0 \times 0{,}05\ mm^2$ definieren in diesem Falle Länge und Breite der Intervalle des Histogramms.

Das Histogramm hat die Form eines Ringes. Die Koordinaten eines gemessenen Spurpunktes (Spurelementes) ergeben sich aus den (X, Y)-Koordinaten des Punktes, um den der Spalt rotiert (dieser Punkt stimmt mit dem Meßkreuz für die Handmessung überein), und dem Winkel ϑ_i, der dem registrierten Spurelement entspricht (Abbildung 74).

Ein weiterer Meßspalt, dessen Mittelpunkt ebenfalls mit dem Meßkreuz übereinstimmt, gestattet es, Grauwerte zu messen und über einen Analog-Digital-Wandler in den Rechner zu überführen. Mit Hilfe dieses Gebers ist es möglich, die Spur bei der Rückkehr des Meßtisches zum Ereignisursprung fein abzutasten und aus der so gewonnenen Schwärzungsverteilung das Ionisationsvermögen des entsprechenden Teilchens zu bestimmen. Das Prinzipschema eines HEVAS-Meßprojektors ist in Abbildung 75 dargestellt, das Blockschema des gesamten Systems HEVAS – in Abbildung 76 und die HEVAS-Bearbeitungskette in Abbildung 17.

HEVAS wurde als *universelles* und *ausbaufähiges Meßsystem* entwickelt, in dessen Konzeption Prozeßrechner und Mikroprozessoren als notwendige Baugruppen eingehen. Es lassen sich *vier Rechnerebenen* trennen, die *hierarchisch* angeordnet sind. Die *höchste Ebene* ist der *Analysenrechner* (BESM 6), auf dem die *Meßdaten verarbeitet* werden. Die Kopplung zum HEVAS-System erfolgt über einen Datenkanal oder durch den Austausch

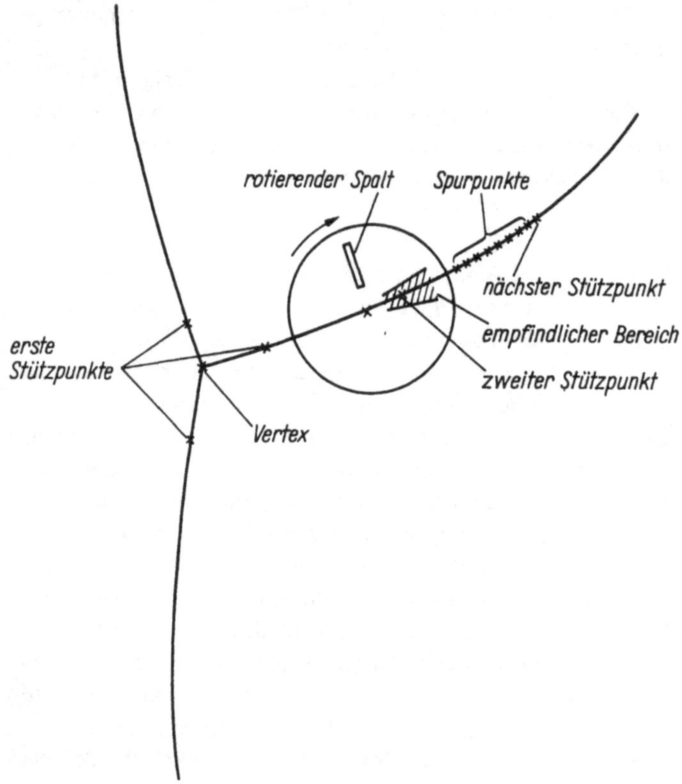

Abb. 73. Vorgabe der Spur in HEVAS

von Magnetbändern. Die *zweite* Ebene bildet der *Leitrechner,* ein TPAi, dessen Aufgabe die *Datenverwaltung* ist. Daran sind die externen Speichermedien angeschlossen u. a. ein Plattenspeicher, der das gesamte Programmsystem und Datenbänke für die Meßdaten enthält. Der Start des Systems erfolgt über diesen Rechner. Die *dritte* Ebene besteht aus drei *Geräterechnern* TPAi, welche die drei Meßprojektoren (HMP) *steuern.* Die Steuerinformation wird beim Absuchen gewonnen und über Magnetbänder ebenfalls in dem Plattenspeicher gelagert. Die Interfaceelektronik zwischen Geräterechner und HMP ist im CAMAC-Standard aufgebaut. Ein CAMAC-Modul – MICON[34] – bildet jeweils die *vierte* Rechnerebene, den Funktionsrechner,

34 MICON – Microprocessor Control

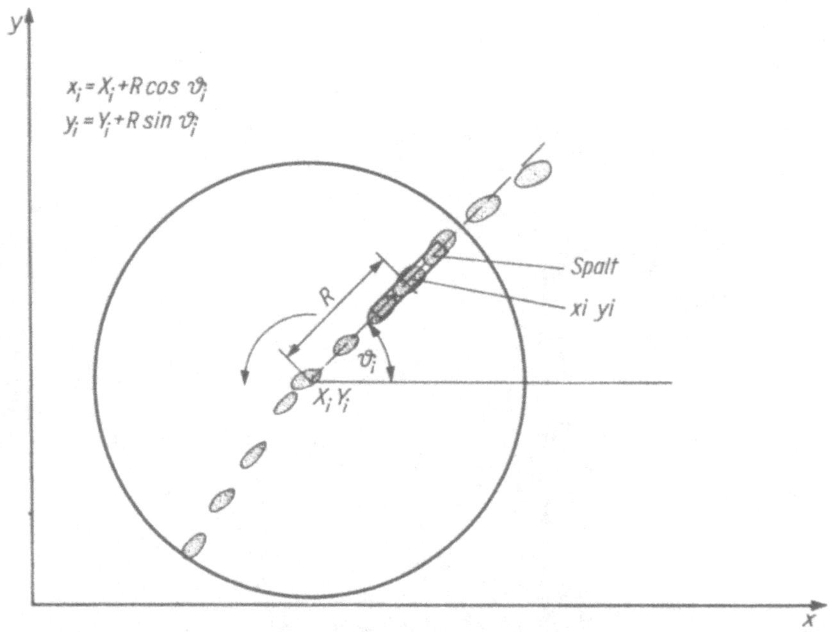

Abb. 74. Koordinaten eines Spurelementes in HEVAS

dessen zentraler Prozessor ein INTEL 8080 ist. Dieser Funktionsrechner steuert den Antrieb des Meßtisches mit dem Filmbild. Die Steuerung erfolgt entweder durch Vorgabe vom Geräterechner oder durch manuelle Vorgabe über einen Rollkugelgeber.[35] An den Leitrechner sind auch die Teletypes oder alphanumerische Bildschirmgeräte mit Tastaturen der vier Absuchprojektoren SP gekoppelt. Eine direkte Steuerung der Filmtransporteinheiten der SP durch den Leitrechner wird gegenwärtig entwickelt.

SWEEPNIK

Ein ähnliches Meßprinzip wie in HEVAS ist im System SWEEPNIK [88, 174] durch eine völlig andere technische Lösung verwirklicht. Der Strahl eines Helium-Neon-Lasers wird mit Hilfe einer astigmatischen Linse zu einer hellen schmalen Linie von 1,0 X 0,015 mm² geformt. Ein rotierendes Doveprisma läßt die Linie mit etwa 48 U/s um einen Punkt 0, der 1 mm vor ihrem Mittelpunkt entfernt ist, rotieren. Die Winkelposition der Linie

35 siehe Kapitel 6.5.4.

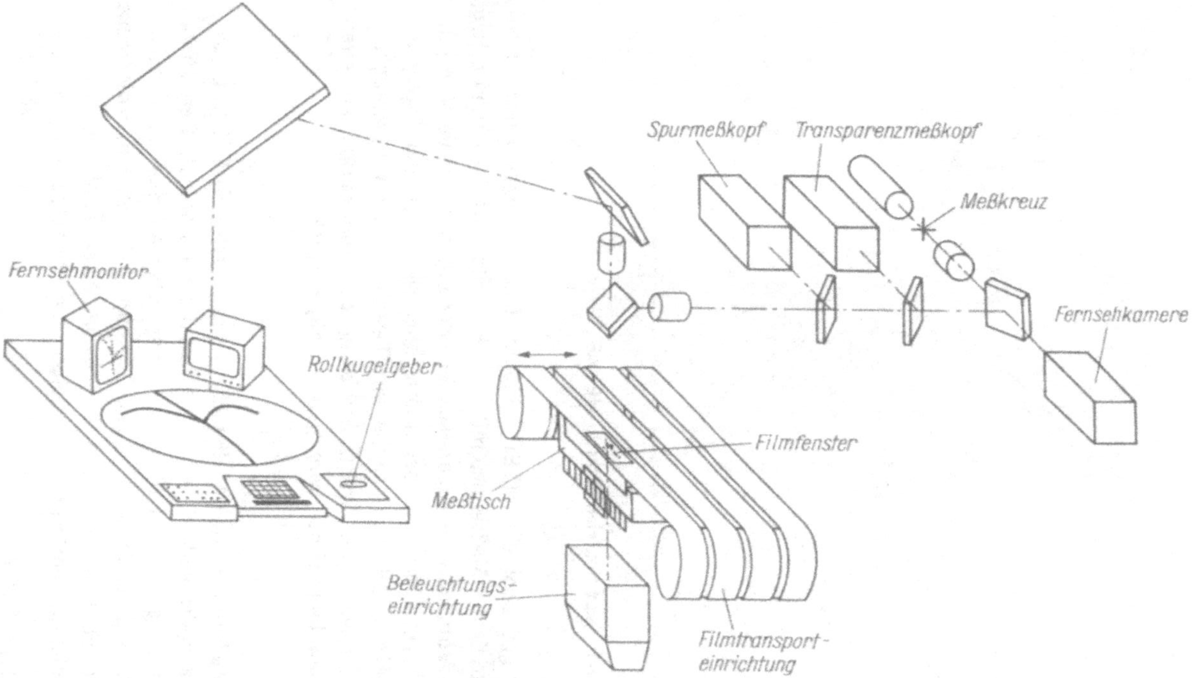

Abb. 75. Der optisch-mechanische Teil eines HMP

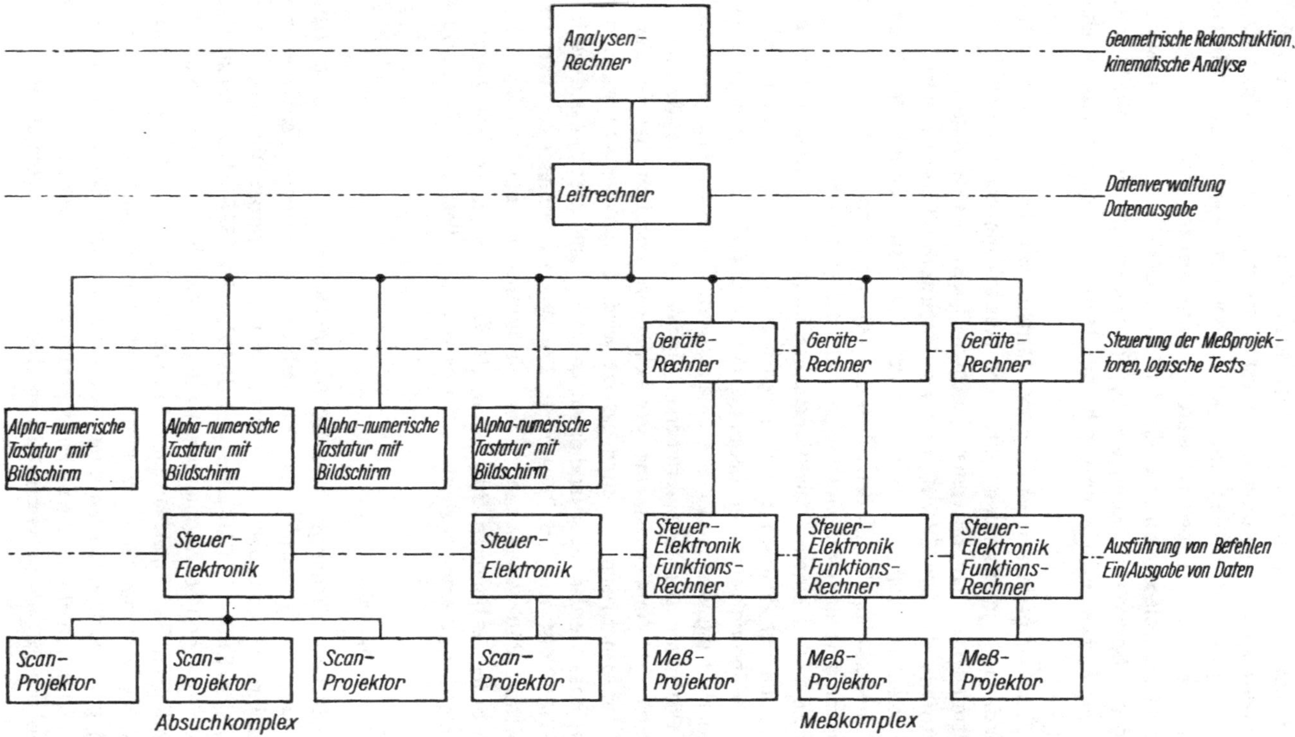

Abb. 76. Blockschaltbild HEVAS

wird durch einen mit dem Prisma rotierenden Winkelgeber gemessen. Auf den Film wird eine 1 : 1-Abbildung dieser Linie projiziert (Abbildung 77). Die Abbildung der rotierenden Linie kann über das gesamte Bild mit einer Genauigkeit von 1 μm ausgelenkt werden. Dazu dienen zwei rechnergesteuerte auslenkbare Spiegel. Um die für die Genauigkeit von 1 μm notwendige Auflösung der Spiegelauslenkung von 0,1 Bogensekunde zu erhalten, wird die Lage der Spiegel interferometrisch, mit Hilfe des gleichen Laserstrahls gemessen.

Vom Rechner gesteuert, verfolgt der Mittelpunkt des Meßkopfes 0 die zu messende Spur in diskreten, durch die Auslenkung der Spiegel definierten Schritten von 1 mm mit einer Geschwindigkeit von 48 mm/s.

Der Aufbau des SWEEPNIK setzt eine interaktive Führung voraus. Als Bedienungselemente stehen dem Laboranten das Maschinenpult des Rechners, ein Steuerknüppel, um den Meßkopf von Hand zu positionieren, und ein Fußpedal, mit dem die Geschwindigkeit des Meßkopfes gegeben wird, zur Verfügung. Auf einem Projektionsschirm kann er das Bild und eine Meßmarke, die der Position des Meßkopfes entspricht, beobachten. Bei einer Punkt-Führung setzt der Laborant den Meßkopf (engl. probe) jeweils auf das Markierungskreuz oder auf einen klaren Spurabschnitt. Dann analysiert das Programm die aufgenommenen Signale und setzt die Messung automatisch fort. Ähnlich ist eine Vertex-Führung möglich, bei der der Meßkopf auf den Ereignisursprung gesetzt wird. Durch die Abtastung des Vertexbereiches werden Spurkandidaten gefunden und anschließend verfolgt.

Mit SWEEPNIK sind an Bildern der 2m Wasserstoffblasenkammer des CERN mittlere Punktabweichungen um die ermittelte Spur von 2 . . . 5 μm erreicht worden (Abbildung 35). Mehr als 75 % der Ereignisse werden vom Geometrieprogramm akzeptiert, die Meßleistung liegt bei 30 . . . 60 Ereig./h.

Heterogene Meßsysteme

Unterschiedliche Bedingungen und technische Möglichkeiten haben in der Vergangenheit häufig bewirkt, daß Bildverarbeitungssysteme nicht immer in sich abgeschlossen konzipiert und gebaut werden konnten. Systeme wie SOLAS, PUOS-BESM 4, COBWEB, IEPONLIN, RAMSES [175] machen Gebrauch von der on-line Kopplung einer schon existierenden oder sich im Bau befindlichen Serie gleichartiger Meßgeräte mit einer größeren Rechenanlage. HEVAS ist das Gegenstück der modernen Entwicklung, mit der Kopplung eines Meßgerätes an einen Kleinrechner bzw. der Steuerung einer einzelnen Funktion durch einen Mikroprozessor. Dazwischen existieren Systeme, die sowohl aus unterschiedlichen Bildverarbeitungsgeräten als auch

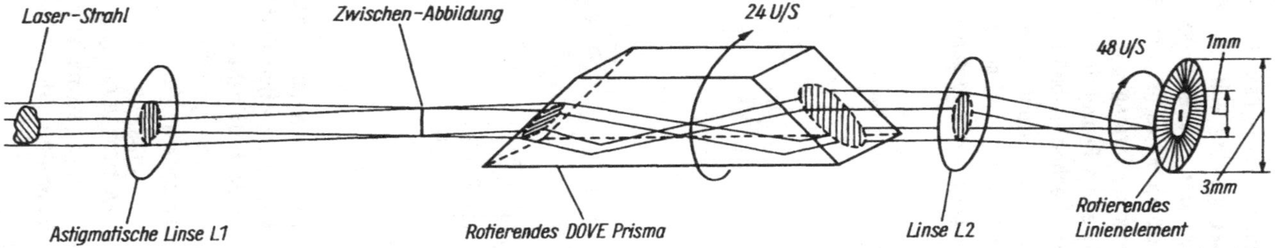

Abb. 77. Prinzip des SWEEPNIK

aus Rechnern unterschiedlicher Leistungsfähigkeit bestehen. Charakteristische Beispiele dafür sind der „unifizierte Bildverarbeitungskomplex von Absuch- und Meßprojektoren" des IFVĖ [164, 176], der gleichberechtigt neben den HPD-, ĖLAS- und MĖLAS-Systemen dieses Instituts existiert und das Bildverarbeitungssystem des VIK [177, 178]. In Abbildung 78 ist der Bildverarbeitungskomplex des IFVĖ dargestellt. Die generelle Strategie ist die Steuerung der Absuch-Meßtische gruppenweise durch einen Prozeßrechner (M-6000) und Kopplung der Rechner an eine mittelgroße Rechenmaschine ICL-1903A zur ersten Datenverarbeitung, -aufbereitung und -verdichtung. Dieser Rechner ist mit dem universellen Großrechner ICL-1906A gekoppelt, an dem größere Programme (geometrische Rekonstruktion usw.) gerechnet werden können.

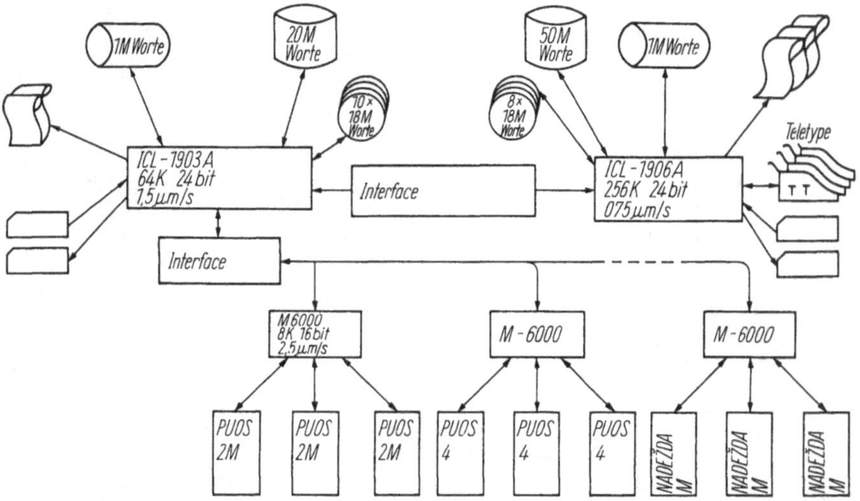

Abb. 78. Der unifizierte Bildverarbeitungskomplex des IFVĖ

Ähnlich ist die Orientierung des Systems der optisch-mechanischen Bildverarbeitungsanlagen des VIK von 1971 (Abbildung 79). Inzwischen sind Weiterentwicklungen erfolgt, die grundsätzliche Struktur ist jedoch beibehalten worden. Einzelne Geräte oder Gruppen gleichartiger Geräte werden von einem Prozeßrechner gesteuert und dieser ist mit einem der größeren Rechner des zentralen Rechenkomplexes gekoppelt. Die Endauswertung der Daten (geometrische Rekonstruktion usw.) erfolgt in der Regel an der EDVA CDC-6500. Die gleichberechtigte Existenz der unterschiedlichen Bildverarbeitungssysteme ist vor allem auf die unterschiedlichen Anforderungen an die Verarbeitung der Bilder unterschiedlicher Spurkammern zurückzuführen.

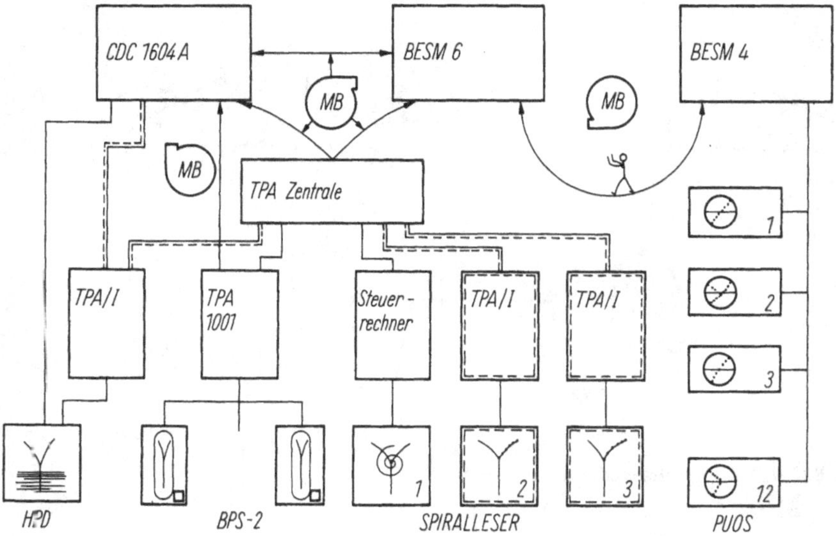

Abb. 79. Komplex des optisch-mechanischen Bildverarbeitungssystems des VIK

6.5.4. Typische Baugruppen

Im Zug der (internationalen) Entwicklung haben sich einige Baugruppen herauskristallisiert, die in allen Geräten benötigt und daher ständig vervollkommnet werden, wie z. B. die Schaltungen zur Spursignalmittenfindung (s. Kapitel 5.2.). Einige haben industrielle Reife erlangt. Im IfH der AdW der DDR, zum Teil in Zusammenarbeit mit dem VIK, entwickelte spezielle Baugruppen, seien nachfolgend behandelt:

Filmtransporteinrichtungen

Von der Filmtransporteinrichtung wird die schnelle Einstellung des nächsten zu bearbeitenden Filmbildes bei relativ hoher Positioniergenauigkeit (±1 mm) gefordert. Die große Masse der Filmrollen (300 Meter) kann jedoch nicht so hoch beschleunigt werden. Damit der Film nicht deformiert wird, werden beide Vorgänge mittels einer genügend großen Filmschlaufe entkoppelt (Abbildung 80). Die Schlaufe ist ein Reservoir, aus dem der schnelle Filmbildtransport Film entnimmt, bis sich die langsame Filmwickeleinrichtung in Gang gesetzt hat. Die Länge der Schlaufe wird durch photoelektrische Geber überwacht, die den Wickelantrieb der Filmrolle steuern. Zum Transport

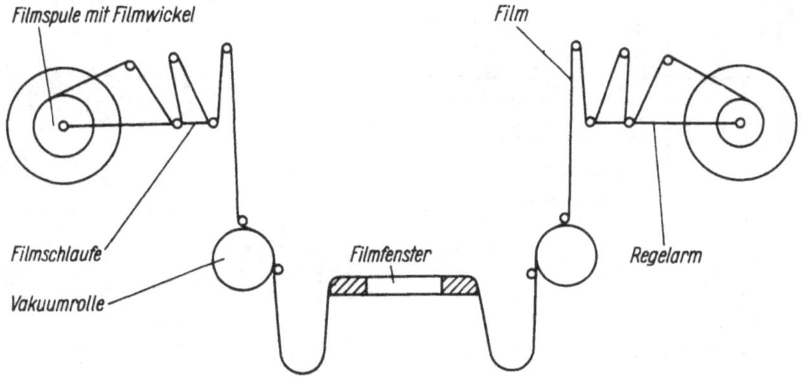

Abb. 80. HEVAS-Filmtransport, schematisch

des Filmbildes wird eine trägheitsarme Vakuumrolle (engl. capstan) benutzt (bei unperforierten Film), deren Winkelstellung mittels eines inkrementalen Winkelgebers gemessen wird. Die in Abbildung 80 gezeigte Filmtransporteinrichtung fand in verschiedenen Entwicklungsstadien in den Zeuthener ZMP, im SPIRALLESER des VIK, in den HMP des HEVAS-Systems und in den BPS-75[36] [179] des VIK Verwendung. Eine eingehende Beschreibung einer schnellen Filmtransporteinrichtung für den HPD des CERN ist in [180] gegeben.

Meßtisch

Zweckmäßig für hohe Beschleunigungen bei der Bildbewegung zur Koordinatenmessung und Spurverfolgung ist es, den Meßtisch jeweils nur für ein Filmbild auszulegen. Er muß so konzipiert sein, daß der gesamte Meßbereich in einem Durchlichtverfahren gleichmäßig ausgeleuchtet werden kann.

In Abbildung 81 ist ein Kreuztisch abgebildet, der im SPIRALLESER des VIK und, geringfügig abgeändert, im HEVAS-Meßprojektor verwendet wurde.[37] Über geeignete Antriebselemente und Linearmeßsysteme gestattet er sowohl eine präzise und feinfühlige Positionierung von ±2 μm über den gesamten Meßbereich von 100 X 230 mm^2, als auch eine genügend hohe Beschleunigung.

36 BPS-75 (Bol'šoj Prosmotrovyj Stol) – großer Absuchtisch
37 Hersteller: Forschungszentrum des Werkzeugmaschinenbaus Karl-Marx-Stadt

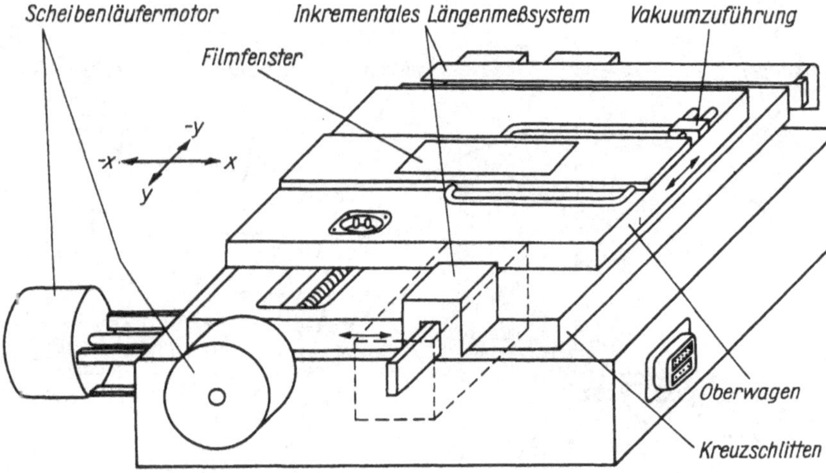

Abb. 81. HEVAS-Meßtisch, Prinzipdarstellung

Rollkugelgeber

Der mechanische Aufbau eines Rollkugelgebers (engl. track ball, speed ball), der als Steuerelement für die Meßtischbewegung benutzt wird, ist in Abbildung 82 skizziert. Eine geschliffene Glaskugel, die auf einem Luftpolster gelagert ist, wird über Reibränder mit zwei inkrementalen Winkelgebern verbunden, deren Achsen einen rechten Winkel bilden. Wird die Rollkugel von Hand gedreht, so erzeugen die Winkelgeber Impulsfolgen, deren Länge dem jeweiligen Drehwinkel proportional ist. Sie dienen zur Steuerung der beiden Antriebe der Kreuzschlitten des Meßtisches. Der Rollkugelgeber hat sich als ein außerordentlich bequemes und empfindliches Steuerelement erwiesen. Bei einer programmierbaren Zuordnung der Impulsfrequenzen des Rollkugelgebers zur Tischgeschwindigkeit kann für jede Meßaufgabe oder für jedes Meßregime eine optimale Einstellung (z. B. nach dem Fechnerschen Gesetz für die Handbedienung) erreicht werden.[38]

38 Ein konstruktiv ähnlich ausgeführter Rollkugelgeber fand auch im ersten SPIRALLESER (siehe Kapitel 6.5.5.) Verwendung. Die beschriebene Variante wird in den HEVAS-Meßprojektoren und im SPIRALLESER des VIK verwendet.

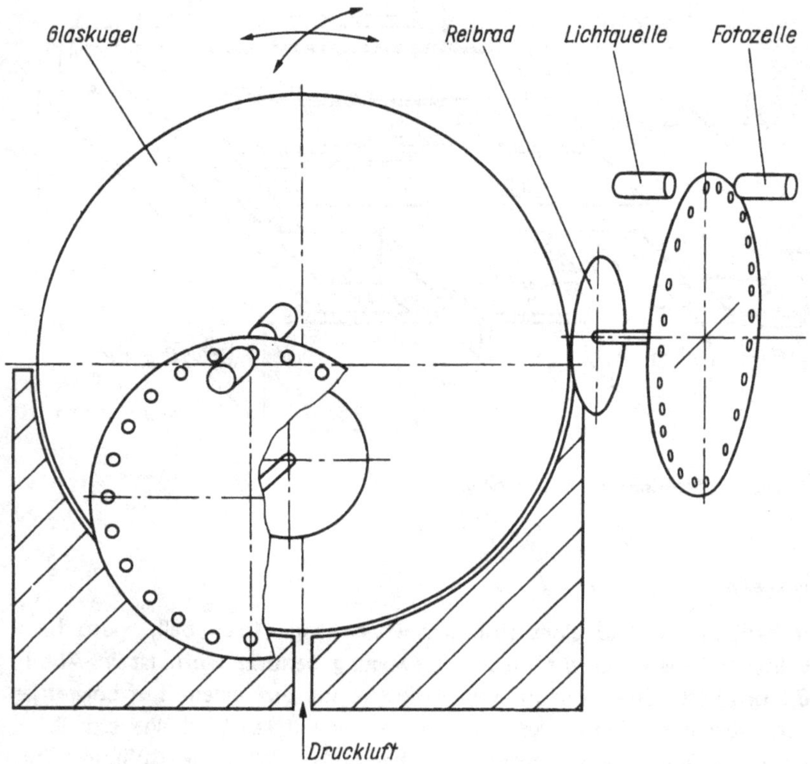

Abb. 82. HEVAS-Rollkugelgeber

Abtastköpfe

Viele automatisierte Handmeßmaschinen bedienen sich spezieller Meßköpfe zur Spurzentrierung oder Spurverfolgung. In den Abbildungen 83 und 84 sind die beiden im HEVAS-Meßprojektor verwendeten Meßköpfe für die Spurverfolgung und für die Erfassung der Grauwerte des Bildes dargestellt. Es ist zu erkennen, daß Form und Abmessungen der Spaltblenden geändert werden können. Das Signal wird in beiden Meßköpfen als Quotient des gesamten Spursignales und eines Untergrundsignales gewonnen. Dadurch sind Spursignale in einem weiten Helligkeitsbereich (1 : 40) zu erkennen, wobei die Untergrundschwankungen ausgeglichen werden.

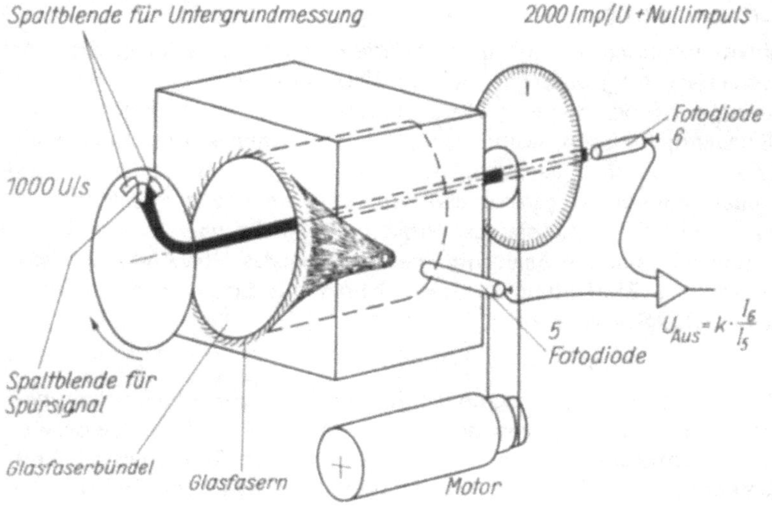

Abb. 83. HEVAS-Spurmeßkopf

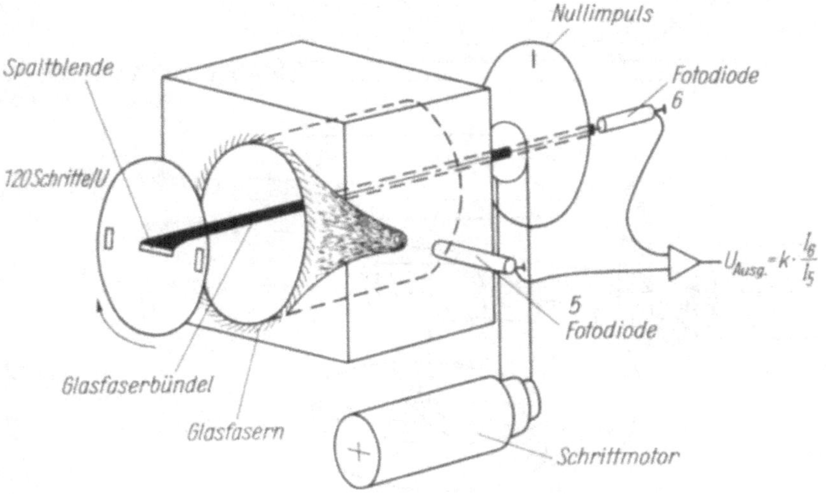

Abb. 84. HEVAS-Transparenzmeßkopf

Beleuchtungseinrichtung

Die Beleuchtungseinrichtung in automatisierten Handmeßmaschinen dient der Lösung von zwei Aufgaben, der gleichmäßigen Ausleuchtung des gesamten Projektionsschirmes bei relativ großen Bildformaten und der hinreichend starken Beleuchtung des Abtastbereiches für eine schnelle Abtastung. Für diesen Zweck haben sich Beleuchtungseinrichtungen mit Halogenlampen und Fresnelkondensorlinsen als günstig erwiesen. Letztere erlauben außerdem einen relativ kompakten Aufbau der Projektionseinrichtung.

Abbildung 85 zeigt die Beleuchtungseinrichtung des HEVAS-Meßprojektors. Eine ähnliche Einrichtung wird seit Jahren mit Erfolg in den ZMP des Systems SOLAS verwendet.

Elektronische Baugruppen

Der Umfang elektronischer Baugruppen in Systemen zur Bildverarbeitung ist unterschiedlich. Er hängt von der Aufteilung der Funktionen zwischen Hardware und Software ab, d. h. von der verwendeten Rechentechnik und der Systemkonfiguration. Ähnlich wie im optisch-mechanischen Teil, gibt es

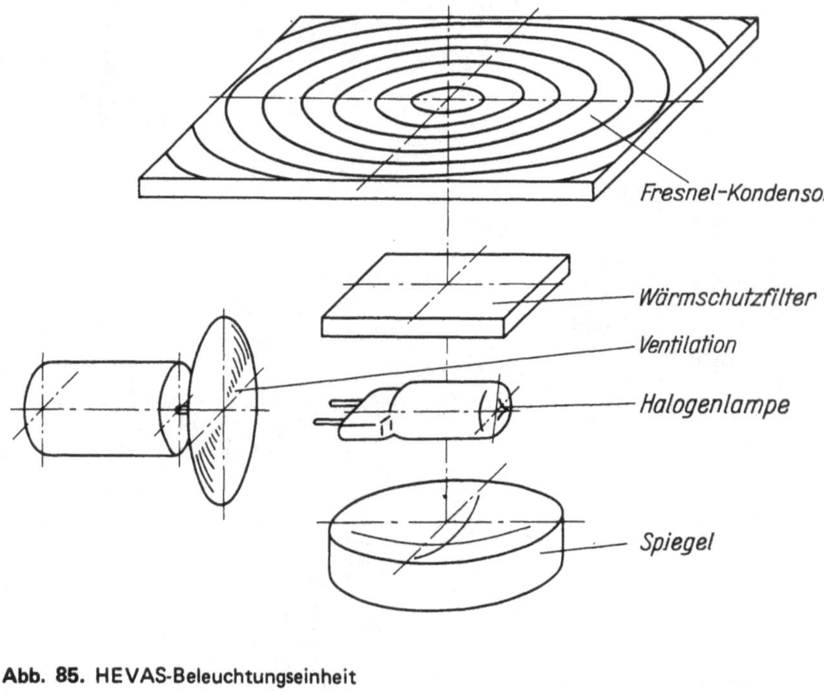

Abb. 85. HEVAS-Beleuchtungseinheit

auch hier bestimmte Funktionen in jedem Gerät auf das neue zu realisieren, so daß eine Standardisierung nahe lag.

Beim Aufbau des HPD im VIK wurde der elektronische Teil mit Baugruppen der BESM 4 Rechner aufgebaut. Für die Entwicklung von SOLAS im IfH der AdW der DDR wurde ein spezielles System elektronischer Baugruppen mit Elementen des Kompakt-Systems des VEB Funkwerk Dresden entwickelt [181]. Der elektronische Teil von HEVAS ist im CAMAC-Standard [182] aufgebaut (Abbildung 85) und reiht sich damit in die allgemeine kernphysikalische Meßtechnik ein. Durch die Verwendung von CAMAC konnte eine Reihe existierender Moduln übernommen werden (z. B. Analog-Digital-Wandler, Input-Output-Register), einige Moduln wurden neu entwickelt und fanden bereits Anwendungen in anderen Aufgaben (z. B. ein 24-bit-Vor-Rückwärtszähler) und einige spezifische Moduln dienen der Steuerung der vorher beschriebenen speziellen Baugruppen für die Bildverarbeitung (z. B. MICON).

Inzwischen findet CAMAC auch in weiteren Entwicklungen für die Bildverarbeitung Anwendung, wie z. B. im Meßtisch BPS-75 [183] und den Systemen PUOS/SAMET-BESM 4 des VIK.

6.5.5. Der SPIRALLESER

Ein ausgeprägt objektbezogenes Bildverarbeitungssystem ist der SPIRALLESER. Grundlage des Meßprinzips, das 1962 von ALVAREZ [184] vorgeschlagen wurde, ist die typische Konfiguration der Ereignisse, also der von einem Punkt strahlenförmig ausgehenden Spuren. Das Bild wird, vom Ereignisursprung ausgehend, durch einen spiralförmig um diesen Punkt herumlaufenden, radial ausgerichteten rechteckigen Spalt von $250 \times 10\ \mu m^2$ abgetastet (Abbildung 86).

Spuren, die zum gegebenen Ereignis gehören, werden von dem Spalt unter sehr kleinen Winkeln gekreuzt.[39] Damit sind hohe schmale Spursignale gewährleistet. Untergrundspuren werden unter wesentlich größeren Winkeln vom Spalt gekreuzt, so daß kleinere, breitere Signale entstehen, die leicht diskriminiert werden können.

Das Schema eines SPIRALLESERS ist in Abbildung 87 skizziert [185]. Die *zentrale Baugruppe* des Gerätes ist das „Periskop", durch das die *spiralförmige Bildabtastung* und die Präzisionsmessung der Spurelementekoordinaten (R_i, θ_i) realisiert wird. Der Spiegel (S) rotiert ständig. Seine Position

39 Infolge der Spurkrümmung nimmt dieser Winkel mit wachsendem Radius zu, so daß diese Signalfilterung nur in Vertexnähe exakt wirkt und bei Winkeln von mehr als 10° zwischen Spalt und Spur nicht mehr möglich ist.

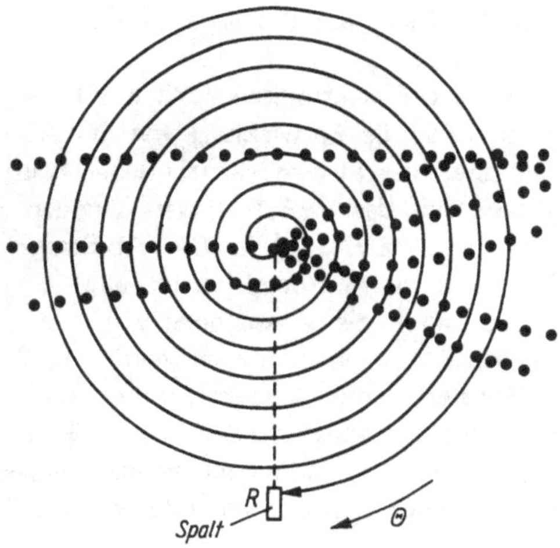

Abb. 86. Abtastung am SPIRALLESER

ergibt die Koordinaten θ_i. Während der Abtastung vollführt das Umlenkprisma (U) eine translatorische Bewegung längs der Achse des Periskopes. Seine Position ergibt die Koordinate R_i. Über Lichtleiter wird das abgelenkte Lichtbündel auf einen SEV übertragen [186, 187].

Durch das Abtastprinzip ist für den SPIRALLESER eine Vertex-Führung vorgegeben. Der Meßablauf wird mittels der beim Absuchen gewonnenen Information von einem Programm gesteuert. Diese Information besteht aus Bildnummer, Ereigniskonfiguration und groben Vertexkoordinaten. Zum Messen ruft das Programm das Bild auf, läßt die Markierungskreuze automatisch oder manuell messen, kontrolliert die Messung und stellt den Meßtisch auf die bekannte Vertexposition ein. Der Laborant korrigiert diese Position gegebenenfalls, indem er den Meßtisch mit Hilfe eines Rollkugelgebers entsprechend positioniert.

Diejenigen Koordinaten von Spurpunkten, die durch die Abtastung mit einem ausgedehnten Spalt bereits Spurelemente repräsentieren, werden in einem Polarkoordinatensystem R, θ gewonnen, dessen Ursprung der Pol der Spirale ist. Die Darstellung der in Vertexnähe (etwa 15 Windungen der Spirale) gemessenen Spurpunkte in einem rechtwinkligen System R, θ, bildet für eine Spur jeweils eine Gerade

$$\theta = \theta_{io} + \alpha_i R, \qquad (6.5)$$

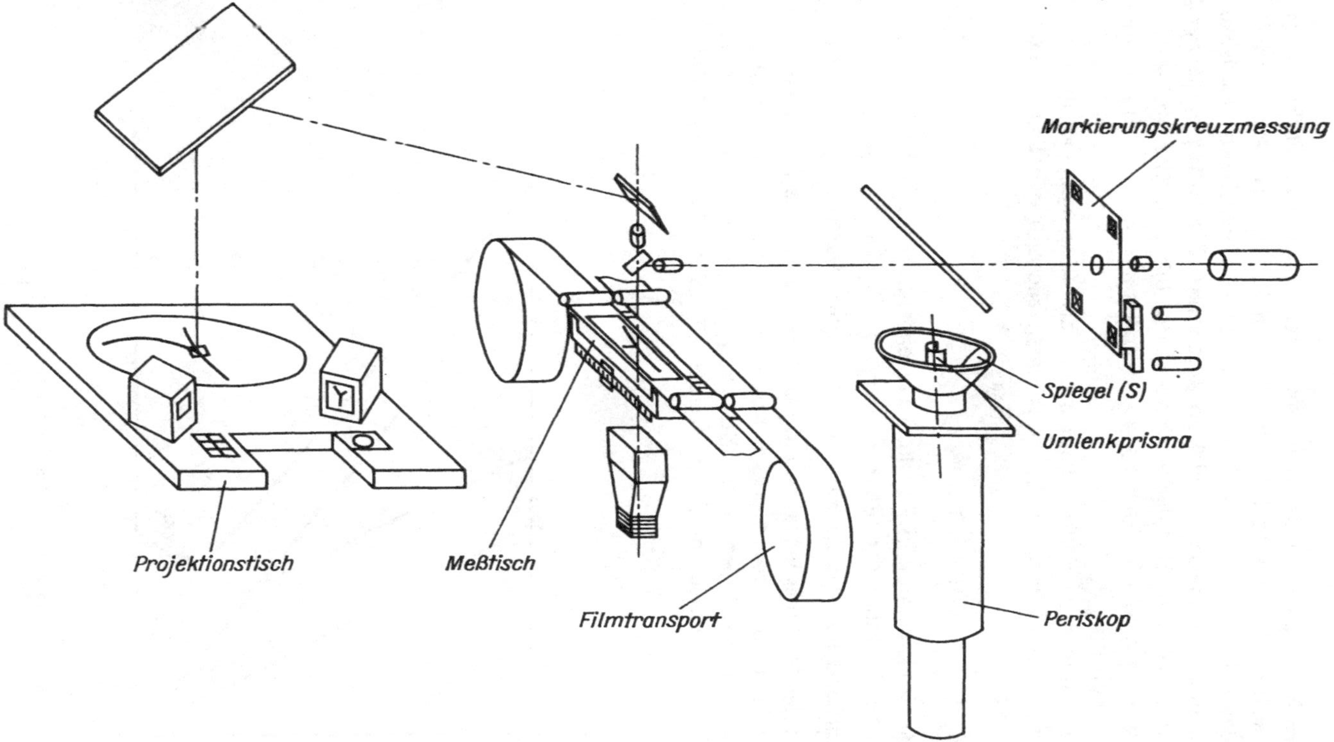

Abb. 87. Schema des SPIRALLESERS

wobei θ_{io} der Neigungswinkel der Spur am Vertex ist und α_i die Spurkrümmung berücksichtigt (Abbildung 88). Um aus den Punkten der ersten 15 Windungen der Spirale Spuren zu finden und zu separieren, wird eine Histogrammierung unter verschiedenen Winkeln angewandt. Die Histogramme werden längs der Geraden (6.5) aufgebaut, wobei die Intervallbreite bis zu 2,5 Winkelgrade beträgt. Die Drehung der Histogramme wird durch die Änderung von α bewirkt.

Die derart gefundenen Spurkandidaten sind der Ausgangspunkt für eine Spurverfolgung. Durch die einem Spurkandidaten zugeordneten Spurpunkte wird eine Kurve

$$\theta = \theta_o + \alpha R + \beta/R + \gamma R^3 \tag{6.6}$$

gelegt, die der Teilchenspur in Polarkoordinaten entspricht. Der Koeffizient α ist eine Funktion der Spurkrümmung, β ein Maß für den Abstand zwischen Spur und Pol der Spirale und $\gamma = -\frac{1}{3}\alpha^3$. Durch eine Ausgleichsrechnung mit der Methode der kleinsten Quadrate werden die Parameter dieser Kurve bestimmt und variiert, indem sukzessive alle Punkte, die auf der Verlängerung der Kurve liegen, in die Rechnung einbezogen werden. Punkte, die zu stark von der Kurve abweichen, werden eliminiert. Auf diese Weise

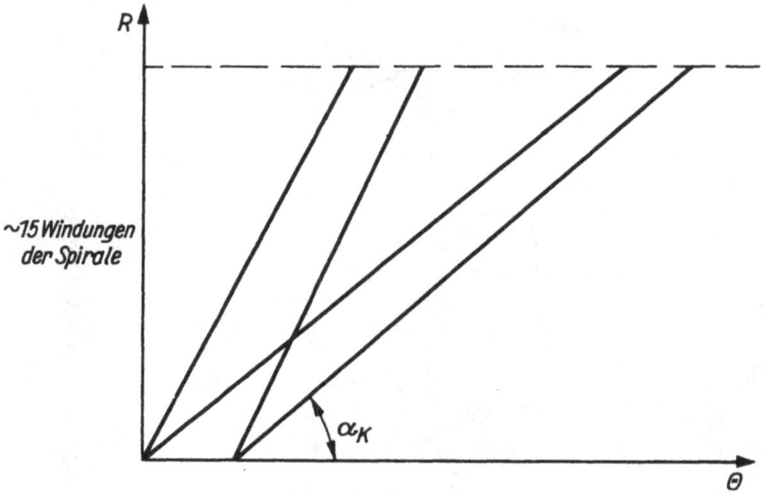

Abb. 88. Histogrammierung in der Rθ Ebene zur Spurfindung

wird jede Spur auf jedem Bild gefunden. In gleichen Abständen längs der Spur werden aus den gefundenen Meßpunkten die Spurpunkte ausgewählt oder gemittelt, die dann in das X, Y-Koordinatensystem des Meßtisches transformiert und korrigiert, in die weiteren Programme eingehen. Mit Hilfe eines Zuordnungsprogrammes werden zunächst die zu einer räumlichen Spur gehörenden Projektionen gefunden, danach erfolgt die geometrische Rekonstruktion im Raum.

Bei der Konzipierung des SPIRALLESERS wurde davon ausgegangen, die Hardware den erprobten Methoden der Datenfilterung und Führung weitestgehend anzupassen. Ähnlich wie im HMP und im SWEEPNIK erfolgt schon bei der Informationsaufnahme mit der Spaltblende eine *Hardware-Histogrammierung* zur Spurelementsuche. Dadurch ist die Datenmenge im Vergleich zu anderen Abtastern stark reduziert. Die spiralförmige Bildabtastung legt eine Vertex-Führung durch die Hardware fest. Als Ergebnis dieses Versuchs entstand ein Meßsystem, das in Aufbau und Wartung weniger kompliziert ist. Auch der Rechenaufwand zur Spursuche auf den Bildern ist geringer. Trotz der Teilnahme eines Menschen an der Messung, sind die Meßleistungen des SPIRALLESERS von 80 . . . 100 Ereig./h [86, 188, 189] für kleine Blasenkammern vergleichbar mit denen der universellen Abtaster. Höchstwerte liegen bei über 200 Ereig./h. Das *Anwendungsgebiet* des SPIRALLESERS ist allerdings durch die strenge Ausrichtung auf die Messung von Wechselwirkungsereignissen *begrenzt*. Die große Effektivität beruht auf der gleichzeitigen Erfassung aller Spuren eines Ereignisses in einem Meßvorgang. Bei der Messung einzelner Spuren, z. B. in großen Blasenkammern, auf deren Bildern verschiedene Spuren auf unterschiedlichen Projektionen gemessen werden, geht dieser Vorteil verloren.

Der logische Aufbau des SPIRALLESERS unterscheidet sich von dem konventioneller Meßgeräte. Er stellt eher einen Meßplatz dar, welcher der Nutzung eines Steuerrechners voll Rechnung trägt. Die in Abbildung 89 dargestellten Funktionsgruppen des SPIRALLESERS sind alle direkt mit dem Rechner gekoppelt; er steuert ihr Zusammenspiel. Dadurch besteht der elektronische Teil des SPIRALLESERS praktisch nur aus den Leistungs- und Formierstufen der einzelnen Geber und Stellglieder. Alle logischen Verknüpfungen und Funktionen werden vom Rechner ausgeführt, der in diesem Falle als programmierbare Elektronik betrachtet werden kann. Durch einen solchen Aufbau, dem auch die Programme entsprechen, läßt sich der Ablauf des Meßvorganges bequem festlegen und ändern, und jede Funktionsgruppe kann unschwer, ohne eine andere zu beeinflussen, modifiziert werden.

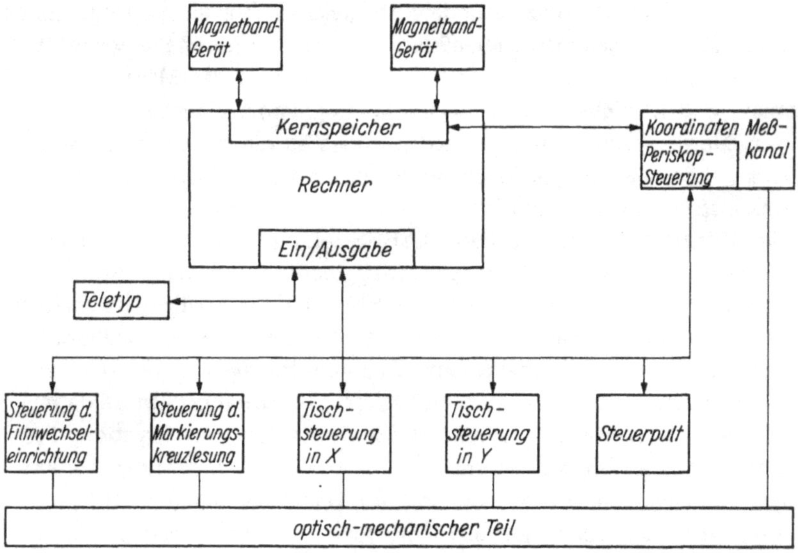

Abb. 89. Blockschaltbild eines SPIRALLESERS

6.6. Spezielle Schaltungen für die Datenfilterung

Die in Kapitel 5.3. beschriebenen Methoden der Datenfilterung werden in unterschiedlichen Varianten und Kombinationen angewandt: Zum Teil beeinflussen sie wesentlich die Gerätekonfiguration (s. Kapitel 6.5.). Obwohl solche Aufgaben, wie die Histogrammierung der Daten, meistens auf Großrechnern erledigt werden, erfordern sie beachtliche Rechenzeiten und erschweren die Echtzeitverarbeitung der Daten. Es ist daher eine Reihe von Versuchen unternommen worden, spezielle Schaltungen für die Realisierung solcher Funktionen zu entwickeln. Ein wesentlicher Gesichtspunkt ist, die serielle Arbeit des Rechners durch eine Parallelverarbeitung zu ersetzen. Gegenüber der Programmiertechnik, der Software also, handelt es sich hier um Hardware-Prozessoren.

Histogrammierung

Ein Verfahren zur Hardware-Histogrammierung wurde von LINGJAERDE und WISKOTT vorgeschlagen [190]. Die Information eines Bildbereiches, in dem Spurelemente gesucht werden (Abbildung 90), wird Linie für Linie in das Eingaberegister ER geschoben. Wenn das Register gefüllt ist, erfolgt

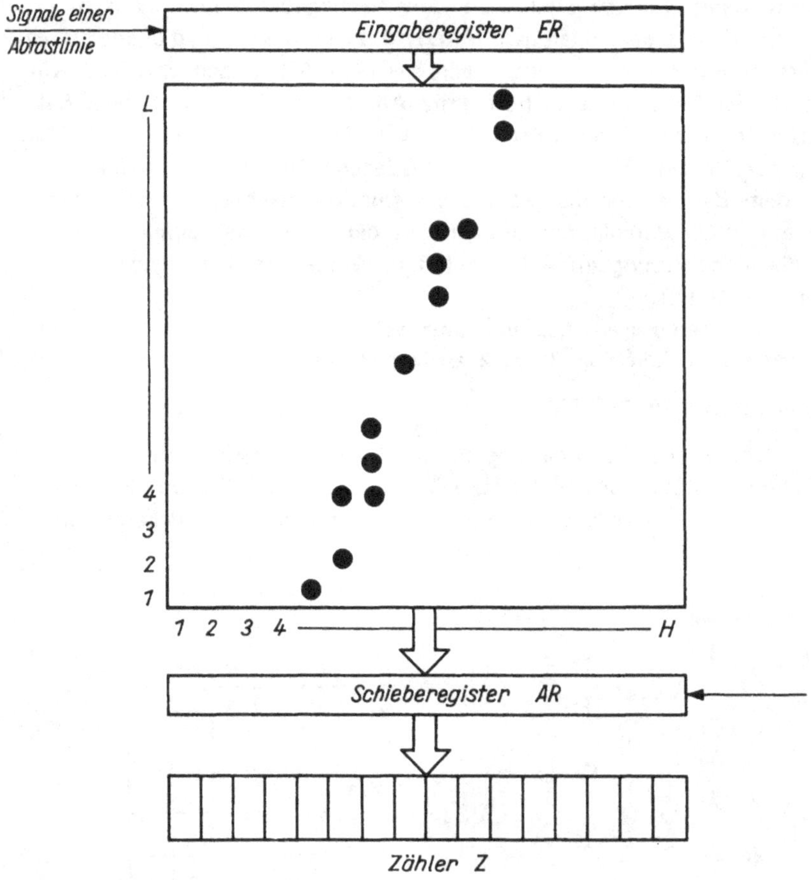

Abb. 90. Prinzip der Hardware-Histogrammierung

eine parallele Verschiebung seines Inhaltes in die Matrix L. Beim Überführen des Inhaltes der nächsten Abtastlinie aus dem Register ER in die Matrix L, wird die Information, die bereits in der Matrix ist, um eine Zeile nach unten verschoben, bis sich der gesamte Informationsgehalt des Bildausschnittes nach einer bestimmten Anzahl von Schritten in der Matrix L befindet. Nun wird zyklisch, Zeile für Zeile, der Inhalt der Matrix in das ebenfalls als Schieberegister geschaltete Ausgaberegister AR überführt und von dort in den Zähler Z, der die belegten Bits in jeder Spalte des AR aufsummiert. Bei der zyklischen Verschiebung des Matrixinhalts nach unten wird jeweils der Inhalt der untersten Zeile wieder in die oberste gespeichert. Vor der Ausgabe einer Zeile aus dem AR in den Zähler Z wird der Inhalt der Zeile um eine bestimmte Anzahl von Bits verschoben. Bei geeigneter Variation dieser Verschiebung von Zeile zu Zeile erfolgt die Aufzählung der Bits im Zähler unter verschiedenen Winkeln zur Vertikalen. Nach jedem Zyklus, der die gesamte Information der Matrix einmal von oben nach unten durchlaufen läßt, enthält der Zähler das, unter einem, durch die Verschiebung im AR definierten, Winkel erstellte Histogramm des Bildausschnittes.

Abschätzungen zeigen, daß mit einer solchen Methode ein Gewinn an Rechengeschwindigkeit von 1 ... 2 Größenordnungen erreicht werden kann.

Spurelementsuche in BRUSH

In Abbildung 91 ist die Schaltung für die Spurelementsuche des Münchener HPD-Systems BRUSH abgebildet. Die Meßpunkte eines Bildausschnittes werden in eine Triggermatrix L geschrieben. Die Spalten der Matrix entspre-

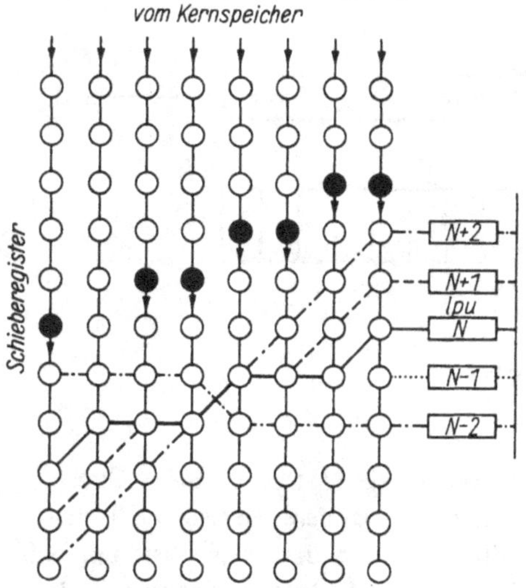

N-2	N-1	N	N+1	N+2
0	0	0	0	0
2	0	0	0	1
4	2	1	1	2
2	6	7	6	3
2	5	6	6	4
3	1	0	1	3
1	0	0	0	1
0	0	0	0	0

Abb. 91. Spurelementsuche in BRUSH

chen den Abtastlinien, sie sind als Schieberegister geschaltet. Durch simultane Verschiebung aller 16 Spalten der Matrix wird die Abbildung des Bildausschnittes vertikal von oben nach unten verschoben. Bestimmte Kombinationen dieser Trigger sind als Kette unter verschiedenen Winkeln zur Horizontalen verbunden. Die Ketten werden von lokalen Recheneinheiten (LPU)[40] abgefragt, um die Anzahl der belegten Bits in jeder Kette zu zählen. Durch den Vergleich der Zahl der belegten Bits nach den einzelnen sukzessiven Vertikalverschiebungen in einer Kette und mit der betreffenden Zahl in den benachbarten Ketten, können Maxima in den Ketten festgestellt werden, die Kandidaten von Spurelementen darstellen.

Die Tafel in Abbildung 91 veranschaulicht eine solche Bitfolge. Die Breite eines derartigen Bereiches beträgt in BRUSH 16 Abtastlinien. Ein Trigger repräsentiert ein vertikales Bildintervall von 20 μm, die Winkeldifferenz zwischen den Ketten beträgt 2°. Insgesamt 48 LPU überstreichen den Winkelbereich von –55° bis +55°.

Zur Analyse eines Bildausschnittes benötigt diese Schaltung etwa 3 ... 10 ms, nur in 0,7 % der Fälle mehr als 16 ms.

Die moderne Mikroelektronik hat hier ein breites Anwendungsfeld, und es sind bereits zahlreiche weitere Beispiele bekannt. Wie in Abbildung 64 zu sehen ist, wird auch in ERASME ein Hardware-Prozessor eingesetzt. Dieser ist mikroprogrammierbar und wird für die schnelle Histogrammierung der Daten der Bildabtastung verwendet. Erste Versuche zeigen, daß der Hardware-Prozessor seine Aufgaben 11- bis 35mal schneller lösen kann, als der Steuerrechner PDP-11/45 [191]. Spezielle schnelle Hardware-Prozessoren werden auch für elektronische Experimente an Beschleunigern zur schnellen Ereignisauswahl entwickelt [192]. Die bisher handelsüblichen Mikroprozessoren sind allerdings häufig noch zu langsam für so spezielle Aufgaben. Ihr in den letzten Jahren stark reduzierter Preis eröffnet jedoch neue Möglichkeiten. In großer Stückzahl parallel geschaltete Mikroprozessoren ergeben Rechenwerke beachtlicher Leistungen.

6.7. Zeitliche Relation zwischen Führung und Bildverarbeitung

Die Beispiele in den Kapiteln 6.1. bis 6.6. zeigen, daß die Varianten der Führung der Bildverarbeitung sehr unterschiedliche Meßverfahren ermöglichen. In diesem Zusammenhang ist die Betrachtung der zeitlichen Abwicklung des Meßprogramms aufschlußreich: In der klassischen Bahn-Führung am HPD sind die Vormessung der Bahnpunkte und die Bildverarbeitung

40 LPU (Local Processing Unit)

zwei zeitlich streng voneinander getrennte Prozesse. Der Vormessung, d. h. der Aktivität des Menschen zur Führung, folgt die „geführte" Bildverarbeitung. Diese Art des Ablaufes kann als *a-priori Führung* bezeichnet werden.

Entgegengesetzt verläuft die *a-posteriori Führung*. Erst wird das Bild automatisch verarbeitet und nachträglich führt der Mensch Hilfsoperationen aus. Beispiele dafür sind die Rettungsstationen der HPD-Systeme. Die Bilder werden mit a-priori Bahn- oder Vertex-Führung verarbeitet. Nachträglich erledigt der Mensch am Bildschirmgerät in off-line Technik die a-posteriori Führung zur Rettung der Rückläufer.

Die volle Operator-Führung des Meßprozesses mit Handmeßmaschinen kann als *simultane Führung* bezeichnet werden. Geräte, in denen eine Spurverfolgung durch Extrapolation bereits gemessener Punkte erfolgt, enthalten zusätzliche Elemente einer a-priori Bahn-Führung.

Arbeitsweisen, bei denen der Mensch auf Anforderung des Rechners Hilfe leistet (POLLY, ERASME) werden als *wechselseitige* (engl. *mutual)* oder *interaktive Führung* bezeichnet. Sie ist besonders dann angebracht, wenn damit zu rechnen ist, daß im Laufe der Bildverarbeitung neue unerwartete Probleme auftreten, die nur der Mensch ad hoc lösen kann.
Das Interesse anderer Anwender der Bildverarbeitung wendet sich vor allem den Methoden der Hochenergiephysik zu, die diese Art der Führung bereits nutzen [43 – 45].

7. Zur Anwendung von Methoden der Bildverarbeitung der Hochenergiephysik in anderen Bereichen

Für die rechnergestützte Bildverarbeitung in der Hochenergiephysik sind Systeme von beachtlichem Umfang und hohem Leistungsvermögen entwickelt worden. Die internationalen Erfahrungen, die auf diesem Gebiet im Laufe vieler Jahre bezüglich

a) der Realisierung unterschiedlicher *Verfahren* zur *Bildabtastung* und *-messung,*
b) konkreter *Algorithmen* zur *Bildverarbeitung* und *automatischen Objekterkennung,*
c) des Einsatzes der *elektronischen Rechentechnik* zur *Experimentautomatisierung,*
d) der *Differenzierung* der *spezifischen Fähigkeiten* von *Mensch* und *Rechner* für die Bildverarbeitung und Prozeßautomatisierung,
e) des effektiven *Mensch – Rechner Dialoges,*

gesammelt wurden, stehen jedoch bisher nur der relativ kleinen und thematisch eng begrenzten Gruppe der Hochenergiephysiker zur Verfügung. Versuche, dieses umfangreiche Arsenal auch anderen, und vor allem den enger mit der Bildverarbeitung in der angewandten Forschung verbundenen Gebieten zu erschließen, sind noch selten. Die Ursache dafür liegt einmal beim Nutzer selbst, der ein eingefahrenes produktives System nicht gern für andere Zwecke frei gibt.[41]

Ein weiterer Grund ist der, daß potentielle Nutzer aus anderen Gebieten zunächst, vor dem *großen,* für die automatische Bildverarbeitung notwendigen *technischen Aufwand* zurückschrecken.

Initiativen gingen in dieser Richtung bisher häufig von der Hochenergiephysik selbst aus. Die letzten internationalen Konferenzen über Bildverarbeitungssysteme mit Kathodenstrahlröhren 1974 in Oxford [42], 1976 in Padua [43] und das II. Allunionsseminar über die Auswertung physikalischer Information 1977 in Jerewan [44] galten der Anwendung der Methoden zur Bildverarbeitung der Hochenergiephysik in anderen Gebieten von Wissenschaft und Technik.

41 Diese Haltung ist verständlich, da ein in Routine laufendes Bildverarbeitungssystem mit der umfangreichen Organisation und Sicherung des Datenflusses und der konzentrierten Einbeziehung von Menschen in die Bildverarbeitung gegen jede Störung des normalen Meßablaufes außerordentlich anfällig ist. Erfahrungen mit SOLAS im IfH der AdW der DDR zeigen, daß z. B. technische Ausfälle am System, die einschließlich ihrer Erkennung und Behebung 5 . . . 10 % der zur Verfügung stehenden absoluten Systemzeit beanspruchen, Meßausfälle bis zu 25 % der Systemzeit verursachen können.

Obwohl auf diesen Veranstaltungen zahlreiche Anwendungsbeispiele diskutiert wurden, muß festgestellt werden, daß die Verarbeitung *linienhafter* und *punktförmiger* Darstellungen, mit denen es die Hochenergiephysik vorwiegend zu tun hat, nur einen geringen Anteil der automatischen Bildverarbeitung ausmacht. Die effektive Nutzung der heute erreichten hohen *Stabilität* und *Auflösung* der Aufnahme und Wiedergabe von *Grauwerten* auf dem photographischen Film bedarf adäquater automatischer Verarbeitungsverfahren, die auch entwickelt werden. Die zusätzliche Verarbeitung der *Grauwert-Komponente* erweitert das Anwendungsgebiet der automatischen Bildverarbeitung nicht nur beachtlich, sie gestaltet auch die *Bildverarbeitungsalgorithmen* und *-verfahren komplexer.*

Typische Kategorien von Aufgaben für die automatische Bildverarbeitung sind in Kapitel 1 behandelt; sie ließen sich beliebig ergänzen. Aus der Sicht der Datenerfassung oder Informationsaufnahme lassen sich die Bilder in zwei Klassen aufteilen:

1. Bilder mit linearer Information in einer zweidimensionalen Ebene. Beispiele dafür sind Konturlinien auf Landkarten, Zeichnungen, Kurven, Fingerabdrücke, d. h. Bilder, deren wesentliche Strukturkomponenten Linien sind und Objekte, deren wesentliche Information (Merkmale) in ihren Konturen enthalten ist, wie Chromosomen, Luftbilder u. a.
2. Bilder von Objekten, deren wesentliche Information in der Verteilung der Grauwerte liegt.

Zur Lösung der ersten Art von Aufgaben sind Geräte der Hochenergiephysik durchaus geeignet. Damit ist sowohl die Informationsaufnahme möglich, als auch ein Teil der ersten Datenverdichtung. Hardware-Prozessoren können, auf der Grundlage erprobter Schaltungen, für diese speziellen Zwecke ebenfalls entwickelt werden. Die beschriebenen Filterverfahren sind für manche dieser Aufgaben leicht zu modifizieren. In anderen Fällen wird auch eine der Methoden der Spurverfolgung sinnvoll angewendet werden können.

Die Lösung der Aufgaben der zweiten Klasse erfordert die Messung eines weiteren Parameters – der Transparenz des Bildes oder des Reflexionsgrades einer undurchsichtigen Unterlage[42]. Zur Bildabtastung ist also die Abschwächung der Intensität des abtastenden Lichtstrahles durch das Bild zu messen. Dieses Verfahren ist in den Geräten der Hochenergie-

42 Sei R_0 die an einer völlig ungescnwarzten Stelle einer undurchsichtigen Vorlage, R die an einer geschwärzten Stelle remittierte Lichtintensität, so ist die Schwärzung $S = \log \frac{R_0}{R}$.

physik meist nicht vorgesehen, läßt sich aber relativ leicht für einfachere Aufgaben einbauen. Zur Spursignalmittenbestimmung wird heute schon vielfach die Form des Spursignals gemessen bzw. seine Vorder- und Rückflanke mit Schwellwerten verglichen. Daraus ergibt sich ein Ansatzpunkt für die Transparenzmessung. Es ist auch denkbar, für diese Zwecke einen speziellen Strahlengang in den optischen Kanal existierender Abtaster einzufügen. Bei gleichzeitiger Untergrundmessung bzw. Eichung an einem Graukeil sind solche Transparenzmessungen für viele Aufgaben ausreichend. Bei der Entwicklung von ERASME wurde sehr viel Sorgfalt auf die Ausregelung der verschiedenen Untergrundschwankungen gelegt [193, 194], so daß eine wichtige Voraussetzung für eine stabile Transparenzmessung erfüllt ist. Der für die Ionisationsmessung an Teilchenspuren in HEVAS vorgesehene Transparenz-Meßkopf ermöglicht gegenwärtig eine Schwärzungsmessung im Intervall $\Delta S \cong 2$.

Für jede neue Aufgabe der automatischen Bildverarbeitung wird ein effektiver Kontankt

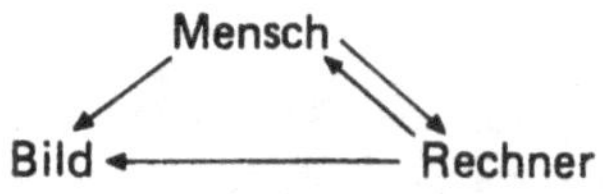

wichtig sein. Dazu können die in der Hochenergiephysik erprobten Lösungen der interaktiven Führung wertvolle Anregungen geben.

7.1. Anwendungsbeispiele

Die Anwendung von Geräten der Hochenergiephysik für weitere Probleme der Bildverarbeitung erfolgte bisher nicht systematisch, sie wurde stets durch konkrete Interessen und Bedingungen initiiert. Ebenso sind die hier vorgestellten Beispiele ausgewählt, die dazu dienen sollen, einige allgemeine Schlußfolgerungen zu ziehen und Anregungen für weitere Versuche zu geben.

a) Astronomie

Der Versuch, am PEPR Photoplatten mit Bildern des Sternenhimmels auszuwerten, wurde im MIT unternommen [24]. Zunächst werden die Platten auf Filme in das für PEPR erforderliche Bildformat umkopiert. Diese Bilder werden dann mit rundem Lichtfleck abgetastet, wobei Daten der Art $(t, x, y)_i$ $i = 1, \ldots, n$ in Schritten von 25 μm Weite aufgenommen werden. Ein solches Triplett bezeichnet die Filmtransparenz t_i im Bildpunkt mit den Koordinaten (x_i, y_i) in einem zweidimensionalen Gitter. Der Meßbereich von t wird so eingestellt, daß der Untergrund im wesentlichen als 0 registriert wird und die zentralen Bereiche mittlerer und großer Objekte als 7.

Die Auflösung der Transparenzmessung beträgt 3 bit. Der ausreichende Kontrastunterschied zwischen Objekt und Untergrund erlaubt es, die Objekte durch eine einfache Schwellenentscheidung zu erkennen und ihre Konturen zu umreißen. Die Datenerfassung erfolgt mit einer Frequenz von 7,5 kHz, eine Erhöhung auf 150 kHz bei einer Transparenzauflösung von 6 bit wird als möglich erachtet. Es wird gezeigt, daß sich für diese Art der Bildabtastung Auswerteverfahren entwickeln lassen, mit deren Hilfe elliptische Objekte entdeckt und nach Größe, Position, Dichteprofil, Form und Orientierung von nichtelliptischen Objekten unterschieden werden können. Um die Auflösung der Photoemulsion voll zu nutzen und Objekte mit Abmessungen kleiner als 150 . . . 200 μm zu erkennen, müßte die Auflösung des Meßgerätes in (x, y) und in t um eine Größenordnung erhöht und der Durchmesser des Lichtfleckes verkleinert werden.

b) Meteorologie

Am PEPR in Oxford laufen die Arbeiten zur automatischen Auswertung von Niederschlagskurven (tägliche Aufzeichnungen des akkumulierten Regenfalles) [25]. Die Niederschlagsdiagramme mit den Abmessungen $50 \times 300\ mm^2$ werden von automatischen Regenschreibern aufgenommen. Die vertikale Achse entspricht 5 mm Regenfall, die horizontale Achse 24 h. Als zusätzliche Information ist der totale Niederschlag während 24 h in der Nähe des Regenschreibers angegeben. Als Ergebnis wird der akkumulierte Niederschlag an 400 Punkten in Schritten von 0,01 mm Höhe und 0,01 h in diskreter Form verlangt.

Die Aufbereitung des Ausgangsmaterials ist eine wichtige Voraussetzung für die Lösung dieser Aufgabe der Bildverarbeitung. Abbildung 92 zeigt das Flußdiagramm für den Ablauf des gesamten Auswerteprozesses. Die Papierkarten mit den Kurven werden sortiert, aneinandergereiht und auf einen 16 mm Mikrofilm photographiert. Diese Prozedur schließt eine Reihe von Tests, um ein einwandfreies Ausgangsmaterial zu garantieren und die Mischung von Niederschlagskurven mit globalen Daten ein.

Der Ablauf der Bildverarbeitung am PEPR ist in Abbildung 93 dargestellt. Zur Rekonstruktion der Niederschlagskurven wird die MST-Methode[43] angewendet und aus den rekonstruierten Kurven werden die gewünschten Daten errechnet [195].

43 MST (Minimum Spanning Tree)

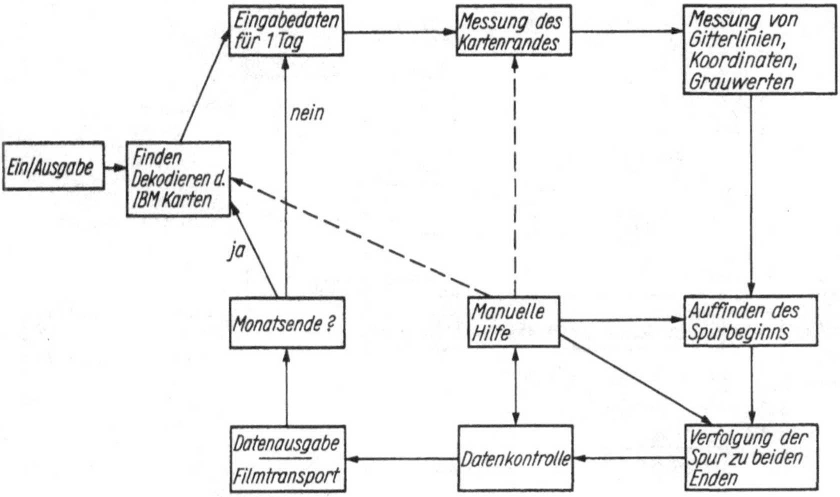

Abb. 92. Vereinfachtes Flußdiagramm des Programmsystems zur Messung von Niederschlagsdiagrammen

Durch Handarbeit wird die Kapazität des Verarbeitungssystems erheblich eingeschränkt. Die mittlere Produktivität beträgt 300 Karten/h. Insgesamt wurden etwa 22 000 Karten ausgewertet.

c) Kartographie

Die Verwendung eines PEPR in der Kartographie wird in [26] diskutiert. Folgende Aufgaben sind dafür zu erledigen: Digitalisierung der topographischen Charakteristika existierender Karten oder photometrischer Ausdrucke, Speicherung der Daten in einer Datenbank, Transformation der Meßwerte zur Verwendung für beliebige Karten, Ausdruck der Daten und automatische Zeichnung von Karten. Während die letzten drei Aufgaben analogen Problemen aus anderen Gebieten ähneln, ist die erste Aufgabe ein wesentliches spezielles Problem. In der zitierten Arbeit wird der Versuch unternommen, Konturlinien zu messen, die etwa $^2/_3$ der linienförmigen Objekte auf einer topographischen Karte umfassen.

Von den Kartenoriginalen im Format 400 X 400 mm^2 werden Photographien von 80 X 80 mm^2 hergestellt. Wichtig ist, daß die Dichteverhältnisse des Originales nicht verfälscht werden, da die Objekte häufig nur durch eine Strichbreite voneinander getrennt sind (100 . . . 200 μm). Das Signal/Untergrund-Verhältnis ist günstig. Problematisch für die Auswertung sind

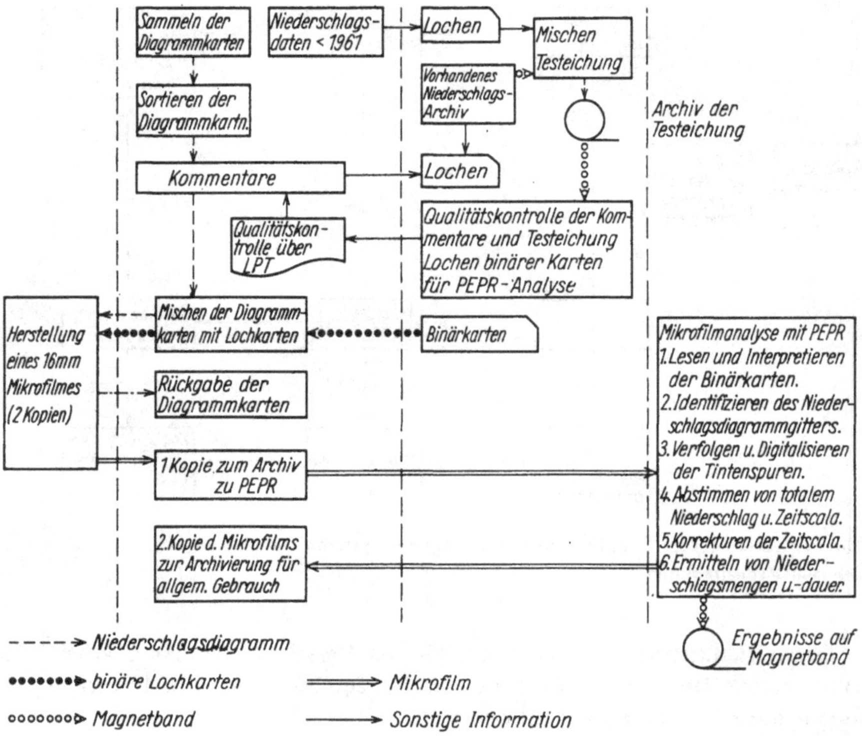

Abb. 93. Informationsfluß im PEPR Projekt zur Analyse von Niederschlagsdiagrammen

abrupte Richtungs- und Breitenänderungen der Linien, Lücken, geringe Krümmungsradien (bis Spurbreite), Kratzer auf dem Film und einander berührende Linien.

Es war naheliegend, für diese Aufgabe eine Strategie zur Spurverfolgung zu entwickeln. Folgendes Verfahren wurde angewandt: An jeder Konturlinie wird eine manuelle Vormessung vorgenommen. Es werden Koordinaten und Winkel eines Startpunktes gemessen, Zeichen (engl. flag) zur Unterbrechung der automatischen Spurverfolgung vor jeder größeren Lücke oder vor unklaren Bereichen gesetzt, Koordinaten und Winkel für die Fortsetzung der Spurverfolgung und Koordinaten des Endpunktes ermittelt. In unklaren Bereichen lassen sich die Punkte nur manuell bestimmen: Die Gesamtlänge dieser Bereiche ist jedoch klein gegenüber der gesamten Spurlänge. Die Spurverfolgung beginnt am Startpunkt mit einer Voraussage des nächsten Abtastbereiches durch lineare Extrapolation in Schritten von 100 ... 200 μm. Der Lichtstrahl des PEPR vollzieht jeweils eine einzelne Abtastung in einem Bereich. Wird innerhalb eines vorgegebenen Toleranzbereiches mehr als ein Punkt registriert, dann muß der Laborant eingreifen. Wird kein Punkt registriert, wird der nächste und eventuell auch übernächste Bereich abgetastet. Jeder gemessene Punkt ist hinsichtlich seiner Lage zum Start- und Endpunkt zu prüfen. Weiterhin werden Tests zur Verhinderung einer Richtungsumkehr vorgenommen. Der Laborant sieht auf einem graphischen Bildschirmgerät die letzten 60 Meßpunkte und den zur Zeit bearbeiteten Bildausschnitt. Mittels Rollkugelgeber und Tastenfeld kann er eingreifen. Die Bildverarbeitung entspricht demnach im vorliegenden Falle einer *a-priori Punkt-Führung.* Darüber hinaus wird die *interaktive Führung* genutzt, um Probleme sofort zu lösen. Erste Erfahrungen mit diesem System zeigen, daß die Originale perfekt reproduziert werden, und daß die Meßdauer gegenüber der manuellen Bearbeitung um den Faktor ~20 verkürzt wird.

d) Medizin

Ein typisches und aktuelles Beispiel aus der Medizin ist die Verwendung eines PEPR zur Untersuchung von Zervixabstrichen [27]. Zur Bildabtastung werden zwei Betriebsarten genutzt: Abtastung mit einem Lichtfleck, wobei das Überschreiten einer Transparenzschwelle registriert wird oder Transparenzmessung an diskreten Punkten in einem Raster von $21 \times 21\ \mu m^2$. Mit der ersten Betriebsart kann die Ausdehnung von Objekten in Schritten von 7 μm auf dem Film schnell gemessen werden. Die Abtastgeschwindigkeit beträgt zur Zeit 30 m/s und die Auflösung der Transparenzmessung 6 bit. Die Abbildung der Proben auf den Film ist so gewählt, daß die Auflösung im Zellkern bezogen auf die Probe unterhalb von 2 μm liegt. Durch entsprechende Schaltungen läßt sich an Hand der Signalamplituden ein Zellkern vom Zytoplasma und das Zytoplasma vom Untergrund separieren.

Der Nachweis von Zervixkarzinomen (engl. cancers) und Präkanzerose (engl. pre-cancers), orientiert an der Zellenmorphologie, ist bekannt. Es ist bereits mehrfach versucht worden, diesen Prozeß zu automatisieren [21]. Dazu wurde ein Programmsystem entwickelt, das es erlaubt, die morphologischen Parameter zu messen und zu entscheiden, ob eine Zelle normal oder abnormal ist. In einem ersten Schritt werden die Abmessungen der Kerne bestimmt. Dazu werden die Positionen der Vorder- und Rückflanken eines „Kernsignales" Linie für Linie gespeichert und derart das Bild des Kernes aufgebaut.

Diese Abbildung kann gespeichert und analysiert werden. Als nächster

Schritt wird die Transparenz innerhalb eines Kernes Punkt für Punkt gemessen, woraus die mittlere Dichte und die Dichteverteilung im Kern (Verteilung des Chromatins) folgen. In einem dritten Schritt wird, ähnlich wie im ersten, das Zytoplasma abgetastet. Ein viertes Programm analysiert die Form des Kernes, um Kernüberlappungen, Anhäufungen von Blutteilchen usw. festzustellen. Dazu wird je eine Abtastung horizontal und vertikal über den Kern geführt. Aus der Symmetrie der Daten um jeweils eine horizontale und eine vertikale Gerade und den Abständen der Meßpunkte von diesen Geraden wird entschieden, ob Kerne einander überlappen oder nicht.

Für die Anwendung dieser Programme wurde eine Strategie entwickelt, die eine baumartige Verästelung vorsieht und bewirkt, daß die am häufigsten vorkommenden *normalen* Zellen schnell ausgesondert werden und die komplizierteren Programme für immer weniger Zellen in Anspruch genommen werden.

In einem Test mit 1276 normalen Zellen wurden 1270 als normal klassifiziert und 6 fälschlich als abnorm. Das entspricht einer „positiven" Fehlerrate von 0,47 ± 0,19 %. Von 78 abnormen Zellen wurden 72 als abnorm und 6 fälschlich als normal klassifiziert, d. h. die „negative" Fehlerrate betrug 7,7 ± 3,0 %. Die Dauer der Analyse einer Probe hängt wesentlich von der Anzahl derjenigen Zellen ab, für die tiefer in die Programmverästelung eingedrungen werden muß.

Typische Zeiten für die Analyse eines Bildes mit 5000 Zellen sind 20 ... 40 s. In der Praxis werden etwa 10 000 Zellen (2 Bilder) pro Patient zu verarbeiten sein, und das würde dann etwa 1 Minute beanspruchen. Mit höherer Rechnerleistung und effektiveren Programmen sollte es möglich sein, 2 bis 3 Patienten pro Minute zu behandeln.

Ein interaktives System für die Analyse von Metaphasen menschlicher Chromosomen (engl. metaphase chromosoms) ist in [30] beschrieben. Es besteht aus einem Bildabtaster mit Kathodenstrahlröhre „PROTEO"[44], der für die Experimente der Hochenergiephysik entwickelt wurde, einem Rechner vom Typ IBM 360/44 und einem Bildschirmgerät. Der Abtaster wurde für die vorliegende Aufgabe modifiziert. Ein angegebener Bildausschnitt wird jeweils durch einen Satz paralleler Abtastlinien überstrichen (engl. area raster scan). Die Daten, Koordinatenpaar und Transparenz eines jeden Punktes im Abtastbereich, werden in einem 20 K Pufferspeicher abgespeichert.

44 Lichtfleckdurchmesser – 25 μm
Abtastgeschwindigkeit – 25 μm/μs
Abtastfeld – 45 × 50 mm^2

Die Punkte bilden ein Gitter mit einer Konstanten von 44 μm. Nach etwa 10 K Worten beginnt bereits, parallel zur Abtastung, die Verarbeitung mit interaktiver Führung durch einen Laboranten. Der Inhalt eines gefüllten Pufferspeichers wird jeweils auf ein Magnetband geschrieben. Zunächst wird der gesamte Bildausschnitt auf dem Bildschirm dargestellt, wobei durch eine Analyse der Transparenzwerte und deren Histogrammierung nur diejenigen Punkte auf dem Bildschirm erscheinen, deren Grauwerte höher als die ihrer unmittelbaren Umgebung sind.

Der Laborant kann die Grenzen eines genauer zu untersuchenden Bildausschnittes angeben. Dieser wird vergrößert dargestellt, und der Laborant hat das Bild so zu korrigieren, daß die weitere Auswertung automatisch fehlerlos geschieht. Auf diese Weise lassen sich neue Transparenzschwellen einstellen und fälschlich als Chromosomen interpretierte Objekte eliminieren.

Chromosomen, die einander berühren, werden getrennt und Chromosomfragmente, die einander überlappen, werden entzerrt. Nach dieser Prozedur kann ein weiteres Programm die Chromosomen separieren und erkennen. Die damit gefundenen Objekte werden dann mit Programmen untersucht, die auf verschiedenen Symmetrien aufbauen. So sind z. B. die Denver Parameter (normalisierte Länge und centromeric index) oder das Grauwertprofil längs der Achse des Chromosoms bestimmbar.

e) Solarphysik

Um die Lücke zwischen den Bildabtastern der Hochenergiephysik und den in der Spektrometrie benutzten Mikrodensitometern zu schließen, wurde – von den Erfahrungen der Hochenergiephysik ausgehend – ein spezieller Abtaster SADAF für Biomedizin, Astrophysik und Geophysik entwickelt [196]. Das Blockschema der Anlage zeigt Abbildung 94. Der Abtaststrahl wird mittels einer Kathodenstrahlröhre erzeugt. Besondere Sorgfalt wurde dabei dem optischen Abbildungssystem und der Transparenzmessung gewidmet.

Der Lichtfleck wird auf zwei Sekundärelektronenvervielfacher projiziert. In einem dieser Lichtwege, in dem sich das abzutastende Bild befindet, wird das Bildsignal I_M erzeugt. Der zweite Kanal liefert das Referenzsignal I_R. Das Transparenzsignal D wird als Differenz der Logarithmen beider Signale gebildet, so gilt:

$$D = \log I_M - \log I_R = \log \frac{I_M}{I_R} ,$$

so daß die Untergrundschwankungen ständig ausgeglichen werden. Änderungen von Schwellwerten oder von Verstärkungsfaktoren werden vor der A/D Wandlung des Signales ausgeführt, um eine hohe optische Auflösung zu gewährleisten. Die Röhre wird von einem PDP-8/I Rechner gesteuert, die

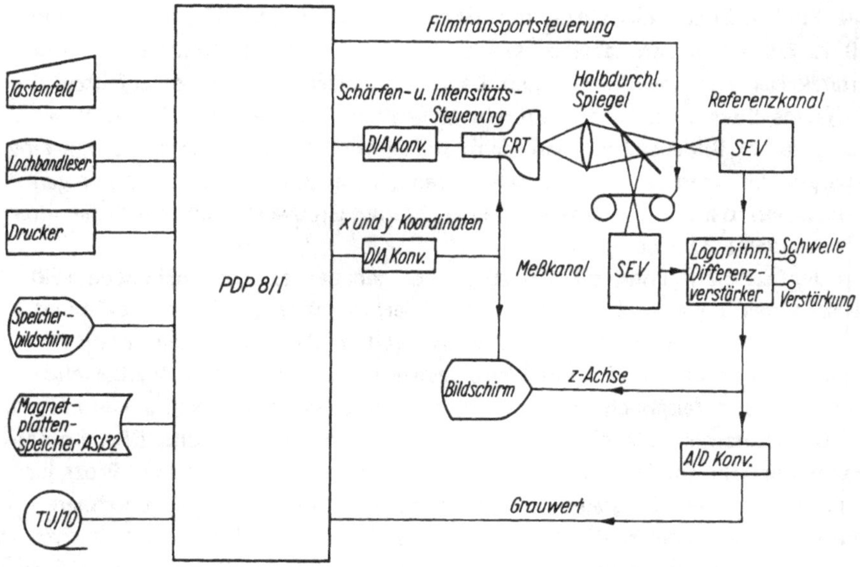

Abb. 94. Schema des SADAF-Abtasters

diskreten Daten können auf Magnetband oder Magnet-Plattenspeicher abgespeichert oder auf der PDP-8 vorverdichtet werden. Die eigentliche Bildverarbeitung erfolgt off-line an einem Großrechner. Einige Daten der Anlage:

Abtastbereich	24 X 24 mm^2
geometrische Auflösung	1024 X 1024 Punkte
photometrische Auflösung	64 Niveaus
Schwärzungsbereich	0,05 . . . 2.

Mit Hilfe des SADAF-Abtasters wurden Spektroheliogramme der H_L-Linie ausgewertet [31]. Auf einem Bildschirmgerät mit einer Speicherröhre können on-line alle abgetasteten Bildbereiche dargestellt werden und ein Laborant wählt diejenigen Bereiche aus, die für eine weitere Auswertung von besonderem Interesse sind. Das Ergebnis dieser Prozedur ist ein Magnetband mit den digitalisierten photometrischen Daten der ausgewählten Bereiche und einiger Referenzpunkte. Dadurch wird interaktiv eine erhebliche Datenreduktion erreicht. Fehler, die während der Exposition entstanden sind, werden dabei in beschränktem Maße korrigiert oder berücksichtigt. Die „gereinigten" Daten sind jetzt für eine automatische Verarbeitung geeignet. Zunächst werden auf die Referenzmarken bezogene Intensitäten berechnet. Dann können Bereiche unterschiedlicher Intensitätsniveaus bestimmt werden. Weitere interessante Größen sind die von einem bestimmten Intensitätsniveau abgestrahlte Energie E_j, die Position des hellsten Punktes usw. Die Analyse aufeinanderfolgender Bilder gibt die Entwicklung dieser Parameter in der Zeit an.

f) Sonstige Beispiele

Ein weiteres, relativ einfaches Problem ist die Auswertung von graphischer Information an CRT-Geräten, wie z. B. die Auswertung der Kurven von Flugschreibern an dem Abtaster AĖLT-1 des VIK [32].

Obwohl nach allem bisher Gesagten die Geräte mit Kathodenstrahlröhren zur Abtastung am geeignetsten erscheinen, da sie eine gute interaktive Bildverarbeitung (engl. computer assisted scanning) ermöglichen, werden auch weniger hoch automatisierte Geräte in anderen Bereichen der Bildverarbeitung benutzt.

Ein ZMP wurde für die Untersuchung spannungsoptischer Bilder verwendet [33]. Neben einer präzisen Koordinatenmessung gestattet er eine Transparenzmessung über einen Sekundärelektronenvervielfacher mit vorgesetzter rechteckiger Spaltblende. Wird diese Spaltblende über ein Bild geführt, dann werden über einen A/D-Wandler in programmierbaren Abständen Signalwerte des SEV an einen Rechner übergeben. Die Auswertung der Transparenzdaten erfolgt an einem Großrechner BESM 6.

Mit dieser Anlage wurden Isochromatenbilder von diametral gedrückten Kreisscheiben, die als Eichproben zur Bestimmung der spannungsoptischen Konstanten dienten, ausgewertet. Dafür waren die Koordinaten der einzelnen Linienmitten in den x- bzw. y-Schnitten zu ermitteln. Die Transparenzverteilungen der Bilder wurden in beiden Schnitten gemessen, so daß eine Zuordnung zwischen den Koordinaten der Linienmitten und der Isochromatenordnung möglich war. Die Ermittlung der spannungsoptischen Konstanten K (λ) aus solchen Messungen hat neben der hohen Genauigkeit den Vorteil, daß die Meßdauer (~20 s/Bild) gegenüber herkömmlichen Methoden gering ist und die Meßwerte in EDV-gerechter Form vorliegen.

Ausgehend von der Erfahrung mit SWEEPNIK für die Verarbeitung von Blasenkammeraufnahmen wurde von der Laser-Scan-Limited in Cambridge ein Gerät HRD-1 (High Resolution Film Recording and Imaging Display System) entwickelt. Es enthält eine hochauflösende Bildschirmtechnik und kann mittels eines ausgelenkten Laserstrahls Kopien auf Filmunterlagen mit hoher Präzision herstellen [34, 35].

Die angeführten Beispiele zeigen, daß die Bildverarbeitungssysteme der

Hochenergiephysik zur Lösung folgender, vom Charakter her sehr unterschiedlichen Aufgaben eingesetzt werden können [197]:

1. Automatische Präzisionskoordinatenmessung in der Bildebene mit einer Meßgenauigkeit von einigen Mikrometern.
2. Automatische Messung der Bildtransparenz in verschiedenen Bildpunkten mit einer Auflösung von 3 . . . 12 bit.
3. Automatisierung einfacher manueller Routinearbeiten mit hohem Wiederholungsfaktor in Bildverarbeitungsverfahren.
4. Automatische Erkennung und Aussortierung von Standardobjekten aus einem großen Bildmaterial. Die wenigen verbleibenden „außergewöhnlichen" Objekte können dann mit interaktiver Führung effektiv analysiert werden.
5. Interaktive Erkennung „außergewöhnlicher" Objekte und deren Aussortierung aus einem großen Datenmaterial, das anschließend automatisch verarbeitet werden kann.

Erste Erfahrungen zeigen bereits:

1. Die Geräte der Hochenergiephysik sind für *methodische Untersuchungen* an andersartigen Bildern durchaus geeignet.
2. Die automatischen Verarbeitungssysteme der Hochenergiephysik sind *vielseitig einsetzbare Anlagen,* mit denen ein breites Spektrum von Aufgaben behandelt werden kann. Für viele Routinearbeiten der Bildverarbeitung sind sie zu kostspielig, überdimensioniert, zu empfindlich und zu kompliziert in der Handhabung. Sie können jedoch dazu dienen, Algorithmen und Verfahren zu entwickeln, auf deren Grundlage dann spezialisierte, robuste, billigere Geräte für eine breite Anwendung in der täglichen Praxis konstruiert werden.
3. Besondere Aufmerksamkeit muß in jedem Falle der *Probenaufbereitung* gewidmet werden, um ein ausgewogenes Optimum an Aufwand zwischen Probenaufbereitung und Komplexität der Bildverarbeitungsalgorithmen zu finden.
4. Der Erfolg der Anwendung erprobter Geräte und Verarbeitungsmethoden zur Bildverarbeitung in anderen Bereichen hängt in starkem Maße von der *Qualität der Zusammenarbeit* zwischen den Anwendern und den Entwicklern der Anlagen ab.

8. Schlußbemerkungen und Ausblick

Die Methode optischer Spurkammern ist eine von mehreren methodischen Richtungen der experimentellen Hochenergiephysik und widerspiegelt in manchen Details deren Entwicklungsstand.[45]

Der große ökonomische und personelle Aufwand bewirkte einen hohen internationalen Grad der *Vergesellschaftung des wissenschaftlichen Arbeitsprozesses.* Beispiele aus letzter Zeit sind die Entwicklung eines SPIRALLESERS im VIK und des Systems HEVAS im IfH der AdW der DDR. Der SPIRALLESER wurde von einem Kollektiv zukünftiger Nutzer im Laboratorium für Rechentechnik und Automatisierung des VIK, das über die größten Erfahrungen auf diesem Gebiet in den RGW-Staaten verfügte, entwickelt und für die industrielle Fertigung einer Kleinserie konstruiert. Acht solcher Bildverarbeitungssysteme, deren mechanisch-optische Teile in der DDR gefertigt worden sind, wurden inzwischen in sowjetischen Instituten installiert. Regelmäßig treffen sich Entwickler und Physiker in einem der Nutzerlaboratorien zum Erfahrungsaustausch.

HEVAS wurde im IfH der AdW der DDR von einem Kollektiv von Ingenieuren, Programmierern und Physikern aus Instituten der UdSSR, der VR Polen, der ČSSR, der Ungarischen VR und der DDR entwickelt und für eine Kleinserienproduktion im ZWG der AdW der DDR vorbereitet. Diese Arbeiten erfolgten im Rahmen der multilateralen Zusammenarbeit der Akademien sozialistischer Länder auf dem Gebiet des wissenschaftlichen Gerätebaus. Durch eine solche Zusammenarbeit von Fachleuten an einem Institut, das über Erfahrungen auf dem entsprechenden Gebiet verfügt, wird eine beachtliche Steigerung der Arbeitsproduktivität erreicht und kleineren Forschungseinrichtungen die Möglichkeit gegeben, mit hoher Effektivität und unter guten Startbedingungen an der modernen technischen Entwicklung teilzunehmen. Dieses ist ein überzeugendes Beispiel für die Vorteile sozialistischer ökonomischer Integration in der Forschung.

Die Einrichtung von *methodischen Zentren* wie sie z. B. ETZOLD [199] für größere Hauptforschungsrichtungen empfiehlt, hat sich für die Bildverarbeitung in der Hochenergiephysik nicht eingebürgert, obwohl zwei Voraussetzungen dafür gegeben waren:

a) Konzentration der Beschleuniger und Spurkammerexperimente, d. h. Verfügbarkeit des Ausgangsmaterials in wenigen großen Instituten.

45 Nach G. O. MÜLLER „... widerspiegelt die Methodik eines Wissenschaftszweiges deren Entwicklungsstadium" [198].

In diesem Zusammenhang ist vor allem das VIK zu nennen, das alle sozialistischen Länder mit Spurkammerbildern versorgt. Ein ähnliches Beispiel ist das CERN für die Länder Westeuropas.

b) Die endgültige, physikalische Auswertung des experimentellen Bildmaterials, an dessen Verarbeitung mehrere Gruppen teilnehmen, erfolgt gemeinsam, um die notwendige statistische Genauigkeit zu erreichen.

Eine mögliche Erklärung dafür ist, daß die Bildverarbeitung in der Hochenergiephysik ein wichtiges Anliegen des physikalischen Experimentes ist, das der Experimentator nicht aus den Augen lassen darf, wenn er die Ergebnisse umfassend überblicken und verantworten will.

Ein weiterer Grund sind vor allem die in Kapitel 6.4. angeführten spezifischen Eigenschaften der Teilchenwechselwirkungen, welche die Experimentauswertung (unabhängig von der konkreten experimentellen Methode) zu einer sehr empfindlichen, nur vom Physiker selbst zu lösenden Aufgabe machen.

Die Messungen in der Hochenergiephysik werden nicht, wie in manchen anderen Wissenschaftszweigen, mit einem Satz käuflich zu erwerbender moderner, eventuell von Laboranten bedienbarer, Standardgeräte ausgeführt. Die große Mannigfaltigkeit der Methoden und Geräte zur Bildverarbeitung widerspiegelt die Vielzahl der unterschiedlichen Forscherkollektive. Jedes Kollektiv baut seine eigene Methode und Gerätetechnik selbst auf und entwickelt sie ständig weiter. Dazu bedarf es qualifizierter ingenieurtechnischer Mitarbeiter mit langjährigen Erfahrungen in einem Fachgebiet. In zentralen Instituten sind für diese Aufgaben entsprechend große Einrichtungen wie das Laboratorium für Rechentechnik und Automatisierung des VIK oder die Data Handling Division im CERN eingerichtet worden. Industrielle Neuentwicklungen werden frühzeitig von diesen Kollektiven aufgegriffen und, vice versa, geben sie aus ihren Arbeitserfahrungen heraus der Industrie Anregungen für Neuentwicklungen.

Die Bildverarbeitung in der Hochenergiephysik nutzt in großem Umfange die *elektronische Rechentechnik*. Die Feststellung von SCHULZE [200]: „... daß sich der Erkenntnisstand auf dem Gebiet der Anwendung elektronischer Rechenanlagen ganz allgemein, speziell aber in der wissenschaftlichen Forschung, noch auf einem relativ niedrigen Niveau befindet", trifft für die experimentelle Hochenergiephysik keineswegs zu. Im Gegenteil, sie hat die Entwicklung der elektronischen Rechentechnik von ihren Anfängen an aufmerksam verfolgt, in allen Entwicklungsstadien sinnvoll genutzt und selbst Impulse zu ihrem weiteren Fortschritt gegeben. Dem Versuch, gerade diese Entwicklung an Hand der automatischen Bildverarbeitung zu zeigen, ist ja der vorliegende Band gewidmet.

1970 zog HOUGH [201] ein Fazit der Wechselwirkung zwischen der Entwicklung von Rechentechnik und Bildverarbeitung in der Hochenergiephysik und diskutierte mögliche Entwicklungstendenzen. Zu jenem Zeitpunkt war der Übergang von Rechenmaschinen der Größenordnung IBM 7094 zu Rechenautomaten der Klasse CDC 6600 erfolgt und in Aussicht standen die Maschinen der Größenordnung CDC 7600.

Die ersten rechnergesteuerten Bildverarbeitungssysteme mit *Bahn-Führung* (SMP[46], HPD) steigerten die Meßraten gegenüber handbetriebenen Geräten um $^1/_2$ ... 1 Größenordnung. Die *Vertex-Führung* (SPIRALLESER, POLLY, HPD) brachte einen weiteren Gewinnfaktor von 2 ... 3. Für die Ereignisrekonstruktion und weitere Rechnungen ergab der Übergang vom ersten Stadium zum zweiten eine Senkung der *Kosten pro Ereignis* (ausgeführte Befehle/Dollar) um einen Faktor 4 ... 5 bei einem *Anstieg der Anzahl der gerechneten Ereignisse pro Zeiteinheit* um einen Faktor 4 ... 5. Beim Übergang vom zweiten zum dritten Abschnitt erwartete HOUGH entsprechend eine weitere Senkung der Kosten pro Ereignis um den Faktor 3 ... 4 und eine weitere Zunahme der Rechengeschwindigkeit um einen Faktor 5 ... 6. Er leitet daraus zwei mögliche Entwicklungstendenzen ab: *höhere Ereigniszahlen* durch volle Nutzung der Vertex-Führung, eventuell in der Form von Meßzentren für viele Nutzer, die dann selbst „nur" das Absuchen und Vormessen der Filme übernehmen und *„computer assisted scanning"*, d. h. der Dialog Mensch – Rechner zur Objekterkennung. Inzwischen hat sich gezeigt, daß infolge der Wandlungen, die die Blasenkammermethode selbst erlebt, bevorzugt der zweite Weg eingeschlagen wird.

Die beschriebenen Methoden zeigen, wie mannigfaltig das auf relativ wenige grundsätzliche Algorithmen zurückzuführende Problem der Bildverarbeitung an Spurkammerbildern mit den Mitteln der modernen Technik gelöst wurde. Daß alle diese Verfahren ihre Berechtigung haben und nicht schlechthin eines das „beste" ist, zeigt schon die Tatsache, daß die Ergebnisse (Meßleistung, Genauigkeit, Aufwand/Nutzen) unterschiedlicher Verarbeitungssysteme durchaus miteinander vergleichbar sind. Es erhebt sich also wieder die Frage, wohin die Entwicklung gehen wird.

Allgemein ist dazu zu bemerken, daß die Blasenkammer als universelles experimentelles Instrument an Bedeutung verliert, da sie den Anforderungen seitens der neuen großen Beschleuniger nicht mehr in allem gerecht werden kann. In Zukunft werden nur noch bestimmte Untersuchungen (z. B. Neutrinowechselwirkungen) an Blasenkammern ausgeführt und eventuell, wie

46 SMP (Scanning and Measuring Projector) – ein spezifisches Absuch-Meßgerät, das hier nicht näher beschrieben wird, da seine Verwendung sehr begrenzt ist [202].

auch schon jetzt im FNAL, kleinere Blasenkammern als Spurdetektoren in großen Anlagen eingesetzt werden. Unter diesen Voraussetzungen erscheinen universelle Scan-Meßsysteme mit interaktiver Führung (computer assisted scanning) für die Bildverarbeitung sehr geeignet.

Sollte es sich als notwendig erweisen, die Bildverarbeitung weiter zu beschleunigen, so liegt eine Reserve im Ersatz der sequentiellen Abarbeitung der einzelnen Operationen durch eine parallele. Zur parallelen Informationsaufnahme wurde von KAWAGUTI [203] ein Bildabtaster vorgeschlagen, der mittels eines Photodiodenkammes gleichzeitig mehrere (16 und mehr) Abtastlinien schreibt. Einer solchen Datengewinnung entsprechend können die Daten mit Hardware-Prozessoren auch parallel verarbeitet werden, wie die Spurelementsuche in BRUSH und andere Verfahren zeigen [204].

Um mit solchen Methoden einen beachtlichen Zeitgewinn zu erreichen, müssen die Schaltungen allerdings im Nanosekundenbereich arbeiten.

Aus dem Bestreben heraus, die Ergebnisse unmittelbar nach vollzogenem Experiment zu erhalten oder ausgewählte Ereignisse während des Experimentablaufs zu Kontroll- oder Eichzwecken in Echtzeit auszuwerten, werden Wege zur filmlosen Informationsaufnahme gesucht. Eine beachtliche Entwicklung in dieser Richtung erlebten die Drahtfunken- und Proportionalkammern. Auch für optische Spurkammern weist die Technik heute schon Wege zur Umgehung des Filmes, die eines Tages sicher benutzt werden.

Im VIK [205] und im CERN [206] werden für die Informationsaufnahme an optischen Funken- und Streamerkammern Bildaufnahmeröhren (Plumbicon) eingesetzt. Damit können Ereignisse auf Speicherbildschirmen dargestellt und Meßwerte in einen Rechner überführt werden. Um den Film durch solche Geräte zu ersetzen, müssen jedoch sehr hohe Anforderungen an ihre Stabilität und Auflösung gestellt werden. Daher erscheint dieser Weg, vom heutigen Stand der Technik betrachtet, als wenig zukunftsträchtig. Auch die dem Fernsehen angepaßte *serielle* Auslesung der Daten setzt ihrer Anwendung gewisse Grenzen.

Eine wesentlich günstigere Perspektive weist gegenwärtig die *Mikroelektronik.* Die Technik der CCD (Charge Coupled Device) erlaubt es, Matrizen von lichtempfindlichen Elementen herzustellen, die zur Bildaufnahme geeignet sind. Es ist bereits eine Reihe von Versuchen zur Anwendung solcher Schaltkreise in der Spurkammertechnik unternommen worden [207 – 209]. Mittels einer solchen Matrix wird eine Abbildung in ein Gitter von Bildpunkten zerlegt, deren Koordinaten fest vorgegeben sind. Dadurch wird die *Präzisionskoordinatenmessung* auf eine einfache *Abzählung* reduziert. In jedem Bildpunkt wird ein Signal gewonnen, dessen Amplitude ein Maß für den Grauwert der Abbildung (zunächst in analoger Form) an diesem Gitterpunkt ist. Die Information wird in einen Rechner überführt und verarbeitet. Die Empfindlichkeit solcher Lichtempfänger kann gegebenenfalls durch das Vorschalten eines elektronenoptischen Bildverstärkers erhöht werden.[47] Die Größe solcher Matrizen liegt bereits in akzeptablen Bereichen (Matrizen mit 512 X 512 Elementen sind schon im Handel). Interessant für die schnelle Bildverarbeitung sind vor allem Matrizen mit wahlfreiem Zugriff.

Ein großer Vorteil der Abtastung des Filmbildes mit einem Bildabtaster gegenüber einer Auslesung mit örtlich fixierten Lichtempfängern liegt in der Auflösung. Im ersten Falle können die Objekte von einem steuerbaren Abtaststrahl analog, d. h. mit einer beliebig hohen Auflösung (die jedoch auf einen kleinen Bereich beschränkt sein kann), abgetastet werden. Um mit einer lichtempfindlichen Matrix (d. h. mit diskreter „Abtastung") eine ähnlich hohe Auflösung zu erreichen, müßte sie sehr viele Elemente enthalten oder auch über die Abbildung bewegt werden können. Ersteres ist technologisch nicht trivial zu lösen, und die zweite Variante bedeutet Zeitverlust und ist in solchen Fällen undiskutabel, wenn das Bild nur kurzzeitig erscheint. Es sind daher auch Versuche angestellt worden, die Holographie, die eine analoge Informationsaufnahme bietet, für diese Probleme der Bildverarbeitung zu nutzen [210], oder optische Filtermethoden in die Informationsaufnahme einzufügen [211].

Unabhängig davon, ob einer der aufgezeigten Wege in Zukunft begangen wird, oder ob noch völlig neue Wege gefunden werden, wird ein großer Teil der bisher gewonnenen Erfahrungen auch zukünftig verwendbar sein. Sollten sich die CCD- oder CID-Matrizen oder bessere Bildaufnahmeröhren durchsetzen, so könnte eine erste Vorverarbeitung der Bildinformation durch schnelle Hardware-Prozessoren, eventuell unter Nutzung der Walsh-Transformationen [212 – 214], bei der Überführung der Information in einen Rechner erfolgen. Die weitere Informationsverarbeitung erfolgt dann am Rechner. Hier können die wohlerprobten Methoden der interaktiven Führung direkt angewendet werden, wobei sich der Mensch auf die bildlich dargestellte Primärinformation stützt. Sollten analoge Bildaufnahme- oder Abtastverfahren stärker progressieren, dann wäre eventuell das Problem der dreidimensionalen Datenfilterung zu lösen und damit weitere Fehlerquellen auszuschließen.

Die technischen Lösungen zur automatischen Bildverarbeitung werden wesentlich vom Umfang der für diese Zwecke geeigneten und einsetzbaren elektronischen Rechentechnik bestimmt. Da diese Entscheidung zumeist von

47 Bereits während der Drucklegung der vorliegenden Schrift erschien in der Funktechnik (1979) 5, S. 256, eine Mitteilung, die auf die Realisierung einer derartigen Kombination hinweist.

rein ökonomischen Erwägungen ausgeht, beeinflußt sie wesentlich den Umfang der zur Diskussion stehenden Verfahren. Unter den Bedingungen mit eingeschränkter Verfügbarkeit der Rechentechnik sind folgende, einander nicht ausschließende Varianten denkbar:

1. Automatische Bildverarbeitung mit universellen Bildabtastern und großer Rechentechnik an einer zentralen Stelle zur multivalenten Nutzung (Meßzentrum, methodisches Zentrum). Das Zentrum verfügt über ein hinreichend großes Kollektiv von Hardware- und Software-Spezialisten. In enger Zusammenarbeit dieses Kollektivs mit den Fachleuten verschiedener Anwender werden konkrete Verfahren zur automatischen Bildverarbeitung entwickelt, erprobt und in die Routine übergeleitet. Die Anlage selbst wird ähnlich wie ein Rechenzentrum für unterschiedliche Nutzer routinemäßig betrieben und optimal ausgelastet.
2. Rechnergestützte Bildverarbeitung beim Anwender selbst. Ausgehend von Erfahrungen und konkreten Vorstellungen werden in Anwenderkollektiven, unterstützt von Hardware- und Software-Spezialisten, rechnergestützte Anlagen entwickelt, die eine, den jeweiligen Möglichkeiten angepaßte Führung der Bildverarbeitung vorsehen. Die Anlagen werden vom Anwender selbst betrieben.
3. Serielle Produktion von Geräten zur Bildverarbeitung einschließlich der für einen on-line Betrieb erforderlichen Rechner und Software. Solche Anlagen werden beim Anwender selbst betrieben oder in der Form methodischer Zentren größeren Anwenderkreisen zur Verfügung gestellt.

Wie schon bemerkt, hat sich die erste Variante in der Hochenergiephysik nicht durchgesetzt.

Das muß nicht für jede andere Anwendung zutreffen, vor allem dann, wenn Meßfehler, Fehlinterpretation oder Unmöglichkeit der Objekterkennung nur einen Materialverlust, nicht aber systematische Fehler verursachen. Die Erfahrung zeigt aber, daß Bildverarbeitungssysteme störanfällig sind und dann produktiv arbeiten, wenn sie der interessierte Anwender überwacht.

Die Erfolge der zweiten Variante in der Hochenergiephysik sind in den vorangegangenen Kapiteln geschildert. Es gibt kaum Gründe anzunehmen, daß bei entsprechendem Engagement in anderen Gebieten der Bildverarbeitung nicht ähnliche Erfolge erreicht werden können. Im Gegenteil, die Arbeiten in der Hochenergiephysik begannen auf Neuland, auch in vielen technischen Fragen. Daher können sich potentielle Anwender heute bereits auf diese Erfahrungen stützen.[48]

48 PLESS berichtete 1974 in Oxford [42], daß die Entwicklung des ersten PEPR im MIT etwa sieben Jahre gedauert habe und meinte, daß ein ähnlich (Fortsetzung Fu. S. 175)

Insbesondere können die in Kapitel 6.5.4. dargestellten Baugruppen vielseitig verwendet werden und ebenfalls die hier kaum erwähnten reichen Erfahrungen an Software für den on-line Betrieb von Meßgeräten mit Prozeßrechnern [215 – 219] und die Verfahren der Messung, Führung und Objekterkennung.

Dieser Weg führt zum Erfolg, da die Entwicklung jeweils in einem zweckdienlichen Stand übernommen und relativ leicht an neue Erkenntnisse und Aufgaben angepaßt werden kann.

Die dritte und für den Anwender bequemste Variante ist dann real, wenn bereits erprobte Verfahren und Algorithmen vorliegen. Sie sollte mit Hilfe der Industrie realisiert werden. In der Hochenergiephysik sind die erforderlichen Stückzahlen an Geräten nicht so groß, als daß eine Serienfertigung für einschlägige Industriebetriebe lukrativ wäre.

Anders verhält es sich mit der Bildverarbeitung in der angewandten Forschung, da diese Einschränkung dort vielfach nicht gelten wird.

Eine verallgemeinerungsfähige Erfahrung der hier vorgestellten Entwicklung ist die Anwendung der Rechentechnik zur Experimentautomatisierung. Die Automatisierung hat die *Meßleistung* erheblich gesteigert und die *Kosten pro Ereignis* reduziert. Ein wichtiger Faktor dafür war die Reduzierung der manuellen Tätigkeit des Menschen mit seinen relativ langen Reaktionszeiten. Alle beschriebenen Systeme setzen jedoch die aktive Teilnahme von Mensch und Rechenautomat im Meßprozeß voraus. Beide ergänzen, helfen und kontrollieren sich gegenseitig. Die in Tabelle 9 aufgeführten Funktionen zur *„Ereignisrettung"* und Operatoreingriffe bei PEPR, POLLY, AĖLT-2/160, d. h., die geistig anspruchsvolle Tätigkeit der *Objekterkennung* führt der Mensch aus. Dabei helfen ihm komplizierte Programm- und Dialogsysteme zur Fehlererkennung und -beseitigung.

Eine derartige interaktive Arbeitsweise, deren Tempo durch den Rechner vorgegeben wird, treibt den Laboranten an, belastet und ermüdet ihn. Folglich müssen Testprogramme existieren, welche die Logik seiner Handlungen prüfen und die Meßergebnisse überwachen.[49] Sie arbeiten auf unter-

(Fortsetzung Fußnote 48)

anspruchsvolles Projekt mit den nunmehr vorhandenen Erfahrungen kaum schneller als in drei Jahren entwickelt werden könnte. Eigene Erfahrungen im IfH der AdW der DDR mit SOLAS und HEVAS bestätigen diese Feststellung.

49 Für eine humane, auf das Wohl des Menschen ausgerichtete Gesellschaftsordnung, entstehen daraus neue Aufgaben für eine adäquate Wandlung der Arbeits- und Lebensbedingungen, auf die hier nicht eingegangen wird. Als Beispiel sei angeführt, daß im IfH der AdW der DDR und im VIK die Arbeitszeit der Laboranten an derartigen Meßsystemen auf 1,5 . . . 2,5 h begrenzt ist.

schiedlichen Niveaus, beginnend mit einfachen Kontrollen bis hin zur statistischen Zwischenauswertung von Ergebnisgruppen und garantieren die Einhaltung bestimmter Grenzen des Experimentes. Natürlich steht hinter all den geschilderten Methoden, Geräten und Programmen der Experimentator, der sie, beginnend mit der Idee zum Experiment, konzipiert hat und dadurch eine globale *a priori Führung* ausübt. Das Instrument dazu, mit dessen Hilfe er seine geistigen Fähigkeiten voll und rationell ausschöpfen kann, ist die Rechentechnik. Ihre Beherrschung kann, ähnlich wie die eines Musikinstrumentes, bis zur Virtuosität gesteigert werden.[50, 51]

Unter dem Einfluß der Rechentechnik vollzieht sich ein Wandel von klassischen Experimentiermethoden, vom *klassischen Meßgerät* zum *automatisierten Meßplatz*. Dieser Wandel hat zunächst wesentlichen Einfluß auf den wissenschaftlichen Gerätebau. Das traditionelle Meßgerät wird in seine Funktionseinheiten aufgelöst, die autonom betrieben werden und über Datennetzwerke miteinander und mit der Rechentechnik verbunden sind. Die Entwicklung der Rechentechnik vom Universalrechner über den Prozeß- und Kleinrechner zum Mikroprozessor gestattet es, die *notwendige „Intelligenz"* wohldosiert in die Einheit zu setzen, in der sie benötigt wird. Ein derartiger Meßplatz ist als *spezifisches informationelles System* aufzufassen, das durch den Austausch weniger Funktionseinheiten jeweils der spezifischen Meßaufgabe und dem Umfang der Auswertung im Rahmen einer begrenzten Thematik angepaßt wird. Neben der Entwicklung der aufgabenspezifischen Meßeinheiten, Sensoren und Effektoren ist die Entwicklung geeigneter Funktionseinheiten für den *Mensch – Rechner Dialog* und den *Mensch – Experiment Zugriff* wichtig. Eine hohe Flexibilität solcher Anlagen ist durch eine geeignete Standardisierung der Nahtstellen bezüglich Hardware-Ausführungen (z. B. Steckverbinder), Signalpegel, Frequenzen, Impedanzen,

50 Als letztes Beispiel der Anwendung der Rechentechnik zur Experimentautomatisierung sei hier das Projekt STELLA (Satellite Transmission Experiment Linking Laboratories) [220] erwähnt, das vom CERN und einer Reihe weiterer Organisationen zur Zeit erprobt wird. Ein künstlicher Erdsatellit OTD (Orbital Test Satellite) wird dazu benutzt, Daten vom CERN zu entfernten Rechenzentren mit einer den Rechenzeiten vergleichbaren Geschwindigkeit (~10 Megabit pro Sekunde) bei extrem niedrigen Fehlerraten zu übertragen. Dadurch soll die Kapazität des CERN-Rechenzentrums vergrößert und anderen Laboratorien die Möglichkeit gegeben werden, eine eingeschränkte Fernsteuerung (engl. remote controll) an einem laufenden Experiment auszuüben.

51 Während des Satzes dieses Bandes erschien im Akademie-Verlag Berlin und im Springer-Verlag Wien – New York eine Darstellung der Grundlagen und Anwendungen der maschinellen Bildverarbeitung herausgegeben von KAZMIERCZAK [221]. Neben grundlegenden Fragen der digitalen Bildverarbeitung, Bildcodierung und Bildauswertung werden bildverarbeitende Prozessorsysteme und deren Anwendungen in der Wirtschaft, Industrie, Medizin und Geographie behandelt. Die speziellen Lösungen zur Bildverarbeitung in der Hochenergiephysik und deren Relevanz für ihren Einsatz in anderen wissenschaftlichen oder industriellen Gebieten, die wesentliches Anliegen des hier vorliegenden Bandes sind, sind dort nicht Gegenstand der Arbeit.

Datenstrukturen, Befehlsstrukturen usw. zu erreichen. Die Multivalenz der Verwendbarkeit gleichartiger Aufbauten in unterschiedlichen Forschungsgebieten hängt direkt von dem Grad der erreichten Standardisierung ab. Ein erster Schritt in dieser Richtung war das System CAMAC, das auch außerhalb der Kernphysik immer breitere Anwendung findet, u. a. auch in der Bildverarbeitung [172]. Technologische, ökonomische und handelspolitische Interessen werden auch in Zukunft zu einem breiten Angebot an nichtkompatiblen rechentechnischen Hilfsmitteln und Meßeinheiten führen. Daher bleibt es für den wissenschaftlichen Gerätebau ein aktuelles Anliegen, geeignete Formen „funktioneller Interfaces" zu finden, die es dem Experimentator ermöglichen, aus dem vorhandenen Angebot rasch das erforderliche Meßsystem zusammenzustellen.

Hinter dieser Metamorphose der Experimentiertechnik steht das Streben nach einem *Maximum an nützlicher Information pro Zeit- und Kosteneinheit* und die *Erschließung neuer Informationsquellen.* Beide Aspekte führen zu einer ständigen Steigerung des experimentellen Informationsflusses, in dem das Verhältnis von *Untergrund* und *redundanter Information* zu *nützlicher Information* ebenfalls steigt. Um diesen wachsenden Informationsfluß zu verarbeiten, werden weitere Arten der *automatischen Objekterkennung* in die experimentelle Forschung eindringen, die, gestützt auf die große Redundanz der primären Information, eine wesentliche Untergrundeliminierung ermöglichen. Analog zur automatischen Bildverarbeitung wird auch hier die Optimierung der *Führung des Experimentes* auf interaktiver Basis, d. h. eine optimale Aufteilung zwischen anspruchsvoller geistiger Tätigkeit des Experimentators zur Objekterkennung und Routineoperationen durch die Rechentechnik, entscheidenden Einfluß auf die Lösung der Aufgabe haben. Da es sich im allgemeinen Falle nicht um bildhafte Primärinformation handelt, wird der Datendarstellung dabei besondere Aufmerksamkeit geschenkt werden müssen. Weitere neue Probleme, die gelöst werden müssen, sind die *Datensicherung, Buchhaltung, Datenkontrolle,* der *operative Zugriff zu den Daten* in jeder Experimentphase.

Eine derartige Entwicklung wird letztlich alle Bereiche experimenteller Forschung erreichen, und jeder Experimentator wird mit der Automatisierung seiner Forschung konfrontiert werden. Die oben angeführten Bestrebungen zur Standardisierung werden dazu führen, daß die Automatisierungstechnik unabhängiger vom konkreten Meßprozeß wird, und jedes Forscherkollektiv von den Ergebnissen auf anderen Gebieten in dieser Richtung profitieren kann. Zugleich legt dieser Umstand ein gemeinsames Vorgehen, bzw. ein abgestimmtes Programm zur Automatisierung der experiementellen Forschung im Rahmen der sozialistischen ökonomischen Integration nahe. Der Autor hofft, daß er mit dem vorliegenden Band einen kleinen Beitrag zu dem für ein gemeinsames Vorgehen notwendigen Erfahrungsaustausch getan hat.

9. Anhang

Programme der Bearbeitungskette

THRESH

Programm zur geometrischen Rekonstruktion der Spuren von Elementarteilchen, die in Blasen- bzw. Spurkammern sichtbar gemacht und von zwei oder mehr Kameras an räumlich voneinander entfernten Positionen aufgezeichnet werden.

Bei konstantem Magnetfeld in der Kammer und bei Vernachlässigung von Ionisationsverlusten der Teilchen in der Flüssigkeit (flüssiger Wasserstoff) ist die räumliche Spur eines Teilchens eine Schraubenlinie, deren Achse in Richtung des Magnetfeldes zeigt. Ausgehend von den Filmbildern werden mittels der bekannten Parameter der Optik (räumliche Lage des Brennpunktes, Richtung der Objektivachse) Orientierungen von Lichtstrahlen im Raum bestimmt. Bei gleichem Original sollten die Lichtstrahlen von zwei verschiedenen Kameras so im Raume liegen, daß eine Schraubenlinie alle Strahlen gemeinsam schneidet oder wenigstens sehr dicht an ihnen vorbeiläuft. Durch eine Anpassung von Startwerten für die Schraubenlinie an die Lichtstrahlenkonfiguration werden die „exakten" Parameter der rekonstruierten Spur im Raum bestimmt [(x, y, z)-Koordinaten des Anfangspunktes, Krümmung und Raumwinkel der Schraubenlinie im Anfangspunkt].

Das Programm umfaßt ca. 50 Teilprogramme und zahlreiche Unterprogramme für Hilfsaufgaben. Der Speicherplatzbedarf liegt bei ca. 50 K Worten. Die mittlere Bearbeitungsdauer für ein Ereignis auf der EDVA BESM 6 beträgt 15 s.

GRIND

Programm zur Korrektur experimentell bestimmter Spurparameter von Ereignissen in Spurkammern, unter Berücksichtigung des Energie-Impulssatzes. Für verschiedene Teilchenhypothesen wird nach der Methode der kleinsten Quadrate das Minimum einer χ^2-Funktion gesucht, dessen Wert zugleich ein Maß für die Irrtumswahrscheinlichkeit der angenommenen Hypothese ist. Energie- und Impulssatz geben vier Bedingungsgleichungen für diese Rechnung. Faßt man die Spurparameter in x_i zusammen und ihre Fehler in der matrix G_{ij}^{-1}, so ist

$$\chi^2 = \sum_{i=1}^{n} \sum_{j=1}^{n} (x_i^o - x_i) \, Gij \, (x_j^o - x_j),$$

wobei x_i^o, die gemessenen und x_i die durch die Rechnung korrigierten Spurparameter sind. Die Differentiation von χ^2 ergibt ein nichtlineares Gleichungssystem, so daß ein iteratives Rechenverfahren angewendet werden muß. Dieses Verfahren wird durch das Programm GRIND realisiert.

AUTOGRIND

Die vom Programm GRIND gelieferten Resultate werden nach bestimmten, vom jeweiligen Experiment abhängigen Kriterien ausgewertet, bevor eine endgültige Massenzuordnung erfolgt. GRIND kann mehrere Hypothesen von Massenannahmen, welche die Energie-Impulserhaltung erfüllen, akzeptieren, von denen dann einige verworfen werden können, wenn sie z. B. im Widerspruch zur beobachteten Ionisation der Teilchen stehen. Diese Arbeiten lassen sich teilweise oder vollständig automatisieren und können von einem Programm übernommen werden, dem sogenannten AUTOGRIND. Die mittlere Rechenzeit für ein Ereignis GRIND/AUTOGRIND auf der BESM 6 beträgt ca. 10 s. Der Speicherplatzbedarf ist ca. 50 K Worte.

SLICE

Programm zur Aufbereitung der experimentellen Daten für die statistische Auswertung.

Die Ergebnisse der kinematischen Analyse durch die Programme GRIND/AUTOGRIND werden in spezieller Weise aufbereitet, um die statistische Auswertung zu erleichtern. Die Meßdaten eines Ereignisses werden in einen Datensatz definierter Struktur überführt und die so erhaltenen Datensätze auf Magnetbänder (DST) gespeichert und gesammelt.

SUMX

Programm zur Berechnung statistischer Meßwerte.

Die eigentliche statistische Auswertung der Daten, wie Histogrammierung, Mittelwertbildungen, Momentberechnungen etc. kann mit Hilfe des Programms SUMX erfolgen. Die Arbeitsweise des Programms ist durch Steuerkarten bestimmt. Durch diese können z. B. Histogramme mit vergleichsweise geringem Aufwand erzeugt werden.

HYDRA/HYGEOM/HYKINE

HYDRA ist ein System von Unterprogrammen und Programmierkonventionen, das folgende nützliche Eigenschaften hat:

- dynamische Speicherverwaltung,
- Definition und Bearbeitung strukturierter Datensätze,
- modularer Programmaufbau

– leichte Fehlersuche durch gute Service-Routinen,
– vereinheitlichte Datendarstellung auf Magnetbändern für den Austausch von Daten zwischen Forschungszentren mit unterschiedlichen Rechenanlagen.

Das HYDRA-System basiert auf der Programmiersprache FORTRAN mit einigen kleinen Teilprogrammen, die in der Assemblersprache der jeweils benutzten EDVA geschrieben sein müssen.

Dem alten Programm THRESH entspricht HYGEOM, den alten Programmen GRIND/AUTOGRIND – HYKINE/AUTOKINE.

10. Abkürzungsverzeichnis

AĖLT	Avtomat na Ėlektronnolučevoj Trubke
ANL	Argonne National Laboratory
AOS	Avtomat dlja Obrabotki Snimkov
AR	Ausgaberegister
AVR	Automatische Verstärkungsregelung
BEBC	Big European Bubble Chamber
BNL	Brookhaven National Laboratory
BPS	Bol'šoj Prosmotrovyj Stol
CCD	Charge Coupled Device
CERN	Conseil Européen pour la Recherche Nucléaire
CID	Charge Injection Device
CPU	Central Processing Unit
CRT	Cathode Ray Tube
DAPR	Digital Automatic Pattern Recognition
DAT	Data Abstract Tape
DST	Data Summary Tape
ĖLAS	Ėlektronnolučevaja Sistema Avtomatizirovannoj Obrabotki Snimkov
ER	Eingaberegister
FFR	Flip Flop Register
FNAL	Fermi National Accelerator Laboratory
FSD	Flying Spot Digitizer
HBC	Hydrogen Bubble Chamber
HEVAS	Hierarchisches Echtzeit-Verarbeitungssystem für die Auswertung von Spurkammerbildern
HIT	HEVAS Input Tape
HMP	HEVAS-Meßprojektor
HPD	Hough-Powell Digitizer
HRD	High Resolution Film Recording and Imaging Display System

IDXDST	Index Data Summary Tape
IDXTP	Index Tape Programm
IDXWK	Index Work Programm
IEP	Instrument for Evaluation of Photographs
IEPONLIN	IEP on-line
IfH	Institut für Hochenergiephysik
IFVĖ	Institut Fiziki Vysokich Ėnergij
IGR	Inkrementaler Geber Rotatorisch
KSM	Kernspur-Meßmikroskop
LBL	Lawrence Berkeley Laboratory
LPU	Local Processing Unit
MĖLAS	Modellirujuščaja Ėlektronnolučevaja Sistema Avtomatizirovannoj Obrabotki Snimkov
MICON	Microprocessor Control
MIS	Magnitnyj Iskrovoj Spektrometr
MIT	Massachusetts Institute of Technology
MM	Missing Mass
MST	Minimum Spanning Tree
MWPC	Multiwire Proportional Chamber
OIJaI	Ob-edinennyj Institut Jadernych Issledovanij
OTD	Orbital Test Satellite
PEPR	Precision Encoding and Pattern Recognition
PRM	Programm Memory
PSP	Pribor so Skanirujuščim Svetovym Pjatnom
PUOS	Poluavtomat dlja Obratbotki Snimkov
RISK	Relativistisches Ionisationsstreamerkammer-Spektrometer
SEV	Sekundärelektronenvervielfacher
SKAT	Serpuchovskaja Kamera s Tjaželym Napolneniem
SMP	Scanning and Measuring Projector
SOLAS	System zur on-line-Auswertung von Spurkammerbildern
SPS	Super Proton Synchrotron

STELLA	Satellite Transmission Experiment Linking Laboratories
TDU	Track Detection Unit
TRIT	Trigger Input Tape
TRITIN	Trigger Input Tape Information
UMM	Universal-Meßmikroskop
VIK	Vereinigtes Institut für Kernforschung
ZMP	Zeuthener Meßprojektor

11. Abbildungsverzeichnis

Bildnachweis

VIK Dubna (UdSSR) Photos Nr. 2, 4, 5, 6, 7, 9, 10, 11, 12,
IFVĖ Serpuchov (UdSSR) Photo Nr. 13.

12. Tabellenverzeichnis

13. Literatur

[1] Helmholtz, H. v., Handbuch der Physiologischen Optik. Verlag Voss, Hamburg, Leipzig 1896

[2] Tjuchtin, V. S., Teorija avtomatičeskogo opoznavanija i gnoseologija. Nauka, Moskva 1976

[3] Raspoznavanie obrazov. Teorija i priloženija. Sb. pod red. I. T. Turboviča. Nauka, Moskva 1977

[4] Fomin, V. I., Matematičeskaja teorija obučaemych opoznajuščich sistem. Izd. Leningradskogo universiteta, Leningrad 1976

[5] Perceptron – sistema raspoznavanija obrazov. Pod obščej red. A. G. Ivachnenko. Naukova dumka, Kiev 1975

[6] Milen'kij, A. V., Klassifikacija signalov v uslovijach neopredelennosti. Statističeskie metody samoobučenija v raspoznavanii obrazov. Sovetskoe radio, Moskva 1975

[7] Steinhagen, H. E., Fuchs, S., Objekt-Erkennung. Einführung in die mathematischen Methoden der Zeichenerkennung. Verlag Technik, Berlin 1976

[8] Nagy, G., State of art in pattern recognition. Proc. IEEE, 56 (1968) S. 836–861

[9] Mendel, J. M., Fu, K. S., Adaptive, learning and pattern recognition systems. Theory and application. Academic Press, New York, London 1970

[10] Meisel, W. S., Computer-oriented approaches to pattern recognition. Academic Press, New York, San Francisco, London 1972

[11] The Conference on Computer Graphics, Pattern Recognition and Data Structure. Los Angeles 1975, May 14–16, New York 1975

[12] Frontiers of Pattern Recognition. Honolulu, Jan. 18–20. 1971, Academic Press, New York, London 1972

[13] Fukunaga, K., Introduction to Statistical Pattern Recognition. Academic Press, New York, London 1972

[14] Ton, J. T., Gonzalez, R. C., Recognition Principles. Addison-Wesley, London 1974

[15] Grišin, M. P., Avtomatičeskaja obrabotka fotografičeskich izobraženij c primeneniem ÈVM. Nauka i technika, Minsk 1976

[16] Grišin, M. P., Kurbanov, S. M., Markelov, V. P., Avtomatičeskij vvod i obrabotka fotografičeskich izobraženij na ĖVM. Energija, Moskva 1976

[17] Zavališin, I. V., Mutnik, I. B., Modeli zritel'nogo vosprijatija i algoritmy analiza izobraženij. Nauka, Moskva 1974

[18] Kovalevskij, V. A., Metody optimal'nych rešenij v raspoznavanii izobraženij. Nauka, Moskva 1976

[19] Vasilenko, G. I., Golografičeskoe opoznavanie obrazov. Sovetskoe radio, Moskva 1977

[20] Duda, R. O., Hart, P. E., Pattern Classification and Scene Analysis. John Wiley and Sons, New York, London, Sydney, Toronto 1973.
Duda, R., Chart, P., Raspoznavanie obrazov i analiz scen. Pod red. V. L. Stefanjuka. Perev. s angl. Mir, Moskva 1976

[21] Simon, H. Kunze, K. D., Voss, K., Herrmann, W. R., Bildverarbeitung in Biologie und Medizin. Verlag Theodor Steinkopf, Dresden 1975

[22] Dainty, J. C., Show, R., Image Science, Principles, analysis and evaluation of photographic-type imaging processes. Academic Press, New York, London 1974

[23] Andrews, H. C., Computer techniques in Image Processing. Academic Press, New York, London 1970.
Ėndrjus, G., Primenenie vyčislitel'nych mašin dlja obrabotki izobraženij. Perev. s angl. Energija, Moskva 1977

[24] Dunn, L. A., Recognizing an ellipse or how to detect galaxies. International Conference on Computer Assisted Scanning, Padua 1976, S. 379

[25] Davey, P. G., Harries, J. F., Loken, J. G., Preston, G., Operational experience with microfilmed rain charts. International Conference on Computer Assisted Scanning, Padua 1976, S. 322

[26] Bettini, A., Centro, S., Cresti, M., Pozzan, M. R., Rampazzo, R., Zudori, A. M., Automated scanning of pre-existing maps. International Conference on Computer Assisted Scanning, Padua 1976, S. 469

[27] Zahniser, D. J., Raaymakers, M. C. T., Walle, R. T. Van de, Vooys, G. P., First results using a PEPR CRT scanner in cervical smear screening. International Conference on Computer Assisted Scanning, Padua 1976, S. 613

[28] Zahniser, D. J., Oud, P., Raaymakers, M. C. T., Beetz, R.,

Vooys, G. P., Walle, R. T. Van de, BIOPEPR: Status of the Nijmegen CRT system for automatic prescanning of cervical smears. University of Nijmegen, BIO-PEPR-HEN-2, 1977

[29] Zahniser, D. J., Oud, P. S., Raaymakers, C. T., Vooys, G. P., Walle, R. T. Van de, BIOPEPR: A system for the automatic prescreening of cervical smears. Journal of Histochem. and Cytochem. **27** (1978) 1, S. 635

[30] Bacilieri, P., Masetti, M., Matteuzzi, P., Balzani, R., Fontana, G., Forabosco, A., Toni, G., Fabiani, G., Sarti, E., Interactive system for automatic analysis of human R-banded metaphases using a CRT device on line to a computer. International Conference on Computer Assisted Scanning, Padua 1976, S. 637

[31] Azzarelli, L., Casalini, P. L., Cerri, S., Falciani, R., Rigutti, M., Roberti, G., Analysis of solar images with the SADAF flying-spot. International Conference on Computer Assisted Scanning, Padua 1976, S. 412

[32] Alakoz, A. V., Karlov, A. A., Lapčik, Ė. D., Meščerjakov, M. G., Naumov, V. P., Tutyškina, L. V., Škundenkov, V. N., Kompleks obrabotki na skanirujuščem avtomate AĖLT-1 grafičeskoj informacii o skorostjach, vysotach i peregruzkach samoletov. OIJaI, R10-10317, Dubna 1976

[33] Glasneck, C.-P., Mencke, H., Pose, R., Eine Anlage zur automatischen Filmtransparenzmessung mit hoher Meßrate. IfH, Berlin-Zeuthen, Preprint, PHE 74-9, 1974

[34] The Laser-Scan. HRD-1 Laser Display/Plotter Reference Manual. Firmenschrift der Laser-Scan-Ltd., Cambridge 1974

[35] HRD-1 Cartographie editing system. Firmenschrift der Laser-Scan Laboratories Ltd., Cambridge 1976

[36] International Conference on Programming for HPD and other Flying Spot Devices. Collége de France, Paris 1963, CERN 63-34

[37] International Conference on Programming for Flying Spot Devices. Centro Nazionale Analisi Fotogrammi, INFN, Bologna 1964, CERN 65-11

[38] International Conference on Programming for Flying Spot Devices. Columbia University, New York 1965

[39] International Conference on Advanced Data Processing for Bubble and Spark Chambers. Argonne National Laboratory, ANL-7615, Argonne 1968

[40] International Conference on Data Handling Systems in High-Energy Physics. Cavendish Laboratory, Cambridge 1970

[41] Meždunarodnyj simpozium po voprosam avtomatizacii obrabotki dannych s puzyr'kovych i iskrovych kamer. OIJaI, D10-6142, Dubna 1971

[42] Oxford Conference on Computer Scanning. Nuclear Physic Laboratory, University of Oxford, Oxford 1974

[43] International Conference on Computer Assisted Scanning. Istituto di Fisica dell'Universitá and Sezione INFN, Padua 1976

[44] II. vsesojuznyj seminar po obrabotke fizičeskoj informaciii, Erevan 1977

[45] Seminar po obrabotke fizičeskoj informacii, Erevan 1975

[46] Rice-Evans, Spark, Streamer, Proportional and Drift Chambers. The Richelieu Press, London 1974

[47] Shutt, R. P., Bubble and Spark Chambers. Academic Press, New York, London 1967

[48] Aleksandrov, Ju. A., Voronov, G. S., Gorbunkov, V. M., Delone, N. B., Nečaev, Ju, I., Puzyr'kovye kamery. GOSATOMIZDAT, Moskva 1963

[49] Abramov, A. I., Kazanskij, Ju. A., Matusevič, E. S., Osnovy ėksperimental'nych metodov jadernoj fiziki. ATOMIZDAT, Moskva 1977

[50] Yuan, L. C. L., Chien-Shiung Wu, Fundamental principles and methods of particle detection. Academic Press, New York, London 1961.
Principy i metody registracii elementarnych častic. Pod red. L. A. Arcimoviča. Izd. inostrannoj literatury, Moskva 1963

[51] Ritson, D., Techniques of high energy physics. Interscience publisher Inc., New York, Interscience publishers Ltd., London 1961.
Ėksperimental'nye metody v fizike vysokich ėnergij. Pod red. V. P. Dželepova. Nauka, Moskva 1964

[52] Rutherford, E., Phil. Mag. **21**, 669, 1911

[53] Wilson, C. T. R., Condensation of water vapour in the presence of dust-free air and other gases. Phil. Trans. **189**, 265, 1897

[54] Wilson, C. T. R., On the condensation nuclei produced in gases by the action of Röntgenrays, Uranium rays, ultraviolet light, and other agents. Phil. Trans. **192**, 403, 1899

[55] Gentner, W., Maier-Leibnitz, H., Bothe, W., Atlas typischer Nebelkammerbilder mit Einführung in die Wilsonsche Methode. Julius Springer, Berlin 1940

[56] Vasilenko, A. T., Kozodaev, M. S., Suljaev, R. M., Filipov, A. I., Ščerbakov, Ju. A., Reproektor dlja obrabotki stereofotografij. Pribory i technika ėksperimenta 6 (1975) S. 34

[57] Vasilenko, A. T., Kuljukin, M. M., Suljaev, R. M., Filipov, A. I., Ščerbakov, Ju. A., Poluavtomatičeskij komparator dlja obrabotki stereofotografij. Pribory i technika ėksperimenta 4 (1960) S. 56

[58] Powell, C. F., Fowler, P. H., Perkins, D. H., The study of Elementary Perticles by the Photographic Method. Pergamon Press, London, New York, Paris, Los Angeles 1959.
Pauell, S. F., Fauler, P. H., Perkins, D. H., Issledovanie ėlementarnych častic fotografičeskim metodom. Perev. s angl. Izd. Inostrannoj Literatury, Moskva 1962

[59] Beyer, H., Mikroskop zur genauen und rationellen Vermessung von Kernspuren in Photoėmulsionen. Jenaer Rundschau 3 (1958) S. 135

[60] Zaika, N. D., Kuz'mičev, M. A., Rutkevič, N. Ja., Poluavtomatičeskij mikroskop dlja geometričeskich izmerenij v jadernych fotoėmul'sijach. Pribory i technika ėksperimenta 1 (1971) S. 63

[61] Kulikov, V. N., Pjatigorskij, G. A., Jakubovskij, E. A., Varjuchin, V. V., Gagarin, Ju. F., Ivanova, N. S., Poluavtomatičeskij fotometr dlja opredelenija zarjadov tjaželych jader kosmičeskich lučej v fotojadernych ėmulsijach. Pribory i technika ėksperimenta 6 (1972) S. 42

[62] Govorov, A. M., Nikanorov, V. I., Peter, G., Pisarev, A. F., Pose, H., Gazorazrjadnaja kamera. Pribory i technika ėksperimenta 6 (1961) S. 49

[63] Sauli, F., III. Meždunarodnoe soveščanie po proporcional'nym i drejfovym kameram, OIJaI, Dubna, 6—10 ijunja 1978, D13-11807, Dubna 1978

[64] Bähr, J., Peter, G., Roloff, H. E., Schwind, A. E., Trützschler, K., Investigations of the image intensifier and photographic film for the optical system of the spectrometer RISK. IfH, Berlin-Zeuthen, Preprint, PHE 77-2, 1977

[65] White, H. S., Finding events in a sea of bubbles. Symposium on feature extraction and selection in pattern recognition. Argonne, 1970, UCRL-20126, 1970

[66] Ferran, R. M., Howie, J. M., Moorhead, W. G., Recognition and measurements of bubble chamber tracks using a flying spot digitizer. IFIP Congress, Ljubljana, 1971, CERN-DD/71/5, CERN, Genf 1971

[67] Strand, R. K., Man-machine cooperation in digital pattern recognition of bubble chamber tracks. Conference on Data Handling and Processing of Optical Images in the Medical ánd Biological Sciences, New York City 1967

[68] Glaser, A. D., Some effects of ionizing radiation on the formation of bubbles in liquids. Phys. Rev. **87** (1952) S. 665

[69] Glaser, A. D., A possible "Bubble Chamber" for the study of ionizing events. Phys. Rev. **91** (1953) S. 496

[70] Glaser, A. D., Bubble chamber tracks of penetrating cosmic-ray particles. Phys. Rev. **91** (1953) S. 762

[71] Strand, R. K., Raspoznavanie optičeskich obrazov pri ėksperimentach na trekovych kamerach s časticami vysokich ėnergij. Trudy instituta inženerov po ėlektrotechnike i radioėlektronike 10 tom 60 (1972) S. 13

[72] Böck, R., CERN TC Program Library Manual, Vol 2: GRIND AGRIND, SLICE, CERN, Genf 1968

[73] Bryant, F., CERN TC Program Library Manual, Vol. 2: THRESH, CERN, Genf 1968

[74] Zoll, J., CERN TC Program Library Manual, Vol. 3: SUMX, CERN, Genf 1968

[75] CERN HYDRA Application Library, Long write up, HYGEOM, CERN, Genf 1973

[76] Marciano, F., A survey of track center circuits used in flying spot digitizers. CERN-DD/DA/65/18, CERN, Genf 1965

[77] Fortney, L. R., Resolution improvement for flying spot digitizer. Oxford Conference on Computer Scanning, Oxford 1974, S. 137

[78] Rosenthal, J. A., Fiehrer, M., Automatic gain control for photomultiplier tubes. Rev. Sc. Instr. **35** (1964) 11

[79] Wattenbach, K., Kotov, V. M., Pose, R., Selivanov, A. E., Avtomatičeskaja regulirovka usilenija v scheme obrabotki trekovogo signala „Spiral'nogo izmeritelja". OIJaI, 10-7617, Dubna 1973

[80] Fontaine, G., Reboul, G., Automatic gain control in signal processing

for bubble chamber pictures. International Conference on Data Handling Systems in High-Energy Physics, Cambridge 1970, S. 383

[81] Bähr, J., Comparative transmittance mensurements on bubble chamber films. IfH, Berlin-Zeuthen, Preprint, PHE 72-10, 1972

[82] Glasneck, C.-P., Mencke, H., Erkennung von Strukturen auf Filmvorlagen. IfH, Berlin-Zeuthen, Preprint, PHE 74-10, 1974

[83] Denison, C. A., AGC for Spiral Reader. LRL, Berkeley, UCID-2791-1 (Rev.), 1966

[84] Altaber, J., Ferran, P., Gerard, M., Head, A., Krischer, W., Messerli, R., Sambles, A., Williams, D., The status of the HPD minimum guidance programs at CERN. International Conference on Data Handling Systems in High-Energy Physics, Cambridge 1970, S. 737.
Blair, W. M. R., Powell, B. W., Bubble chamber film measurement on HPDs at CERN. Ebenda, S. 813

[85] Ganguli, S. N., Villemoes, P., On the quality of measurements made with the HPD minimum guidance system. CERN 69-18, Genf 1969

[86] Böck, R. K., Dobrzynski, L., Eichmann, E., Krischer, W., Martin, F., Pichon, G., Rossa, E., Calibration, precision and filtering questions for the CERN Spiral Reader. International Conference on Data Handling Systems in High-Energy Physics, Cambridge 1970, S. 5

[87] Aladašvili, B. S., Beljaev, A. V., Buzdavina, N. A., Glagolev, V. V., Zaikina, A. G., Ivanov, V. G., Kazakov, A. A., Komolova, L. E., Kotov, V. M., Kosareva, Z. M., Kuljukina, L. E., Meščerjakov, M. G., Nioradze, M. S., Ososkov, G. A., Pose, R., Selivanov, A. E., Skryl', I. I., Strel'cov, V. N., Filimonova, T. A., Cchvaradze, M. V., Rezul'taty metodičeskogo ėksperimenta po ocenke točnostnych charakteristik i otladke sistemy obrabotki kamernych snimkov na spiral'nom izmeritele. OIJaI 10-7940, Dubna 1974

[88] Baker, R. D., Davies, D. J. M., Street, G. S. B., The performance of SWEEPNIK I. International Conference on Data Handling Systems in High-Energy Physics, Cambridge 1970, S. 293

[89] Davey, P. G., Harris, J. F., Hawes, B. M., Lamb, P. R., Loken, J. G., West, N., Technical developments in Oxford PEPR system. Oxford Conference on Computer Scanning, Oxford 1974, S. 149

[90] Anderberg, M. R., Cluster analysis for applications. Academic Press, New York 1973

[91] Schiff, M., Ton That, B., Vaissére, C. de la, The filtering technique of the Paris HPD Program. International Conference on Programming for Flying Spot Devices, Columbia 1965

[92] Equer, B., Ton That, B., Volte, A., Programming system of the Collége de France off-line HPD. International Conference on Programming for Flying Spot Devices, München 1967, S. 200

[93] Hough, P. V. C., Powell, B. W., A method for faster analysis of bubble chamber photographs. Nuovo Cim. **18** (1969) S. 1184

[94] Blair, W. M., Full guidance measurements with the CERN HPD 2. International Conference on Advanced Data Processing for Bubble and Spark Chambers, Argonne 1968, S. 130

[95] Almazov, V. Ja., Voitenko, Ju. G., Ermolaev, V. V., Inkin, V. D., Karžavin, Ju. A., Kotov, V. M., Ljapustin, V. K., Meščerjakov, M. G., Selivanov, A. E., O Chi En, Skryl', I. I., Susov, Ju. I., Ustinov, V. I., Ustanovka dlja skorostnoj avtomatičeskoj obrabotki snimkov s trekovych kamer na baze mechaničeskogo skanirujuščego ustrojstva tipa „beguščij luč". OIJaI, 10-4513, Dubna 1969

[96] Šigaev, V. N., Struktura matematičeskogo obespečenija izmeritel'noj sistemy tipa HAZE. Programmirovanie i vyčislitel'nye metody. OIJaI, 11-4655, Dubna 1969

[97] Almazov, V. Ja., Beljakov, V. N., Ermolaev, V. V., Zajcev, V. I., Kalmykova, L. P., Karžavin, Ju. A., Meščerjakov, M. G., Ososkov, G. A., Pavlova, V. V., Pogodina, G. A., Pose, R., Rubcov, V. F., Rubcov, B. Ja., Semenov, V. N., Skryl', I. I., Ustinov, V. I., Bol'šye prosmotrovo-izmeritel'nye stoly na linii s ĖVM TPA. OIJaI, D10-6142, Dubna 1971, S. 213

[98] Almazov, V. Ja., Burov, A. S., Gorjainov, A. A., Zajcev, V. I., Inkin, V. D., Karžavin, Ju. A., Liberman, M. A., Neustroev, V. D., Rubcov, V. Ja., Skryl', I. I., Staroverov, A. I., Bol'šoj prosmotrovyj stol dlja obrabotki fotografij s puzyr'kovych kamer. Pribory i technika ėksperimenta **6** (1969)

[99] Šigaev, V. N., Osobennosti matematičeskogo obespečenija avtomatizirovannoj sistemy HPD OIJaI dlja izmerenija sobytij na snimkach s puzyr'kovych kamer. II. vsesojuznyj seminar po obrabotke fizičeskoj informacii, Erevan 1977, S. 191

[100] Jakovleva, T. G., Popov, M. I., Ivanov, A. A., Primenenie integral'nych schem P2113 dlja upravlenija izmeritel'nym stolom HPD. Pribory i technika ėksperimenta **6** (1969) S. 74

[101] Ivanov, A. A., Ivčenko, V. E., Chromova, G. N., Formirujuščie ustroistva dlja opornych i trekovych signalov. Pribory i technika ėksperimenta 2 (1971) S. 262

[102] Borovikov, A. A., Gerasimov, B. Ja., Zajcev, L. F., Ivanov, A. A., Ivčenko, V. E., Proskurjakov, Ju. T., Chromova, G. N., Jakovleva, T. G., Osnovnye osobennosti ėlektroniki HPD-MARK-2A v IFVĖ. OIJaI, D10-6142, Dubna 1971, S. 273

[103] Akademija nauk SSSR. Trudy radiotechničeskogo instituta. 13. Obrabotka informacii, Moskva 1973, S. 59–75

[104] Akademija nauk SSSR. Trudy radiotechničeskogo instituta. 17. Obrabotka informacii, Moskva 1974, S. 4–71

[105] Voevodin, V. P., Volčkov, V. M., Gorlovoj, M. V., Maksimov, G. M., Maksimova, R. A., Mercalov, V. I., Sistema matematičeskogo obespečenija HPD dlja obrabotki fil'movoj informacii. Seminar po obrabotke fizičeskoj informacii, Erevan 1975, S. 245

[106] Borovikov, A. A., Bryzgalov, V. V., Gumenjuk, S. A., Rybin, Å. M., Chromova, G. N., Analiz i usoveršenstvovanie sistemy obrabotki ėksperimenta s bol'šich puzyr'kovych kamer na baze HPD. II. vsesojuznyj seminar po obrabotke fizičeskoj informacii, Erevan 1977, S. 256

[107] Vasinjuk, I. E., Zverev, A. M., Melik-Martirosjan, G. A., Nanasjan, A. S., Sistema obrabotki snimkov trekovych kamer na baze HPD. Seminar po obrabotke fizičeskoj informacii, Erevan 1975, S. 235

[108] Avakjan, C. M., Vasinjuk, I. E., Možarov, Ju. P., Nanasjan, A. S., Oganesjan, D. O., Ispol'zovanie HPD v citochimičeskich issledovanijach biologičeskich ob-ektov. II. vsesojuznyj seminar po obrabotke fizičeskoj informacii, Erevan 1977, S. 553

[109] Vasinjuk, I. E., Melik-Martirosjan, G. A., Možarov, Ju. P., Nanasjan, A. S., O vozmožnosti primenenija HPD v obrabotke astrofizičeskoj informacii. Seminar po obrabotke fizičeskoj informacii, Erevan 1975, S. 251

[110] Borodina, I. N., Dželjadin, R. I., Ivanov, L. V. Kiškurno, V. V., Krutenkova, A. P., Kulikov, V. V., Ljulevič, V. I., Polikarpov, V. M., Fedotov, O. P., Programma obrabotki snimkov trechmetrovogo magnitnogo spektrometra s iskrovymi kamerami na avtomatičeskom ustrojstve tipa HPD PSP-1 ITĖF. OIJaI, D10-6142, Dubna 1971, S. 316

[111] Tolkačev, D. A., Fedotov, O. P., Raspoznavanie sobytij v režime „minimal'nogo ukazanija" pri predstavlenii ischodnoj informacii v vide ėlementov trekov. II. vsesojuznyj seminar po obrabotke fizičeskoj informacii, Erevan 1977, S. 277

[112] Dikusar, N. D., Avtomatičeskij poisk ėlementov sobytija na snimkach s magnitnych iskrovych spektrometrov. OIJaI, 10-6626, Dubna 1972

[113] Govorun, N. N., Dikusar, N. D., Avtomatičeskaja obrabotka izobraženij na snimkach s magnitnogo iskrovogo spektrometra OIJaI, 10-10331, Dubna 1976

[114] Badaljan, S. G., Govorun, N. N., Dikusar, N. D., Zajmidoroga, O. A., Ružička, Ja., Upravlenie processom avtomatičeskogo izmerenija snimkov i fil'traciej informacii pri obrabotke dannych s MIS OIJaI, OIJaI, 10-10338, Dubna 1976

[115] Andžejak, R., Andreev, E. M., Birjukov, A. P., Vasilevskij, I. M., Višnjakov, V. V., Zykin, Ju. N., Žemčikevič, Z., Krinochin, N. D., Nikanorov, V. I., Pisarev, A. F., Tolstoj, N. S., Tjapkin, A. A., Šešunov, V. M., Opisanie pjatimetrovogo magnitnogo iskrovogo spektrometra sooružaemogo Ob-edinennym institutom jadernych issledovanij, OIJaI, 13-3588, Dubna 1967

[116] White, H. S., Hall, D., Performance of the DAPR system. International Conference on Data Handling Systems in High Energy Physics, Cambridge 1970, S. 761

[117] Ėrglis, K. Z., Kul'beda, V. E., Kurov, V. M., Sleženie po prostranstvennomu treku v processe skanirovanija kadrov. OIJaI, D10-6142, Dubna 1971, S. 502

[118] Sekely, M. E., Bopp, C., Currie, J., Gruters, M., Knapp, B., Maguire, W., Sanders, H., Wright, K., The Princeton automatic track reader — a three-view CRT scanning system. International Conference on Data Handling Systems in High-Energy Physics, Cambridge 1970, S. 273

[119] Thompson, M. A., The hardware of SATR. International Conference on Advanced Data Processing for Bubble and Spark Chambers, Argonne 1968, S. 81

[120] Morse, E., Track following with SATR. International Conference on Advanced Data Processing for Bubble and Spark Chambers, Argonne 1968, S. 102

[121] Flavell, A. J., Gandini, F., Rüdiger, A., Schilling, R., Schnupp, L.,

BRUSH – A zero-guidance system with on-line HPD analysis. International Symposium on Data Handling of Bubble and Spark Chambers, D10-6142, Dubna 1971, S. 248

[122] Ženei, M., Matematičeskoe obespečenie sistemy spasenija sobytij, izmerennych na HPD, s pomošč'ju MINI-ĖVM TPAi. II. vsesojuznyj seminar po obrabotke fizičeskoj informacii, Erevan 1977, S. 237

[123] Zuroff, C. A., Hough, P. V. C., A simpler and faster mechanical flying spot digitizer for automatic film analysis. BNL 9721, Brookhaven 1965

[124] Lord, D., A survey of some techniques for deflecting Laser beams. CERN-DD/DA/66/15, Genf 1966

[125] Pless, I. A., Rosenson, L., Proposal to the U.S. Atomic Energy Commission for the development of a precision encoder and pattern recognition device (PEPR) in the MIT Laboratory for Nuclear Science, Feb. 1961

[126] Allison, W. W. M., Beck, F., Hodges, D., Loken, J. G., Musgrave, B., Phillips, H. B., Royston, R., Sunde, R. A., Automatic scanning and measurement of bubble chamber film on POLLY II. Nuclear Instruments and Methods **84** (1970) 129

[127] Lans, J. van der, HUMMINGBIRD, Automatic film digitizers at the Stanford Linear Accelerator Center. International Conference on Programming for Flying Spot Devices, München 1967, S. 51

[128] Dickens, C., System for the HUMMINGBIRD at SLAC. International Conference on Programming for Flying Spot Devices, München 1967, S. 62

[129] Equer, B., Guignard, C., Reboul, G., Volte, A., COCCINELLE: A device for automatic pattern recognition and event measurement on bubble chamber photographs. International Conference on Advanced Data Processing for Bubble and Spark Chambers, Argonne 1968, S. 6

[130] Andersson, T. F., Blackall, P. M., Daub, J., Head, A. E., Metcalf, M. B., Weights, V. J., The measurement of spark chamber film at CERN using LUCIOLE. International Conference on Programming for Flying Spot Devices, München 1967, S. 86

[131] Antoine, P., Cech, J., Guignard, C., Guillot, M., Gutmann, M., Ouannés, C., Passenau, J., Prinzie, M., Robert, M.-J., "Pangloss" a CRT device for bubble chamber pictures. International Con-

ference on Data Handling Systems in High-Energy Physics, Cambridge 1970, S. 401

[132] Drevermann, H., Status of the ERASME system. International Conference on Computer Assisted Scanning, Padua 1974, S. 125

[133] Burov, A. S., Filippov, A. I., Karlov, A. A., Lapchik. E. D., Mescheryakov, M. G., Sharapova, E. V., Shigaev, V. N., Shkundenkov, V. N., Skryl, I. I., Tutyshkina, L. V., Zlobin, A. D., AELT-1 and AELT-2 CRT scanning devices. Oxford Conference on Computer Scanning, Oxford 1974, S. 111

[134] Bogert, D., Bristol, S., Cavanaugh, R., Chrisman, B., Hanft, R., The NAL SAMM device: Hardware. Oxford Conference on Computer Scanning, Oxford 1974, S. 263

[135] Chrisman, B., Bogert, D., Hanft, R., Johnson, G., The NAL SAMM device: Programming. Oxford Conference on Computer Scanning, Oxford 1974, S. 275

[136] Uvarov, V. A., Belokopytov, Ju. A., Vagin, A. I., Vatutin, V. M., Vertlib, I. L., Gluchov, Ju. S., Gusev-Donskoj, V. P., Kazickij, V. M., Kanevskij, B. L., Kozlov, V. V., Kotljarevskaja, M. Z., Kučin, Ju. M., Miljatkin, V. P., Mokeev, M. D., Osipov, E. A., Silin, A. Ja., Solov'eva, L. B., Tilipman, M. S., Ustinov, V. P., Černobrovcev, A. M., Ėrlichman, G. A., Ėlektrònnolučevaja avtomatizirovannaja sistema ĖLAS. II. vsesojuznyj seminar po obrabotke fizičeskoj informacii, Erevan 1977, S. 450

[137] Žigunov, V. P., Zotov, A. Ju., Krjučenko, E. V., Kulikov, V. A., Kučin, Ju. M., Nikitin, S. G., Michailov, O. I., Utočkin, B. A., Chamaza, A. I., Struktura i funkcional'nye vozmožnosti avtomata na ĖLT „MĖLAS". Seminar po obrabotke fizičeskoj informacii, Erevan 1975, S. 293

[138] Anders, H., Berglund, R. E. S., Oropesa, J., CRTs for ERASME. International Conference on Computer Assisted Scanning, Padua 1976, S. 1

[139] Pless, L., Rosenson, R., Bastien, P., Wadsworth, B., Watts, T., Yamamoto, R., Alston, M. H., Rosenfeld, A. H., Solmitz, F. T., Taft, H. D., A precision encoding and pattern recognition system (PEPR). XII. International Conference on High-Energy Physics, Dubna 1964, S. 409

[140] Andersson, A., Pless, I. A., Schulze, G., Randow, M. von, Wadsworth, B., Operational experiences of the M. I. T. PEPR over

the last four years. Oxford Conference on Computer Scanning, Oxford 1974, S. 35

[141] Davey, P. G., Harris, J. F., Hawes, B. M., Lamb, P. R., Story, C. M., Production report and developments in Oxford Dual-PEPR system. Conference on Computer Assisted Scanning, Padua 1976, S. 93

[142] Berge, J. P., Harris, J. F., Loken, J. G., Oxford PEPR system. International Conference on Data Handling Systems in High-Energy Physics, Cambridge 1970, S. 61

[143] Allison, W. W. M., Beck, F., Loken, J.-G., POLLY II: A complete system incorporating facilities for measuring bubble chamber film without prescanning.
Vol. I: General description and program manual
Vol. II: Program text.
Argonne National Laboratory, Argonne ANL/HEP 6916, 1969

[144] Smith, R. P., Charlton, G., Engelmann, R., Gieraltowski, G., Glasser, R. G., Phillips, B., Measurement of 12-foot bubble chamber film using the POLLY III. Oxford Conference on Computer Scanning, Oxford 1974, S. 305

[145] Walle, R. T. van de, Status-report on PEPR POLLY systems. Oxford Conference on Computer Scanning, Oxford 1974, S. 11

[146] Akademija nauk SSSR. Trudy radiotechničeskogo instituta. 13. Obrabotka informacii, Moskva 1973, S. 5–44

[147] Akademija nauk SSSR. Trudy radiotechničeskogo instituta. 17. Obrabotka informacii, Moskva 1974, S. 133–235

[148] Anykeyev, V. B., Berezhnoy, V. A., Glupova, O. A., Jermolov, P. F., Zhadkevich, A. L., Zhigunov, V. P., Krivchenko, E. V., Kulikov, V. A., Lipaev, V. V., Mikhailov, O. I., Medvedev, V. F., Nikitin, S. G., Sokolov, S. N., Utochkin, B. A., Hamaza, A. I., Shamsuarov, A. D., CRT analyzer "MELAS" and its system of on-line programs. Conference on Computer Assisted Scanning, Padua 1976, S. 207

[149] Anykeyev, V. B., Zhigunov, V. P., Krivchenko, E. V., Kuchin, Yu. M., Nikitin, S. G., Sokolov, S. N., Utochkin, B. A., Hamaza, A. I., Specifics of track-following and measurements in the agreement signal mode. Oxford Conference on Computer Scanning, Oxford 1974, S. 343

[150] Sokolov, S. N., Utočkin, B. A., Funkcional'nye prinzipy modulirujuščego analizatora snimkov puzyr'kovych kamer. Preprint IFVĖ SVM 70-76, Serpuchov 1970

[151] Gouache, J. C., Description and status report of the ERASME system. Oxford Conference on Computer Scanning, Oxford 1974, S. 11

[152] Pose, R., Avtomaty i poluavtomaty dlja obrabotki kamernych snimkov. II. simposium po radioelektronike. OIJaI, 2205, Dubna 1964, S. 11

[153] Pose, R., Metody izmerenija i pervičnoj obrabotki dannych s puzyr'kovych kamer. Fizika ėlementarnych častic i atomnogo jadra 4 (1973) 3, 857

[154] Almazov, V. Ja., Golutvin, I. A., Inkin, V. D., Karžavin, Ju. A., Neustroev, V. D., Stepanov, V. D., Poluavtomatičeskaja ustanovka PU dlja avtomatizacii izmerenij kamernych snimkov, OIJaI, 1325, Dubna 1963

[155] Leiste, R., Lippold, H. Pose, R., Poluavtomatičeskaja ustanovka dlja obmera snimkov s puzyr'kovych kamer. Pribory i technika ėksperimenta 4 (1968) S. 44

[156] Alston, M., Franck, J. V., Kerth, L. T., Conventional and semi-automatic data processing and interpretation. Bubble and Spark Chambers, ed. by R. P. Shutt, Vol. 2, 52, Academic Press Inc., New York 1967

[157] Dardel, G. von, Goldschmidt-Clermont, Y., Iselin, F., The present state of the instrument for evaluation of photographs and future developments. Nuclear Instr. and Meth. 2 (1958) 154

[158] Kirst, H., Kuhn, K., Lippold, H., Pose, R., Nowatzki, G., Thom, H., Hein, P., Izmeritel'nyj proektor dlja obrabotki snimkov s puzyr'kovych kamer. Pribory i technika ėksperimenta 4 (1968) S. 46

[159] Bazarin, Ju. K., Kovalev, N. V., Lichtenbaum, L. L., Mazor, M. A., Raevskij, V. S., Rubčinskij, S. M., Sauškin, V. S., Sapel'nikov, V. Ja., Štyrkov, E. V., Prosmotrovo-izmeritel'nyj proektor „NADEŽDA". AN SSSR. Trudy radiotechničeskogo instituta. 17. Obrabotka informacii, Moskva 1974, S. 72

[160] Altaber, J. L., Chanel, G., Clayton, M., Dodd, W. P., Fucci, A., Mazzari, C., Stürzinger, P., Verkerk, C., Wiskott, D., The control of the ADAM + EVA system. International Symposium on Data Handling of Bubble and Spark Chambers, D10-6142, Dubna 1971, S. 68

[161] Govorun, V. N., Goričev, P. A., Deljunov, N. F., Ermolov, P. F.,

Žil'čenkova, G. D., Zverev, V. A., Karlov, G. D., Morin, V. A., Popov, M. I., Syčev, A. Ju., Černobrovcev, A. M., Šagal, A. M., Ščerbakov, E. D., Sistema prosmotra i izmerenij snimkov s kamery „MIRABELLE" s ispol'zovaniem proektorov PUOS-2. OIJaI, D10-6142, Dubna 1971, S. 85

[162] Galkin, A. A., Gromov, A. I., Ermolov, P. F., Karlov, G. D., Knorin, E. A., Lichtenbaum, L. L., Pospelov, V. A., Selezneva, L. A., Trofimov, B. I., Sistema proektorov PUOS-4 s ĖVM M-6000 i rezul'taty ee ėksperimental'nogo ispol'zovanija. II. vsesojuznyj seminar po obrabotke fizičeskoj informacii, Erevan 1977, S. 383

[163] BESSY, Scanning and Predigitizing Table in Collaboration with CERN. Firmenschrift der Société Française Appareillages de Télécommandes Mécanique et Électronique

[164] Gromov, A. I., Lichtenbaum, D. L., Rubčinskij, S. M., Syčev, A. Ju., Ščerbakov, E. D., Unificirovannyj kompleks obrabotki snimkov na prosmotrovo-izmeritel'nych proektorach. AN SSSR. Trudy radiotechničeskogo instituta. **17**. Obrabotka informacii, Moskva 1974, S. 98

[165] Albrecht, H. C., Binnall, E. P., Birge, R. W., Myers, M. H., Weber, P. W., The COBWEB data reduction system. LRL, Berkeley, UCRL-18528 Rev., 1968

[166] Tausch, L. A., IEPONLIN, CERN-CC/CH/69/2, CERN, Genf 1969

[167] Bähr, J., Böttcher, H., Giese, P., Glasneck, C.-P., Gräbsch, W., Grüner, H.-J., Hoffmann, G., Kaufmann, H., Kirst, H., Klugow, J., Klabuhn, J., Meier, H.-W., Mencke, H., Meyer, U., Modrack, G., Nowatzki, G., Peter, G., Pose, R., Sommerfeld, R., Szalay, M., Thom, H., Wattenbach, K., Wenzlaff, H., SOLAS an on-line system for processing track chamber films. IfH, Berlin-Zeuthen, Preprint, PHE 72-1, 1972

[168] Lichtenbaum, D. L., Moiseev, B. N., Kaftanov, V. S., Otsčetnyj kanal ustanovki dlja izmerenija koordinat na fotografijach trekov. Pribory i technika ėksperimenta **3** (1963) S. 32

[169] LID 1/9214 Meßsystem. Firmenschrift Dr. J. Heidenhain, Feinmechanik, Optik und Elektronik

[170] Ermolaev, V. V., Ivančenko, Z. M., Kuznecova, E. S., Kretov, A. P., Lebedev, R. M., Malyšev, R. V., Pose, R., Procenko, N. A., Rubcov, V. F., Stepanov, V. D., Černyševa, G. N., Obrabotka foto-

grafij s pomošč'ju poluavtomatičeskoj izmeritel'noj sistemy na linii s BĖSM-4. OlJal, D10-6142, Dubna 1971, S. 342

[171] Andreev, E. M., Hiršl, P., Zarubin, I. A., Kadykov, G. M., Korenčenko, S. M., Lačinov, V. M., Morozov, A. G., Nekrasov, K. G., Pose, R., Popov, M. I., Smirnov, V. V., Tolstoj, N. S., Avtomatičeskaja obrabotka snimkov puzyr'kovych kamer. Pribory i technika ėksperimenta 3 (1961) S. 52

[172] Kuhn, K., Künne, W.-D., Meyer, U., Meißner, J. Mencke, H., Pose, R., Roloff, H. O., Tröger, B., Trowitzsch, G., Wille, M., Winde, M., HEVAS an system for processing track chamber films. IfH, Berlin-Zeuthen, Preprint, PHE 77-6, 1977

[173] TPA, Small Scale General Purpose Computer and TPAi Computer Manual. KFKI, Budapest

[174] Frisch, O. R., Davies, D. J. M., Street, G. S. B., SWEEPNIK II, an improved track measuring machine. International Conference on Data Handling Systems in High-Energy Physics, Cambridge 1970, S. 285

[175] Burmeister, H., Grun, B., Norton, A. R., Sletten, H. J., RAMSES: An on-line systeme for scanning, measurement and reconstruction of bubble chamber film. International Symposium on data handling for bubble and spark chambers, JINR, D10-6142, Dubna 1971, S. 295

[176] Gromov, A. I., Syčev, A. Ju., Ščerbakov, E. D., Matematičeskoe obespečenie kompleksa proektorov IFVĖ (sistema FAUST). AN SSSR. Trudy radiotechničeskogo instituta. 17. Obrabotka informacii, Moskva 1974, S. 112

[177] Astachov, A. Ja., Ermolaev, V. V., Inkin, V. D., Karžavin, Ju. A., Kotov, V. M., Meščerjakov, M. G., Moroz, V. I., Pose, R., Susov, Ju. I., Skryl', I. I., Sistema prosmotrovo-izmeritel'nych priborov i obsluživajuščich ich ĖVM dlja obrabotki kamernych fotografij. OlJal, D10-6142, Dubna 1971, S. 439

[178] Lanius, K., Pose, R., Razvitie vyčislitel'noj techniki i avtomatizacii obrabotki ėksperimental'nych dannych. XX let OlJal i razvitie fiziki ėlementarnych častic i atomnogo jadra, Dubna 1978, S. 107

[179] Astaf'ev, V. A., Astachov, A. Ja., Beljaev, A. V., Beljakov, V. I., Bovin, N. P., Ermolaev, V. V., Zajcev, V. I., Zarubina, L. E., Kalmykova, L. P., Karpova, V. P., Komov, G. M., Kurjatnikova, R. P.,

Meščerjakov, M. G., Pavlova, V. V., Selivanov, A. E., Skryl', I. I., Slepnev, S. K., Smirnov, A. M., Stepanova, T. A., Susov, Ju. I., Izmeritel'nyj proektor BPS-75. OIJaI, 10-9880, Dubna 1976

[180] List, H. J., The HPD I film transport (1967). CERN-DD/DA/67/20, CERN, Genf 1967

[181] Kuhn, K., Lippold, H., Pose, R., Bemerkungen zur Verwendung von elektronischen Rechenautomaten und elektronischen Bausteinen in der experimentellen Forschung. Die Technik **24** (1969) 9, 600

[182] Barnes, R. C. M., Hooton, I. N., The CAMAC system of modular instrumentation. Proc. Ispra Nuclear Electronics Symposium 6. – 9. 5. 1969, Euratom-Bericht EUR 4289e, Brüssel 1969, S. 379–383

[183] Astachov, A. Ja., Komov, G. M., Apparatura i algoritmy upravlenija proektorom BPS-75 ot ĖVM. OIJaI, R10-11122, Dubna 1977

[184] Alvarez, L. W., Results obained with the Spiral Reader. Informal Meeting on Track Data Processing, 43, CERN 62-37, CERN, Genf 1962

[185] Astachov, A. Ja., Karžavin, Ju. A., Kotov, V. M., Lysjakov, V. N., Meščerjakov, M. G., Pogodina, G. A., Pose, R., Ososkov, G. A., Skryl', I. I., Schumann, G., Spiral'nyj izmeritel'. OIJaI, R10-4943, Dubna 1970

[186] Kotov, V. M., Bulanova, G. N., Vasil'ev, V. G., Wattenbach, K., Zajcev, V. I., Živaev, V. M., Karžavin, Ju. A., Kosareva, Z. M., Kuljukina, L. A., Kutuev, R. Ch., Kušulun, A. I., Lysjakov, V. N., Markozašvili, L. M., Meščerjakov, M. G., Ososkov, G. A., O Chi En, Pose, R., Ponjatovskij, M., Selivanov, A. E., Skryl', I. I., Ustinov, V. I., Schumann, G., Spiral'nyj izmeritel', obščee opisanie i rezul'taty opredelenija točnostnych charakteristik. OIJaI, 10-7939, Dubna 1974

[187] Pose, R., Der SPIRALLESER – ein Bildabtaster für die automatische Verarbeitung von Blasenkammeraufnahmen. Bild und Ton (1978) 4, 109

[188] Dobrzynski, L., Calibration, precision and stability at the Collége de France Spiral Reader. Proceedings of the European Spiral Reader Symposium, Stockholm 1972, CERN 72-16, Genf 1972

[189] Berglund, S., Holmgren, S.-O., Lundborg, P., Calibration of the Danish-Swedish Spiral Reader (Saab-Type). Proceedings of the

European Spiral Reader Symposium, Stockholm 1972, CERN 72-16, Genf 1972

[190] Lingjaerde, T., Wiskott, D., A method of track element search using special purpose digital hardware. CERN IDD/DH/69/7, CERN, Genf 1969

[191] Lingjaerde, T., A fast microprogrammed processor. CERN-ERASME – 75-2, CERN, Genf 1975

[192] Fucci, A., Joosten, J., Letheren, M., Martin, B., Nierhaus, R., Verkerk, C., Vree, W., Fast processors for on line treatment of data from high-energy physics experiments, 2-nd ISPRA Nuclear Electronics Symposium, Stresa 1975, CERN-DD/75/15

[193] Anders, H., Soket, L., Video processing and track detection unit for the flying spot digitizer in ERASME, CERN-D.P.H. II/Instr. 72-4, CERN, Genf 1972

[194] Anders, H., Soket, L., Track detection in ERASME for the film from the new generation of bubble chambers, CERN-DD-74-1, CERN, Genf 1974

[195] Zahn, C. T., Using the Minimum spanning Tree to recognise dotted and dashed curves. CERN, International Computing Symposium 1973, North Holland 1974

[196] Azzarelli, L., Cerri, S., Denoth, F., Navona, C., The SADAF system for image processing. International Conference on Computer Assisted Scanning, Padua 1976, S. 439

[197] Pose, R., Nefizičeskie primenenija metodov, ispol'zuemych v ėksperimental'noj fizike. II. vsesojuznyj seminar po obrabotke fizičeskoj informacii, Erevan 1977, S. 522

[198] Müller, G. O., Stand und Trends der Experimentalmethodik in der Festkörperphysik, Beiträge zur Forschungstechnologie, Bd. 1, Akademie-Verlag, Berlin 1975

[199] Etzold, G., Aufgaben und Organisation eines methodischen Zentrums in der molekularbiologischen Forschung, Beiträge zur Forschungstechnologie Bd. 3, Akademie-Verlag, Berlin 1976

[200] Schulze, W., Wissenschaftliche Forschung und elektronische Rechentechnik, Beiträge zur Forschungstechnologie, Bd. 2, Akademie-Verlag, Berlin 1975

[201] Hough, P. V. C., Status and new trends in film data handling.

Proceeding of the International Conference on Instrumentation for High-Energy Physics, Dubna 1970

[202] Davey, P. G., Hulsizer, R. I., Humphrey, W. E., Manson, J. H., Ross, R. R., Schwemin, A. J., Scanning and Measuring Projector. Rev. of Sc. Instr. **35** (1964) S. 1134

[203] Kawaguti, M., Flying Image Digitizer — a high-speed digitizer for track chamber photographs, Versailles 1969. International Conference on Nuclear Electronics, Vol. III, Paris 1969

[204] Baciliera, P., Ghiselli, A., Masetti, M., Hardware processors for data reduction task in the field of experimental high energy nuclear physics. Nucl. Instr. and Meth. **135** (1976) S. 427

[205] Böttcher, J., Wattenbach, K., Griškevič, Ja. V., Zavjalov, V. Ju., Karlov, A. A., Peter, G., Prichodko, V. I., Tutyškin, Ju. V., Schüler, J., O vozmožnosti sozdanija televizionnoj sistemy kontrolja strimernoj kamery ustanovki RISK. OIJaI, R13-10219, Dubna 1976

[206] Garrey, J., Amato, G., Gildemeister, O., Briandet, P., Huffer, E., Appleby, L., Barnard, R., Lippmau, N., Morris, D., Owen, D., White, D., Wilde, P., Lister, J., A television camera system for data acquisition on the OMEGA spectrometer. International Conference on Instrumentation for High-Energy Physics, Frascati 1973, S. 487

[207] Brettel, H., Image sensors for very low light level. International Conference on Computer Assisted Scanning, Padua 1976, S. 537

[208] Villa, F., Wang, L. C., Recording streamer chamber tracks with CCD. Stanford Linear Acceleratur Center, Preprint, SLAC-PUB-1890, 1977

[209] Davies, D., Hallgren, B., Verwej, H., Short study of the CCD 321. CERN, pp Note 31, Genf 1977

[210] Stabnikov, M. V., Golografirovanie sledovych priborov i vozmožnye puti obrabotki polučaemoj informacii, OIJaI, D10-6142, Dubna 1971, S. 448

[211] Bähr, J., Optisch-photographische Informationsaufnahme und Informationsverarbeitung an einem Streamerkammerspektrometer (RISK) zur Untersuchung hochenergetischer Teilchenwechselwirkungen. Dissertation (A), Humboldt-Universität zu Berlin, Berlin 1979

[212] Koževnikova, S. O., Soroko, L. M., Ob algoritmach sčityvanija

prjamolinejnych trekov s pomošč'ju masok Uolša. OIJaI, R10-7757, Dubna 1974

[213] Soroko, L. M., Topologičeskie preobrazovanija na stadii sčityvanija trekov pri pomošči priborov s perenosom zarjada. OIJaI, R10-11515, Dubna 1978

[214] Schiller, H., Wille, M. J., Some remarks concerning the usage of Walsh transformation in picture processing. IfH, Berlin-Zeuthen, Preprint, PHE 76-14, 1976

[215] Hoffmann, G., Sommerfeld, R., Ein Prozeßrechner-Betriebssystem mit Multiprogramming, eingesetzt in SOLAS zur Bedienung mehrerer Geräte. Dissertationsschrift, AdW der DDR, Berlin 1973

[216] Giese, P., Modrack, G., Die problemspezifischen Programme des Prozeßrechnersystems von SOLAS und die Software-Realisierung der on-line Kopplung mit einer Großrechenanlage. Dissertationsschrift, AdW der DDR, Berlin 1974

[217] Trowitzsch, G., Winde, M., MOS/i Documentation, Part 1: MOS/i-Concepts and facilities of a multiprogramming operating system for the TPAi Computer. IfH, Berlin-Zeuthen, Preprint, PHE 78-13, 1978

[218] Kotov, V. M., Operacionnaja sistema dlja upravljajuščej EVM Spiral'nogo izmeritelja. OIJaI, 11-7941, Dubna 1974

[219] Kotov, V. M., Algoritmy upravlenija rabotoj skanirujuščej sistemy „Spiral'nyj izmeritel'".
Čast' I. Vklinivajuščiesja podprogrammy obsluživanija signalov preryvanij. OIJaI, 10-8438, Dubna 1974.
Čast' II. Operacionnaja sistema. OIJaI, 10-8439, Dubna 1974

[220] Lift-off for STELLA. CERN Courier, Genf 18 (1978) 6

[221] Erfassung und maschinelle Verarbeitung von Bilddaten. Hrsg. H. Kazmierczak. Akademie-Verlag, Berlin 1980

14. Personenregister

Die *kursiv* gedruckten Seitenzahlen verweisen auf die entsprechenden Stellen im Literaturverzeichnis.

15. Sachregister

16. Zusammenfassung

Ein Charakteristikum des wissenschaftlich-technischen Fortschritts ist der Einzug der Automatisierung in die Sphäre der geistigen Tätigkeit des Menschen. Eine beachtliche Rolle spielt in diesem Prozeß die Erfassung und Verarbeitung optischer Information – die automatische Bildverarbeitung.

Aufgaben der Bildverarbeitung ergaben sich auch in der experimentellen Hochenergiephysik bei der Automatisierung der Auswertung von Spurkammerbildern. Bedingt durch günstige Umstände ist die automatische Bildverarbeitung in der Hochenergiephysik den gegenwärtigen Möglichkeiten der Technik nahezu optimal angepaßt; ihre Entwicklung hat eine Sättigung erreicht.

Ausgehend von den international gewonnenen Erfahrungen werden die für dieses relativ wenig bekannte Forschungsgebiet entwickelten Algorithmen zur Untergrundeliminierung, Objekterkennung und -separierung, Methoden der Spurverfolgung und räumlichen Objektrekonstruktion, Geräte- und Systemlösungen zur rechnergestützten Bildverarbeitung dargestellt. Die Anwendung dieser Methoden und Systeme, die in anderen wissenschaftlichen und technischen Bereichen zunehmend an Bedeutung gewinnt, wird an ausgewählten Beispielen demonstriert.

Die automatische oder rechnergestützte Bildverarbeitung ist eine spezifische Forschungstechnologie mit Querschnittscharakter und als solche der Experimentautomatisierung zuzuordnen. Sie widerspiegelt daher in komprimierter Form die Vielfalt und Spezifik allgemeiner Probleme der Automatisierung wissenschaftlicher Experimente. In den Darstellungen werden diese Aspekte berücksichtigt und forschungstechnologisch wichtige Erkenntnisse zur Anwendung elektronischer Rechentechnik in der Experimentautomatisierung hervorgehoben.

Erkennbare Trends in der Technik der rechnergestützten Bildverarbeitung und der Nutzung elektronischer Rechentechnik im Experiment werden aufgezeigt.

16. Summary

A characteristic feature of scientific-technical progress is the introduction of automation into the sphere of human intellectual activity. An important part in this process is played by the acquisition and processing of optical information – automatic picture processing.

Problems of picture processing had to be solved also in the automation of track chamber photograph evaluation in experimental high-energy physics. Because of favourable circumstances, automatic picture processing in high-energy physics is nearly optimally adapted to the present technical possibilities; its development has reached a certain saturation point.

On the basis of internationally accumulated knowledge the algorithms for background elimination, object recognition and separation, the methods for track following and spatial reconstruction, hardware and system solutions for computer-aided picture processing are presented for that relatively little-known field of research. The application of these methods and systems, which has an increasing importance for other fields of science and technology, is demonstrated at selected examples.

Automatic and computer-aided picture processing is a specific research technology with an inter-disciplinary character and belongs to experiment automation. Thus it reflects in a condensed form all the variety and specificity of general problems of scientific experiment automation. These aspects are taken into account, and results that are important from a technological point of view for the application of computing technique in experiment automation are emphasized.

Distinct tendencies in the technology of automatic picture processing and the use of computers in scientific experiments are summarized.

16. Résumé

Un trait caractéristique du progrès scientifique et technique est le fait que l'automatisation s'introduit dans la sphère de l'activité intellectuelle de l'homme. Dans ce processus, une importance particulière revient à l'enregistrement et au traitement de l'information optique: autrement dit, le traitement automatique de l'image.

La physique expérimentale des hautes énergies a également recours au traitement de l'image pour l'automatisation de l'évaluation des images en chambres à traces. Grâce à des circonstances favorables, le traitement automatique de l'image a atteint, en physique des hautes énergies, un niveau presque optimum en fonction des possibilités techniques actuelles; le développement en est arrivé à une certaine saturation.

Sur la base des expériences obtenues à l'échelle internationale, on expose pour cette branche de recherche relativement peu connue: les algorithmes conçus pour l'élimination du fond, la reconnaissance et la séparation de l'objet; les méthodes permettant de suivre les traces et de reconstruire l'objet stéréoscopiquement; des solutions pour les appareils et systèmes nécessaires au traitement de l'image à l'aide de calculatrice. L'application de ces méthodes et systèmes dont l'importance en d'autres domaines des sciences et de la technique devient de plus en plus grande est montrée avec un choix d'exemples.

Le traitement de l'image automatique ou à l'aide de calculatrice constitue une technologie spécifique de recherche à caractère représentatif et doit, comme telle, être rapproché de l'automatisation de l'expérience. Il reflète donc sous forme condensée la variété et spécificité des problèmes généraux de l'automatisation des expériences scientifiques.

L'exposé tient compte de tous ces aspects en soulignant les résultats scientifiques importants, du point de vue de la technologie de recherche, pour l'utilisation de la technique du calcul électronique dans l'automatisation de l'expérience.

Sont indiquées également les tendances perceptibles qui se dessinent dans la technique du traitement de l'image à l'aide de calculatrice et relatives à l'utilisation de la technique du calcul électronique dans l'expérience scientifique.

16. Резюме

Характерной особенностью научно-технического прогресса является проникновение автоматизации в сферу умственной деятельности человека. Заметную роль при этом играют съем и обработка оптической информации — автоматическая обработка изображений.
Задачи автоматической обработки изображений возникли и в экспериментальной физике высоких энергий при автоматизации обработки снимков оптических трековых камер. В силу ряда благоприятных обстоятельств автоматическая обработка изображений в физике высоких энергий достигла уровня, почти оптимально приближенного к возможностям современной техники; ее развитие достигло некоторого насыщения.
Исходя из полученного при этом международного опыта, излагаются разработанные для этой сравнительно мало известной области исследований алгоритмы для подавления фона, распознавания и выделения объекта, методы слежения по треку и пространственной реконструкции объекта, приборные и ситемные решения для обработки изображений с помощью ЭВМ. Применение этих методов и систем, которое получает все большее значение и в других областях науки и техники, показывается на избранных примерах.
Автоматическая обработка изображений или обработка изображений с помощью ЭВМ является специфической технологией исследований общего характера и относится к автоматизации эксперимента. Она в сжатой форме отражает многообразие и специфику общих проблем автоматизации научных экспериментов. В излагаемом материале учитываются эти аспекты, а также подчеркиваются важные с точки зрения технологии научных исследований познания о применении электронно-вычислительной техники в автоматизации эксперимента.
Указываются тенденции развития техники автоматической обработки изображений и использования ЭВМ в экспериментальных исследованиях.

Bisher erschienen

BAND 1 G. O. MÜLLER
Stand und Trends der Experimentalmethodik in der Festkörperphysik
1975. XII. 68 S. — 16 Abb. — 8° — M 12,50.
Bestell-Nr. 7620020 (2167/1) (vergriffen).

BAND 2 W. SCHULZE
Wissenschaftliche Forschung und elektronische Rechentechnik
1975. XII. 140 S. — 7 Abb. — 6 Tab. — 8° — M 15,—.
Bestell-Nr. 7620039 (2167/2).

BAND 3 G. ETZOLD
Aufgaben und Organisation eines methodischen Zentrums in der molekularbiologischen Forschung
1976. IX. 53 S. — 2 Abb. — 8° — M 6,—
Bestell-Nr. 7620047 (2167/3).

BAND 4 G. HÄRTLER
Versuchsplanung und statistische Datenanalyse
1976. XIII. 103 S. — 6 Abb. — 3 Tab. — 8° — M 12,—.
Bestell-Nr. 7622966 (2167/4).

BAND 5 W. MEILING
Mikroprozessor — Mikrorechner. Funktion und Anwendung (2. Auflage)
1979. XIV. 215 S. — 46 Abb. — 15 Tab. — 8° — M 21,—.
Bestell-Nr. 7626393 (2167/5) (vergriffen).

BAND 6 M. BONITZ
Wissenschaftliche Forschung und wissenschaftliche Information (2. Auflage)
1981. XII. 199 S. — 32 Abb. — 6 Tab. — 8° — M 21,—.
Bestell-Nr. 7627636 (2167/6).

BAND 7 B. PEGEL
Empirische Modellbildung und Versuchsplanung
1980. X. 75 S. 5 Abb. — 8° — M 9,50.
Bestell-Nr. 7627943 (2167/7).

SONDERBAND 1

Forschen und Nutzen

Wilhelm Ostwald zur wissenschaftlichen Arbeit
Aus seinen Schriften ausgewählt, bearbeitet und zusammengestellt anläßlich seines 125. Geburtstages von
GÜNTHER LOTZ, LOTHAR DUNSCH, UTA KRING
Mit einem Geleitwort von PETER ADOLF THIESSEN und einer Einleitung von GÜNTHER LOTZ und LOTHAR DUNSCH
1978. XLVIII. 278 S. — 22 Textillustrationen aus den Originalschriften, 33 Abb., davon 5 mehrfarbige auf 28 Kunstdrucktafeln — 8° — Leinen. 38,—. Bestell-Nr. 7626799 (6535) (vergriffen)

SONDERBAND 2

RAINER FRANKE
Optimierungsmethoden in der Wirkstofforschung — Quantitative Struktur-Wirkungs-Analyse
1980. XVI. 454 S. — 25 Abb. — 59 Tab. — 8° — M 45,—.
Bestell-Nr. 7627935 (2167/S2).

In Vorbereitung

FORSCHUNGSTECHNOLOGIE
Aufgaben — Probleme — Aktivitäten
Vorträge auf dem Kolloquium am 8. 1. 1980 der Akademie der Wissenschaften der DDR anläßlich des 65. Geburtstages von Helmuth Faulstich

P. LIEWERS
Rauschdiagnostik — Methoden und Einsatzgebiete

P. L. KAPICA
Experiment — Theorie — Praxis
Übersetzung aus dem Russischen
Herausgegeben und mit einem Nachwort versehen von
G. LOTZ, W. WÄCHTER und CH. WINTERSTEIN
Sonderband

Die Schriftenreihe erscheint in zwangloser Folge

Bezugsmöglichkeiten

Einzel- oder Fortsetzungsbestellungen von Heften dieser Schriftenreihe durch den Buchhandel.

Falls keine Bezugsmöglichkeit durch eine Buchhandlung vorhanden, wende man sich

in der DDR an den Akademie-Verlag, DDR-1080 Berlin, Leipziger Str. 3—4,

im sozialistischen Ausland an die Buchhandlungen für fremdsprachige Literatur,

in der BRD und *in Westberlin* an die Auslieferungsstelle Kunst und Wissen, Erich Bieber, 7000 Stuttgart 1, Wilhelmstr. 4—6,

in Österreich an den Globus-Buchvertrieb, 1201 Wien, Höchstädtplatz 3,

im übrigen Ausland an den Buchexport, Volkseigener Außenhandelsbetrieb der Deutschen Demokratischen Republik, DDR-7010 Leipzig, Leninstr. 16, Postfach 160, oder an den Akademie-Verlag direkt.

How to order

You can order through any book-seller, or Buchexport, Volkseigener Außenhandelsbetrieb der Deutschen Demokratischen Republik, DDR-7010 Leipzig, Leninstr. 16, or directly from the Akademie-Verlag, DDR-1080 Berlin, Leipziger Str. 3—4.

Возможности заказа

Данное издание Вы можете заказать в магазинах Советского Союза, торгующих иностранной литературой.

Professor Dr. sc. nat. RUDOLF ARTHUR POSE (1934), Studium der Allgemeinen Physik an der Saratower Staatlichen Černyševskij-Universität und der Kernphysik an der Moskauer Staatlichen Lomonosov-Universität; 1958 Diplomarbeit und Forschungstätigkeit im Laboratorium für Kernprobleme des Vereinigten Institutes für Kernforschung (VIK) in Dubna (UdSSR).
Ab 1961 an der Akademie der Wissenschaften der DDR im Institut für Hochenergiephysik in Zeuthen. Leiter der Abteilung Entwicklung. 1969 bis 1971 Stellvertreter des Direktors des Laboratoriums für Rechentechnik und Automatisierung am VIK Dubna.
Promotion auf dem Gebiet der experimentellen Hochenergiephysik zum Dr. rer. nat. 1967 und zum Dr. sc. nat. 1970 an der Humboldt-Universität zu Berlin, 1972 Ernennung zum Professor.
Zahlreiche Publikationen auf seinem Fachgebiet. Mitglied nationaler und internationaler wissenschaftlicher Gremien.
Arbeitsgebiete: Experimentelle Hochenergiephysik, Experimentautomatisierung, Datenverarbeitung, automatische Bildverarbeitung, wissenschaftlicher Gerätebau.

ISSN 0323-5130

FSC
www.fsc.org
MIX
Papier | Fördert
gute Waldnutzung
FSC® C083411

Kolibri 360 GmbH
Ferdinand-Jühlke-Straße 7
99095 Erfurt, Deutschland
produktsicherheit@kolibri360.de